高职高专土建类工学结合"十三五"规划教材

建筑工程测量

主　编　陈兰兰

主　审　杨青松

副主编　李世海　李扬杰　林　涛

华中科技大学出版社

中国·武汉

内 容 提 要

本书按照高职高专土建类专业人才培养方案以及建筑工程测量课程标准编写,适合高职高专教学使用。全书共分为五个项目,分别为测量学基础知识、高程测量基础、平面控制测量、地形图测绘与应用、工程测量。在项目的基础上分为十八个任务,分别为测量学基础知识,普通水准测量,三、四等水准测量,角度测量,距离测量,导线测量等。本书配有《建筑工程测量任务学习指导》(另册)。

本书可供建筑工程技术、工程造价、农业水利工程技术、给排水工程施工与运行等专业的高等职业学校教学使用,也可供从事上述专业工作的技术人员参考。

图书在版编目(CIP)数据

建筑工程测量/陈兰兰主编. —武汉:华中科技大学出版社,2016.8(2021.1重印)
高职高专土建类工学结合"十三五"规划教材
ISBN 978-7-5680-2085-5

Ⅰ.①建… Ⅱ.①陈… Ⅲ.①建筑测量-高等职业教育-教材 Ⅳ.①TU198

中国版本图书馆 CIP 数据核字(2016)第 183245 号

建筑工程测量
Jianzhu Gongcheng Celiang

陈兰兰　主编

责任编辑:曾仁高
封面设计:原色设计
责任校对:何　欢
责任监印:朱　玢
出版发行:华中科技大学出版社(中国·武汉)　　电话:(027)81321913
　　　　　武汉市东湖新技术开发区华工科技园　　邮编:430223
录　　排:华中科技大学惠友文印中心
印　　刷:武汉市籍缘印刷厂
开　　本:787mm×1092mm　1/16
印　　张:22.25
字　　数:572千字
版　　次:2021年1月第1版第4次印刷
定　　价:69.80元(含学习指导)

前　言

　　本教材是由贵州轻工职业技术学院教材编写委员会组织编写的,按照高等职业院校建筑工程专业职业岗位需求,以建筑工程测量工作任务为引领,以典型工作任务为中心组织课程内容,在学生自主学习相应工作任务的基础上构建工程测量知识体系,发展职业能力。

　　本教材共分为五个项目,十八个任务。为突出高职教学特点,强化学生独立思考及解决问题的能力,编写了《建筑工程测量任务学习指导》,该指导书将理论与实践紧密结合,积极调动学生的自主学习能力,解决本教材中提出的重点及难点问题,结合实训增强学生工程测量的基本技能,使学生对工程测量在工程施工中的应用有一个充分的认识,并能较好掌握技能知识并应用于工程施工测量中。

　　本书编写人员及编写分工如下:贵州轻工职业技术学院陈兰兰【项目一、项目三(任务3.1、3.3、3.4)、项目四、项目五(任务5.1、5.2、5.4、5.6)】,李世海【项目二】,李扬杰【项目五(任务5.3、5.5)】,林涛【项目三(任务3.2)】。《建筑工程测量任务学习指导》由陈兰兰编写。本书由陈兰兰担任主编,杨青松主审,李世海、李扬杰、林涛担任副主编,全书由陈兰兰统稿。

　　由于编者水平有限,加之时间仓促,书中难免存在缺点和错误,敬请读者批评指正。

编　者

2016 年 3 月

目　　录

项目一　测量学基础知识

>→ ▌项目描述 ▌……

通过学习本项目，了解测量学的研究对象和作用，理解地球的形状和大小的概念，掌握水准面及大地水准面的定义，了解参考椭球面的概念，了解大地坐标、高斯平面直角坐标概念，掌握独立平面直角坐标的概念，掌握地面点的高程及高差概念，了解用水平面代替水准面的限度及测量工作的基本原则，熟练掌握测量常用度量单位换算。

>→ ▌能力培养要求 ▌……

1. 具有基本的测量学基础知识。
2. 具有测量常用度量单位换算的能力。

任务 1.1　认识测量学

>→ ▌任务介绍 ▌……

本任务主要是为了使学生了解测量学的概念、研究对象及在国民经济建设中的作用，即解决"什么是测量学？""测量学是做什么的？""为什么要学测量学？"等问题。

>→ ▌学习目标 ▌……

掌握测量学的定义、研究对象和作用。

>→ ▌任务实施的知识点 ▌……

1.1.1　测量学的定义及研究对象

测量学是研究和确定地面、地下及空间物体相互位置的一门科学，其主要研究对象有三个方面：一是研究地球的形状和大小，为地球形变、地震预报及空间技术等研究提供资料和数据；二是将地球表面形态和信息测绘成图，即用测量仪器和相应的方式将地球表面的地物、地貌测绘到图纸上，为工程建设提供重要的测绘资料，这个过程一般可称为测定；三是用测量仪器及工具采用一定的方法将图纸上设计好的建筑物和构筑物放样到实地上，以指导施工按照设计要求有序地进行，对应于测定，这个过程可称为测设。另外，建筑物和构筑物在施工过程中或者在运营阶段，为了保证其安全性，需按一定的方式进行变形监测。

1.1.2　测量学的作用

随着社会的发展，测量学也在向专门化、多样化发展。目前，测量学在国民经济建设中起着越来越重要的作用，主要体现在如下几个方面。

（1）测量是国民经济建设和社会发展规划的一项基础工作。

测量工作称为基础测绘：首先，建立全国统一的测绘基准和测绘系统，建立国家或大区域的精密控制网，为大规模的地形图测绘及工程测量提供高精度的平面及高程控制网；其次，测制和更新国家基本比例尺地形图，建立和更新基础地理信息数据库，及时详尽地反映国土资源的分布情况，直接服务于国土资源管理、生态环境监测、资源调查、土地利用现状及变化趋势调查、水土综合治理等方面。

（2）测量是工程建设各阶段顺利进行的前提基础。

测量在水利、矿山、道路、军事、工业及民用建筑等工程建设中，起着非常重要的作用，主要体现在工程建设的四个阶段。比如：在工程的规划设计阶段，需要建立服务于工程建设的高等级控制网及施工控制网，测制地形图，为工程建设的选址、选线、设计提供图纸资料；在工程的施工阶段，按照设计要求在实地标定建筑物各部分的位置及高程，为施工定位提供依据；在工程的竣工验收阶段，为了检验工程是否符合设计要求，需要进行竣工测量，竣工测量资料是工程运营管理阶段的重要资料；对于大型和重要工程，运营阶段定期采用一定的方式进行安全监测，及时发现建筑物的变形和位移，评估其稳定性，及时发现异常变化，以便采取安全措施。

（3）测量是空间科学研究的一项主要基础工作。

测量为空间科学技术和军事用途等提供精确的点位坐标、距离、方位及地球重力场资料。为研究地球形状、大小、地壳升降、板块位移、地震预报等科学问题提供资料。比如：人造卫星、远程导弹、航天器等的发射、精确入轨及轨道校正，需要精确的点位坐标和有关地域的重力场资料。

测量学，在人们的日常生活和社会活动中应用已越来越广泛，例如，交通图已成为司机的必备，电子导航已成为人们出行的首选，各种指示性地图成为人们逛街、购物的引导，等等。

任务 1.2　测量学基础知识

➤ ▌任务介绍▌

本任务主要使学生了解地球的形状和大小，理解地面点的表示方法，了解大地坐标、高斯平面直角坐标的基本概念，理解独立平面直角坐标的表示形式，理解地面点高程及高差的基本概念，了解水平面代替水准面的范围，了解测量工作的基本原则及掌握常用度量单位的换算。

➤ ▌学习目标▌

掌握地球形状和测量基准线、基准面，掌握地面点位置的表示方法（平面坐标、高程），水平面代替水准面的限度。

➤ ▌任务实施的知识点▌

1.2.1　地面点位置的表示方法

1.2.1.1　地球的形状和大小

测量工作的主要任务就是确定地面点的位置，目前已经有很多确定点位的方式，这些方式都是基于地球建立的,所以,测绘工作者必须对地球的形状和大小有明确的认识。

随着人类科技的发展,人们对地球的认识也越来越清晰。地球是一个两极略扁的椭球,陆地面积约占 29%,海洋面积约占 71%,地球的自然表面是极不规则的,高低起伏,有最高的高峰——珠穆朗玛峰,海拔高程 8844.43 m,最低的深谷——马里亚纳海沟,深达 11034 m。但是,这些高低起伏状态相对于地球来说极其微小;所以,我们可以把地球想象成一个水球,被一个静止状态的海水面包裹起来,这个静止状态的海水面称为水准面。由于海水有潮汐的作用,所以就存在无数个静止状态的海水面,假想将无数个静止状态的海水面取一个平均值,即得到一个所谓的平均海水面,将这个平均海水面延伸穿过所有的大陆和岛屿而形成一个封闭的曲面,曲面处处与重力方向垂直,这个曲面称为大地水准面。大地水准面所包围的形体,称为大地体,通常用大地体代表地球的一般形状。

通过大地水准面的引入,实际上是将自然地球简化成为大地体,大地体要比自然地球规则得多。但由于地球内部质量分布不均匀,所以,大地水准面仍然是一个不规则曲面,在这个不规则曲面上,是无法进行各种测量计算的,为了能在地球表面上进行测量计算,我们假想以一个和大地体非常接近的、有规则表面的数学形体——旋转椭球体来代替大地体,将它作为测量工作中实际应用的地球形状。

旋转椭球体是由椭圆 $NWSE$ 绕短轴 NS 旋转而成,旋转椭球体还必须通过定位,确定其与大地体的相对关系。如图 1-2-1 所示,在一个国家或一个区域,选择一点 T,设想把椭球体与大地水准面相切于 T 点,T 点的法线与大地水准面的铅垂线重合,在这个位置上与大地水准面的关系固定下来的椭球体称为参考椭球体。

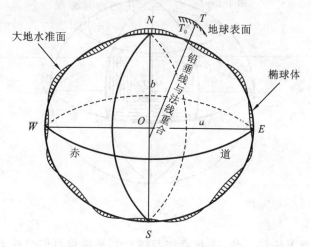

图 1-2-1　大地水准面与椭球面

参考椭球的元素有长半径 a、短半径 b 和扁率 α。在参考椭球体的定位中,我国曾采用苏联克拉索夫斯基椭球的定位参数($a=6378245$ m,$b=6356863$ m,$\alpha=1/298.3$),由此椭球建立的坐标系称为 1954 年北京坐标系。由于该椭球面与我国的大地水准面并不吻合,故从 1980 年以后,采用 1975 年国际大地测量与地球物理联合会第十六届大会推荐的椭球参数($a=6378140$ m,$b=6356755$ m,$\alpha=1/298.257$),建立我国新的坐标系,称为 1980 年西安坐标系。该坐标系的大地原点设在陕西省泾阳县永乐镇。1980 西安坐标系在中国经济建设、国防建设和科学研究中发挥了巨大作用。

但是,北京坐标系和西安坐标系都是建立在参考椭球的基础上的,随着社会的进步,国民经济建设、国防建设和社会发展、科学研究等对国家大地坐标系提出了新的要求,迫切需要采用原点位于地球质量中心的坐标系统(地心坐标系)作为国家大地坐标系。2008 年 3 月,由国土资源部正式上报国务院批准,自 2008 年 7 月 1 日起,中国全面启用 2000 国家大地坐标系。

2000 国家大地坐标系是全球地心坐标系在我国的具体体现,其原点为包括海洋和大气的整个地球的质量中心。2000 国家大地坐标系采用的地球椭球参数如下:

$$长半轴\ a=6378137\ \text{m}$$
$$扁率\ \alpha=1/298.257222101$$

1.2.1.2　确定地面点位的方法

1. 地面点的坐标

1) 大地坐标

用大地经度 L 和大地纬度 B 表示地面点在参考椭球面上投影位置的坐标,称为大地坐标。

如图 1-2-2 所示,O 为参考椭球的球心,NS 为椭球旋转轴,通过球心 O 且垂直于 NS 旋转轴的平面称为赤道面(WM_0ME),赤道面与参考椭球面的交线称为赤道,通过 NS 旋转轴的平面称为子午面,子午面与椭球面的交线称为子午线,又称经线,其中通过英国格林尼治天文台的子午面和子午线分别称为起始子午面(NM_0SON)和起始子午线(NM_0S)。

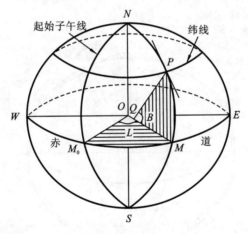

图 1-2-2　大地坐标

P 为参考椭球面上任意一点,过 P 点作与该点切平面垂直的直线 PQ,称为法线,地面上任意一点都可向参考椭球面作一条法线,它与该点的铅垂线互不重合,铅垂线与法线之间的微小夹角称为垂线偏差,垂线偏差一般在 $5''$ 以内,最大不超过 $1'$。地面点在参考椭球面上的投影,即沿着法线投影。

大地经度 L 就是通过参考椭球面上某点的子午面与起始子午面的夹角,由起始子午面起,向东 $0°\sim180°$,称为东经;向西 $0°\sim180°$,称为西经。同一子午线上各点的大地经度相等。

大地纬度 B 就是通过参考椭球面上某点的法线与赤道面的夹角,从赤道面起,向北 $0°\sim$ $90°$,称为北纬;向南 $0°\sim90°$,称为南纬。纬度相等的各点连线称为纬线,它平行于赤道,也称为平行圈。

地面点的大地经度及大地纬度可通过大地测量确定。

2）高斯平面直角坐标

大地坐标只能表示地面点在椭球面上的位置。椭球面是一个不可展开的曲面,要将椭球面上的图形描绘在平面上,需要采用地图投影的方法将球面坐标转换成平面坐标。我国采用高斯投影的方法来进行转换,由高斯分带投影建立的坐标系称为高斯平面直角坐标系。因为转换具有一定的规律性,所以,大地坐标和高斯平面直角坐标可以互相转换。

（1）高斯投影的概念。

如图 1-2-3（a）所示,假设有一个椭圆柱面横套在地球椭球体外面,并与某一条子午线（此子午线称为中央子午线或轴子午线）相切,椭圆柱的中心轴通过椭球体中心,然后用一定的投影方法,将中央子午线两侧一定经差范围内的地区投影到椭圆柱面上,再将此柱面展开即成为投影面,此投影即为高斯投影。高斯投影具有下列性质:

① 中央子午线弧 NS 的投影为一条直线,且投影后长度无变形,其余经线的投影为凹向中央子午线的对称曲线,如图 1-2-3（b）所示;

② 赤道的投影为一条直线,其余纬线的投影为凸向赤道的对称曲线,如图 1-2-3（b）所示;

③ 中央子午线和赤道投影后为互相垂直的直线,成为其他纬线投影的对称轴。而其他经纬线投影后仍保持相互垂直的关系,即投影后角度无变形,故称为正形投影。

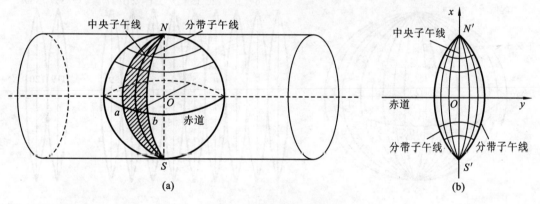

图 1-2-3 高斯投影原理

高斯投影的角度无变形,其长度除中央子午线无变形外,离中央子午线越远其变形就越大,为此采用分带投影来限制其影响。

（2）投影带的划分。

① 高斯投影 6°带。

如图 1-2-4 所示,从格林尼治子午线（起始子午线）起,自西向东每隔经差 6°为一带,称为6°带。整个地球分为 60 带,用数字 1～60 顺序编号。每带中央子午线的经度顺序为 3°,9°,15°,…,可以按照下式计算。

$$L_0 = 6N - 3 \qquad (1-2-1)$$

式中 L_0——投影带中央子午线的经度;

N——投影带的带号。

② 高斯投影 3°带。

如图 1-2-5 所示,3°带是从东经 1.5°的子午线起,自西向东每隔经差 3°为一带,称为 3°

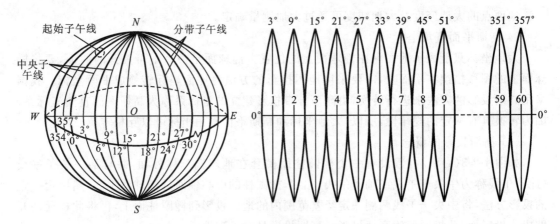

图 1-2-4 高斯投影 6°带

带。整个地球分为 120 带,用数字顺序编号。每带中央子午线的经度顺序为 3°、6°、9°、…,可以按照下式计算。

$$L'_0 = 3N' \tag{1-2-2}$$

式中 L'_0——投影带中央子午线的经度;

N'——投影带的带号。

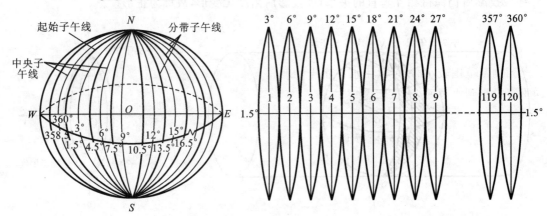

图 1-2-5 高斯投影 3°带

为了满足大比例测图需要,也可划分任意带。

(3) 高斯平面直角坐标。

在投影面上,以中央子午线和赤道的交点 O 作为坐标原点,以中央子午线的投影为纵坐标 x 轴,以赤道的投影为横坐标 y 轴,就组成了高斯平面直角坐标系,如图 1-2-6 所示。

我国位于北半球,x 坐标值均为正,y 坐标值则有正有负。为了避免横坐标出现负值,所以将每带的坐标原点向西平移 500 km。如图 1-2-6(a)所示。

设 $y_A = +24760.1 \text{ m}$, $y_B = -32678.5 \text{ m}$

将坐标原点向西平移 500 km 后得

$$y_A = 500000 + 24760.1 = 524760.1 \text{ m}$$

$$y_B = 500000 - 32678.5 = 467321.5 \text{ m}$$

如图 1-2-6(b)所示,为了表明该点位于哪一投影带内,还需在横坐标前面加上带号,假设 A、B 两点位于中央子午线 111°的 19 带内,则

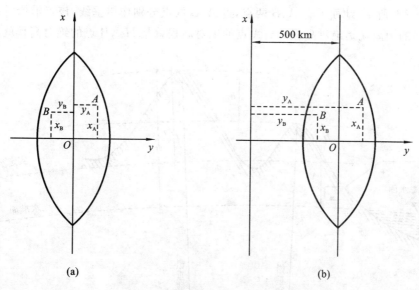

图 1-2-6 高斯平面直角坐标示意图

$$y_A = 19524760.1 \text{ m}$$
$$y_B = 19467321.5 \text{ m}$$

所以,把这种在横坐标前面冠以带号并加上 500 km 的横坐标值称为坐标通用值,未加 500 km 和未加带号的值称为坐标自然值。

3) 独立平面直角坐标

当测区范围较小时,可以用水平面代替水准面作为测量的基准面,将地面点沿铅垂线方向垂直投影到水平面上。以南北方向作为 x 轴,向北为正,向南为负;东西方向作为 y 轴,向东为正,向西为负,组成独立平面直角坐标系,为了使坐标皆为正值,一般将坐标原点设在测区的西南角位置。如图 1-2-7 所示。

测量上所采用的平面直角坐标与数学上的平面直角坐标不同。如图 1-2-8 所示,它的纵轴为 x 轴,象限编号从北东方向为第一象限顺时针编号,这样的变换,不影响三角公式及符号规则,所以数学三角公式及规则可直接使用到测量计算中。

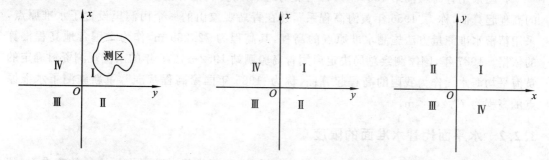

图 1-2-7 独立坐标系示意图   **图 1-2-8 测量坐标系与数学坐标系的区别**

2. 地面点的高程及高差

高程可分为两种,分别是绝对高程和相对高程。用"H"表示。

1) 绝对高程

地面点到大地水准面的铅垂距离称为绝对高程或海拔。

如图 1-2-9 所示,地面上有 A、B 两点,过 A、B 两点分别作铅垂线,该点沿铅垂线方向到大地水准面的距离就是绝对高程,如:A 点的绝对高程就是 H_A,B 点的绝对高程就是 H_B。

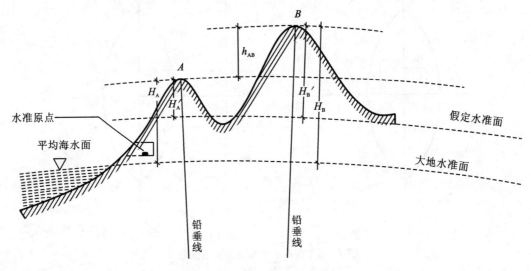

图 1-2-9　地面点的高程与高差

2) 相对高程

地面点到假定水准面的铅垂距离称为相对高程。

如图 1-2-9 所示,过 A、B 两点分别作铅垂线,该点沿铅垂线方向到假定水准面的距离就是相对高程,如:A 点的相对高程就是 H'_A,B 点的相对高程就是 H'_B。

3) 高差

地面上两点的高程之差称为高差。用"h"表示。

如图 1-2-9 所示,A、B 两点的高差为

$$h_{AB} = H_B - H_A = H'_B - H'_A \tag{1-2-3}$$

从上式可得出,两点的高差与高程起算面的选择无关,所以,在小区域范围内进行测量工作时,可选择假定高程系统。

我国采用青岛验潮站 1950—1956 年的水位观测资料推算的黄海平均海水面作为我国的高程起算面,称为"1956 年黄海高程系",并在青岛观象山的一个山洞里设置了水准原点,采用精密水准测量方法施测水准原点的高程,其高程为 72.289 m,作为全国各地高程推算的依据。1987 年,国家测绘总局决定启用青岛验潮站 1952—1979 年的水位观测资料确定的黄海平均海水面作为我国的高程起算面,称为"1985 年国家高程基准",重新施测了水准原点的高程为 72.2604 m。

1.2.2　水平面代替水准面的限度

在地形测量中,当测区的面积不大时,可以用水平面代替水准面作为测量的基准面,那么,究竟在多大的范围可以用水平面来代替水准面呢?

1.2.2.1　用水平面代替水准面对距离的影响

如图 1-2-10 所示,设地面上有 A、B 两点,沿着铅垂线投影,A 点沿着铅垂线投影到曲面上为 a 点,又设球面 P 与平面 P' 相切于 a 点,B 点沿着铅垂线投影到曲面 P 上为 b 点,投影

到平面 P' 上为 b' 点,地面线 AB 投影到平面的长度为 ab',投影到曲面的长度为 ab,设 $ab=s$,$ab'=s'$,球的半径为 R。

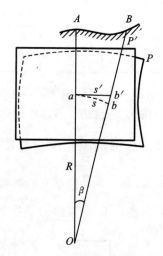

$$s' = R \cdot \tan\beta$$
$$s = R \cdot \beta$$

用投影到平面的长度 s' 代替投影到曲面的长度 s,其所产生的误差为

$$\Delta s = s' - s = R \cdot \tan\beta - R \cdot \beta = R(\tan\beta - \beta)$$

根据三角函数的级数公式展开,并略去高次项,得

$$\Delta s = R(\tan\beta - \beta)$$

$$\Delta s = R\left[\left(\beta + \frac{1}{3}\beta^3 + \frac{2}{15}\beta^5 + \cdots\right) - \beta\right] = R\frac{1}{3}\beta^3$$

$\beta = \dfrac{s}{R}$ 代入上式,得:

图 1-2-10 水平面代替水准面的影响

$$\Delta s = \frac{s^3}{3R^2} \text{ 或} \frac{\Delta s}{s} = \frac{s^2}{3R^2} \tag{1-2-4}$$

取 $R = 6371$ km,并以不同的距离 s 代入上式,可得到距离误差 Δs 和相对误差 $\Delta s/s$。见表 1-2-1。

表 1-2-1 水平面代替水准面对距离的影响

距离 s/km	距离误差 Δs/cm	相对误差 $\Delta s/s$
10	0.82	1∶1 200 000
25	12.83	1∶200 000
50	102.65	1∶49 000
100	821.23	1∶12 000

由表 1-2-1 可看出,当距离为 10 km 时,以平面代替曲面所产生的距离相对误差为 1∶120万,这样微小的误差,就算是最精密的测距仪也是容许的。因此,在半径为 10 km 的范围内,用水平面代替水准面对距离的影响极小,可以忽略不计。

1.2.2.2 用水平面代替水准面对高程的影响

如图 1-2-10 所示,bb' 即为用水平面代替水准面产生的高程误差。设 $bb' = \Delta h$,则

$$(R + \Delta h)^2 = R^2 + s'^2$$
$$2R\Delta h + \Delta h^2 = s'^2$$
$$\Delta h = \frac{s'^2}{2R + \Delta h}$$

由于 $s \approx s'$,同时 Δh 与 R 比较,Δh 极小,可以忽略不计,所以,上式可转换为

$$\Delta h = \frac{s^2}{2R} \tag{1-2-5}$$

以不同的距离代入上式,可得到高程误差,见表 1-2-2。

表 1-2-2　水平面代替水准面对高程的影响

s/km	0.1	0.2	0.3	0.4	0.5	1	2	5	10
Δh/cm	0.08	0.31	0.71	1.26	1.96	7.85	31.39	196.20	784.81

由表 1-2-2 可知,用水平面代替水准面对高程的影响极大,所以,在高程测量中即使距离很短的情况下,也必须考虑地球曲率对高程的影响。

1.2.3　点位的测定原理及测量工作原则

1.2.3.1　地物特征点的测定原理

传统测量工作,需要测定某个地方的地形图,如图 1-2-11 所示。首先将仪器安置在一个点上,这个点称为测站点,在 A 点上安置仪器,照准另外一个已知点 M 点,测出 AM 直线与 $A1$ 直线的夹角 β_1,A 点到 1 点的距离 D_1,就可确定出 Ⅰ 栋房屋的 1 点,测出 AM 直线与 $A2$ 直线的夹角 β_2,A 点与 2 点的距离 D_2,就可确定出 Ⅰ 栋房屋的 2 点,以此方法可得出房屋其他点的位置信息,从而测绘成图。

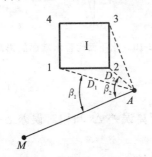

图 1-2-11　地物特征点测定原理

这些能够表示出地物与地貌轮廓的转折点、交叉点、曲线上的方向变换点、天然地貌的山顶、鞍部、山谷、山脊等地物与地貌的外貌特征性质的点,称为特征点。地形测绘就是测定出地物及地貌特征点的位置,并通过特征点之间的相互关系绘制成图。

1.2.3.2　测量工作的基本原则

如果在施测的过程中,如图 1-2-12 所示,在 A 点施测完周围的地物和地貌之后,同时测定 B 点的位置,然后将仪器安置到 B 点进行观测,继而测定 C 点的位置,又在 C 点上继续观测,一直往前推进,如此直至测完整个测区。采取这样的方式测量,由于每一站都会有误差,如 A 点观测 B 点时产生了角度误差 $\Delta\beta$、距离误差 $\Delta D'$,使 B 点的平面位置移至 B';用 B' 点施测 Ⅱ 栋房屋,使 Ⅱ 栋房屋从正确的位置 5-6-7-8 移至 $5'-6'-7'-8'$,由于 B 站的误差,C 点的位置移至 C',又因 B 测站测定 C 点时又产生角度误差 $\Delta\beta'$,距离误差 $\Delta D''$ 致使 C 点的位置最终移至 C'',以至于 Ⅲ 栋房屋从 9-10-11 位置移至 $9'-10'-11'$,产生极大的位移。如我们按照此方法往前推进,最后误差会越来越大,就不能得到一幅满足精度要求的地形图。

所以,测量中为了防止误差的过量累积,应该先在测区里布设一定数量及密度的控制点,采用较为精密的测量方法测定这些控制点的距离、角度和高差,采用相关的数学知识,推算出这些控制点的坐标和高程。当然,目前我们还可以通过全球卫星定位系统,直接测定出控制点的精确坐标及较为精确的高程,这个过程称为控制测量。然后用这些具有精确坐标的控制点去施测它周围的地物地貌,这个过程称为碎部测量。由于控制测量中所测定的控制点都满足相应的精度要求,在每个控制点上施测所产生的误差只影响局部,不致影响全局,这就是测量的基本原则“先整体后局部,先控制后碎部”的具体体现。如图 1-2-12 所示,如果 A、B、C 三点都具有同样高的精度,就不会产生越来越大的累积误差。

施工放样同样遵循这样的原则,先布设施工控制网,然后再将建筑物的细部轮廓测设到实地上。

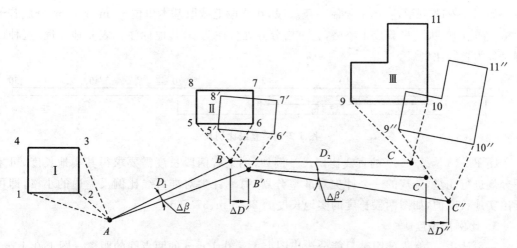

图 1-2-12 测量误差累计对地形测图的影响

1.2.4 地形图的认识

1.2.4.1 地形图、平面图、地图的概念

将地面上的地物、地貌沿铅垂线方向投影到水平面上,再按一定的比例和图式符号缩绘到图纸上,既能表示地物的平面位置,又能表示地表的起伏状态的图称为地形图。

只能表示地物平面位置而不反映地表的起伏状态的图称为平面图。

将地面上的自然、社会、经济等现象按一定的数学法则,并遵循制图原则绘制成的图称为地图。

1.2.4.2 地形图的比例尺

1. 比例尺的概念

地形图上的线段长度和地面相应长度之比称为地形图比例尺。

$$比例尺 = \frac{d}{D} = \frac{1}{D/d} = \frac{1}{M} \tag{1-2-6}$$

式中 d——线段的图上长度;

D——线段的实地长度;

M——比例尺分母。

例如,图上长度为 1 cm,实地长度为 10 m,则该幅图的比例尺为 1:1000。

2. 比例尺的分类

1) 数字比例尺

以分子为 1 的分数形式表示的比例尺称为数字比例尺。$1/M$。

数字比例尺的分母越大,比例尺越小,图上表示的地物、地貌越粗略;反之,分母越小,比例尺越大,图上表示的地物、地貌也越详细。在地形图测量中,一般可将比例尺划分为大比例尺(1/500,1/1000,1/2000,1/5000),中比例尺(1/10 000,1/25 000),小比例尺(1/5 万、1/10万)三类。

2) 图示比例尺

常见的图示比例尺为直线比例尺。

如图1-2-13所示，在图上绘制一条线段，在线段上截取基本单位1 cm或2 cm分成若干大格，左边的一大格平分成十小格，大小格分界处标注为0，其他标注代表实地长度，这种比例尺称为直线比例尺。

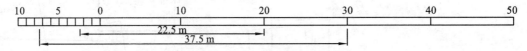

图 1-2-13　直线比例尺

图1-2-13为1∶500的直线比例尺。例如，图上有两段长度需要求得其实地长度，可采用分规进行比量，分规的一个针尖对准整分划，另一针尖对准直线比例尺左边的小格，即可读出实地长度值，如图两段长度的实地长度为22.5 m、37.5 m。

3. 比例尺精度

一般认为，正常人的眼睛只能分辨出图上大于0.1 mm的两点间的距离。图上0.1 mm代表的实地水平距离称为比例尺精度，用δ表示。

$$\delta = 0.1 \text{ mm} \times M \tag{1-2-7}$$

由此可得不同比例尺的比例尺精度，如表1-2-3所示。

表 1-2-3　比例尺精度

比例尺	1∶500	1∶1000	1∶2000	1∶5000	1∶10000
比例尺精度/m	0.05	0.10	0.20	0.50	1.00

根据比例尺精度可以选择测图比例尺的大小和测绘地形图时需要达到的精确程度。

例如，某工程设计要求，在地形图上能显示出相应实地0.1 m的线段精度，那么，该地形图比例尺不应小于1∶1000。

$$\frac{1}{M} = \frac{0.1 \text{ mm}}{0.1 \text{ m}} = \frac{1}{1000}$$

1.2.5　测量上常用的度量单位

测量上常用的度量单位有长度、角度、面积等度量单位，下面分别介绍这三种常用的度量单位。

1.2.5.1　长度单位及其换算关系

长度单位及其换算关系，见表1-2-4。

表 1-2-4　长度单位及其换算关系

公　　制	市　　制
1千米(km)=1000米(m)	1市尺=10市寸
1米(m)=10分米(dm)	1市尺=100市分
1米(m)=100厘米(cm)	1市尺=1000市厘
1米(m)=1000毫米(mm)	1米=3市尺
1米(m)=1 000 000微米(μm)	1千米=2市里

1.2.5.2 角度单位及其换算关系

角度单位及其换算关系,见表 1-2-5。

表 1-2-5 角度单位及其换算关系

60 进制	弧度制
1 圆周＝360°(度)	1 圆周＝2π 弧度
1°(度)＝60′(分)	180°＝π 弧度
1′(分)＝60″(秒)	1 弧度＝180°/π＝57.2958°＝3438′＝206265″

1.2.5.3 面积单位及其换算关系

面积单位及其换算关系,见表 1-2-6。

表 1-2-6 面积单位及其换算关系

公制	市制
1 km²＝1 000 000 m²	1 公顷＝15 市亩
1 m²＝100 dm²	1 公顷＝100 公亩
1 m²＝10 000 cm²	1 公顷＝10 000 m²
1 m²＝1 000 000 mm²	1 市亩＝666.7 m²

项目二　高程测量基础

项目描述 ......

通过本项目学习,理解水准测量原理,了解水准仪的基本构造和轴线关系,掌握自动安平水准仪的使用方法,掌握水准测量的外业实施(观测、记录、检核)和测量成果的内业计算(高差闭合差的调整)方法,了解水准测量误差来源和消除误差的方法,熟悉水准仪检校的基本方法和提高水准测量精度的技术措施。

能力培养要求 ......

1. 具有正确使用 DS_3 型水准仪的能力。
2. 具有判定水准仪是否需要检校的能力。
3. 具有水准测量的路线布设、观测、记录、计算和精度评定能力。

任务 2.1　水准测量基础

任务介绍 ......

理解水准测量原理,理解水准点、转点的含义和区别,能够正确地进行高差的计算和检核。进行水准仪和水准尺的使用。使学生了解 DS_3 水准仪的构造,掌握望远镜的十字丝、视准轴、视差等重要概念。掌握水准仪的基本操作步骤和方法。学习和了解微倾式水准仪的主要轴线及其几何关系,基本掌握 DS_3 自动安平水准仪检验与校正的方法。

学习目标 ......

1. 能理解水准测量的原理,能区别水准点和转点,能利用高差计算公式计算高差。
2. 能正确使用水准仪。
3. 能对水准仪进行检校。

任务实施的知识点 ......

2.1.1　基本原理

水准测量是利用水准仪所提供的水平视线在水准尺上读数,测定地面两点间的高差,然后根据其中一点的高程推算出另一点高程的测量方法。

如图 2-1-1 所示,已知 A 点高程为 H_A,需要施测 B 点的高程 H_B,将水准仪安置在 A、B 两点中间,分别在 A、B 两点上竖立水准尺,利用水准仪所提供的水平视线,在 A 点尺上的读数为 a,在 B 点尺上的读数为 b,则 A、B 两点间的高差 h_{AB} 为

$$h_{AB} = a - b \tag{2-1-1}$$

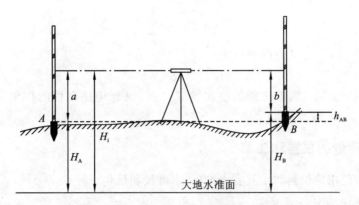

图 2-1-1　水准测量原理

已知点 A 称为后视点,竖立在该点的水准尺称为后视尺,其读数 a 称为后视读数;B 点是待求高程点称为前视点,竖立在该点的水准尺称为前视尺,其读数 b 称为前视读数。$a>b$ 时高差为正,表明前视点高于后视点;$a<b$ 时高差为负,表明前视点低于后视点。

则 B 点的高程为

$$H_B = H_A + h_{AB} = H_A + a - b \tag{2-1-2}$$

工程测量中常将式(2-1-2)变换为

$$H_B = H_i - b \tag{2-1-3}$$

$$H_i = H_A + a \tag{2-1-4}$$

式中　H_i——视线高程,简称视线高。

2.1.2　连续水准测量

实际工作中,通常 A、B 两点相距较远或高差较大,仅安置一次仪器难以测得两点的高差,必须分成若干站,逐站安置仪器连续观测。如图 2-1-2 所示。

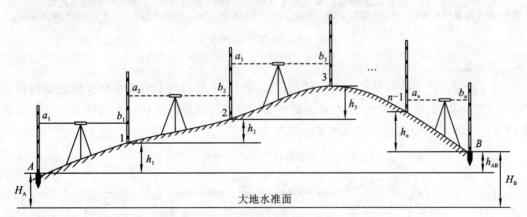

图 2-1-2　连续水准测量

$$h_1 = a_1 - b_1$$

$$h_2 = a_2 - b_2$$

$$\cdots\cdots\cdots\cdots$$

$$h_n = a_n - b_n$$

A、B 两点的高差 h_{AB} 应为各测站高差的代数和。即

$$h_{AB} = h_1 + h_2 + \cdots + h_n = \sum_{i=1}^{n} h_i = \sum a - \sum b \qquad (2\text{-}1\text{-}5)$$

若 A 点高程已知,则 B 点的高程为

$$H_B = H_A + h_{AB}$$

在水准测量中,A、B 两点之间的临时性立尺点,仅起传递高程的作用,这些点称为转点。

2.1.3 水准测量的仪器和工具

水准测量所使用的仪器和工具有水准仪、水准尺和尺垫三种。

2.1.3.1 DS_3 型微倾水准仪

水准仪按精度可分为 DS_{05}、DS_1、DS_3 等几种型号,"D"和"S"分别为"大地测量"和"水准仪"汉语拼音的第一个字母,下标为仪器的精度,即每千米往返观测高差中数的偶然中误差分别不超过 0.5 mm、1 mm、3 mm。DS_{05}、DS_1 为精密水准仪,DS_3 为普通水准仪。在工程测量中,比较常用的是 DS_3 型微倾式水准仪和自动安平水准仪。

如图 2-1-3 所示为我国生产的 DS_3 型微倾式水准仪。它主要有望远镜、水准器和基座三部分构成。下面着重介绍其主要部件的结构与作用。

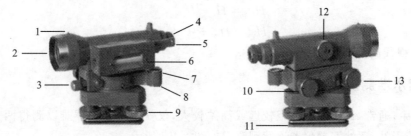

1—准星;2—物镜;3—制动螺旋;4—目镜;5—符合气泡观察窗;6—水准管;7—圆水准器;
8—圆水准器校正螺钉;9—脚螺旋;10—微倾螺旋;11—基座;12—物镜对光螺旋;13—水平微动螺旋

图 2-1-3 DS_3 型微倾水准仪

1. 望远镜

望远镜是用于照准水准尺并进行读数。如图 2-1-4 所示为 DS_3 型水准仪望远镜的构造图,它主要由物镜、目镜、调焦透镜、调焦螺旋和十字丝分划板所组成。望远镜具有一定的放大倍率,DS_3 水准仪望远镜的放大倍率一般为 30 倍。

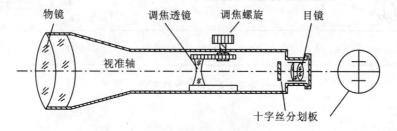

图 2-1-4 望远镜的构造

物镜的作用是将目标成像在十字丝平面上,形成缩小的实像。为使不同距离目标的像均能清晰地位于十字丝分划板上,需要旋转物镜调焦螺旋,称为物镜调焦。再经过目镜的作

用,形成放大的虚像。为使十字丝影像清晰,可以转动目镜调焦螺旋,称为目镜调焦。

视准轴是指物镜光心与十字丝交点的连线。视准轴是水准仪的主要轴线之一。

2. 水准器

水准器有水准管和圆水准器两种。水准管用来使望远镜视准轴水平从而获得水平视线;圆水准器是使竖轴处于铅垂位置。

1) 水准管

如图 2-1-5 所示。水准管是一纵向内壁磨成圆弧形的封闭玻璃管,管内装酒精和乙醚的混合液,加热融封冷却后形成一个气泡,由于气泡较轻,故恒处于管内最高位置。

水准管上一般刻有间隔为 2 mm 的分划线,分划线的对称中心 O,称为水准管的零点。通过零点作水准管圆弧的切线,称为水准管轴 LL,当水准管的气泡中点与水准管零点重合时,称为气泡居中,这时水准管轴 LL 处于水平位置。水准管圆弧长 2 mm 所对的圆心角 τ,称为水准管分划值,用公式表示即

$$\tau = \frac{2}{R} \cdot \rho \tag{2-1-6}$$

式中 ρ——弧度换算成秒的常数,取 $206265''$;

R——水准管圆弧半径,mm。

式(2-1-6)说明圆弧的半径 R 愈大,角值 τ 愈小,则水准管灵敏度愈高。DS$_3$级水准仪水准管的分划值一般为 $20''$。

为了提高水准管气泡居中的精度,微倾式水准仪在水准管的上方安装一组符合棱镜,通过符合棱镜的反射作用,使气泡两端的像反映在望远镜旁的符合气泡观察窗中。若气泡的半像错开,则表示气泡不居中,如图 2-1-6(a)所示。这时,应转动微倾螺旋,使气泡的半像吻合。若气泡两端的半像吻合时,就表示气泡居中,如图 2-1-6(b)所示。

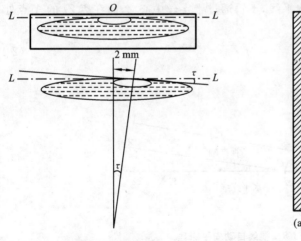

图 2-1-5 水准管

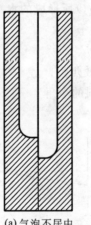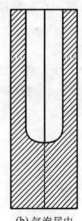

(a) 气泡不居中　　(b) 气泡居中

图 2-1-6 符合水准器观测窗

2) 圆水准器

圆水准器顶面的内壁是球面,球面中央刻有小圆圈,圆圈的中心为水准器的零点。通过球心和零点的连线为圆水准器轴,当圆水准器气泡居中时,圆水准器轴处于竖直位置。气泡中心偏离零点 2 mm 轴线所倾斜的角值,称为圆水准器的分划值。DS$_3$水准仪圆水准器的分划值一般为 $8'$。由于它的精度较低,故只用于仪器的粗略整平。

3. 基座

基座的作用是支撑仪器的上部,并与三脚架连接。它主要由轴座、脚螺旋、底板和三角压板构成,转动脚螺旋可使圆水准器气泡居中。

2.1.3.2 DS₃自动安平水准仪

自动安平水准仪是在微倾水准仪的基础上发展而来,现在被广泛地使用在工程施工中,它与微倾水准仪的区别是:微倾水准仪读数前必须调节微倾螺旋,使符合水准气泡严密符合才能得到水平视线,而自动安平水准仪没有水准管和微倾螺旋,它在望远镜的镜筒里安装了一个自动补偿器来代替水准管,所以,粗平后即可读数,简化了操作。图 2-1-7 所示为 DS₃ 自动安平水准仪,各部件名称见图中标注。

1—目镜及目镜调焦螺旋;2—物镜;3—调焦螺旋;4—圆水准器;
5—度盘;6—脚螺旋;7—基座;8—水平微动螺旋;9—粗瞄器

图 2-1-7　DS₃型自动安平水准仪

自动安平水准仪的原理如图 2-1-8 所示,当望远镜视准轴倾斜了一个小角 α 时,由水准尺上的 a_0 点过物镜光心 O 所形成的水平线,不再通过十字丝中心 Z,而在离 Zl 的 A 点处,显然

$$l = f \cdot \alpha \tag{2-1-7}$$

式中　f——物镜的等效焦距;

　　　α——视准轴倾斜的小角。

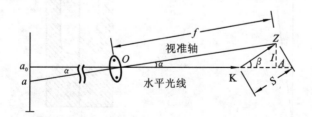

图 2-1-8　视线自动安平原理

在图 2-1-8 中,若在距十字丝分划板 S 处,安装一个补偿器 K,使水平光线偏转 β 角,以通过十字丝中心 Z,则

$$l = S \cdot \beta \tag{2-1-8}$$

故有

$$f \cdot \alpha = S \cdot \beta \tag{2-1-9}$$

这就是说,式(2-1-9)的条件若能得到满足,虽然视准轴有微小倾斜,但十字丝中心 Z 仍

能读出视线水平时的读数 a_0，从而达到自动补偿的目的。

2.1.3.3　水准尺和尺垫

1. 水准尺

水准尺是进行水准测量使用的标尺。采用不易变形且干燥的优质木材制成，常用的水准尺有双面尺和塔尺两种，如图 2-1-9 所示。

如图 2-1-9(a)为双面水准尺，长度为 3 m，成对使用。尺的两面均有刻划，一面黑白相间称为黑面；另一面红白相间称为红面。最小刻划均为 1 cm，在分米处进行注记。一对尺的黑面起点均由零开始，而红面起点分别为 4.687 m 和 4.787 m，这两个数值被称为尺常数，用 K 表示。

如图 2-1-9(b)为塔尺，塔尺多用于等外水准测量。其长度有 3 m 和 5 m 两种，用两节或三节套接在一起。尺的底部为零点，尺面上黑白格相间，每格宽度为 1 cm，有的为 0.5 cm，在米和分米处有数字注记。

2. 尺垫

尺垫用于转点上，如图 2-1-10 所示。尺垫用生铁铸成，一般为三角形，中央有一凸起的半球状圆顶，下方有三个支脚，用时将支脚牢固地插入土中，以防下沉和移位，上方凸起的半球形顶点作为竖立水准尺和标志转点之用。

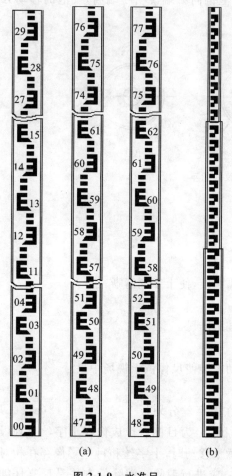

(a)　　　　　　(b)

图 2-1-9　水准尺

图 2-1-10　尺垫

注意:水准观测时,已知水准点和待定水准点上,不能放置尺垫。

2.1.4 DS₃ 型自动安平水准仪的使用方法

水准仪的使用包括仪器的安置、粗平、照准和读数。

2.1.4.1 安置

在需要安置仪器的位置,松开三脚架固定螺旋,调节架腿高度适中,拧紧固定螺旋,打开三脚架,使架头大致水平,稳定安置在地面上,然后从仪器箱中取出仪器,置于三脚架上,并立即用中心连接螺旋将仪器固连在三脚架上。

2.1.4.2 粗平

调节脚螺旋使圆水准器气泡居中。称为粗平,具体操作步骤如下。

(1)转动仪器,将圆水准器置于1、2两个脚螺旋之间,如图2-1-11(a)所示。

(2)同时向内或同时向外转动1、2两个脚螺旋,使气泡移动至圆水准器零点与脚螺旋3的连线上,如图2-1-11(b)所示。

(3)转动脚螺旋3使气泡居中,如图2-1-11(c)所示。

在粗平的过程中,脚螺旋转动的原则是:顺时针旋转脚螺旋使该脚螺旋所在一端升高;逆时针旋转脚螺旋使该脚螺旋所在一端降低。气泡偏向哪端说明哪端高,气泡的移动方向与左手大拇指运动的方向一致。

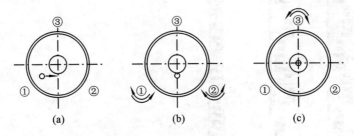

图 2-1-11　水准仪的粗平

2.1.4.3 照准

具体操作步骤如下。

(1)目镜调焦。

将望远镜对准远方明亮的背景,转动目镜调焦螺旋,使十字丝清晰。

(2)初步照准。

转动望远镜,通过镜筒上部的粗瞄器初步照准水准尺。

(3)物镜对光和精确照准。

转动物镜调焦螺旋使尺像清晰,然后转动微动螺旋使尺像位于视场中央。

(4)消除视差。

如果调焦不完整,尺子的像没有正确地成像在十字丝分划板上,如图2-1-12(a)、(b)所示。图(a)为目标影像成像在十字丝分划板前面,图(b)为目标影像成像在十字丝分划板后面,这两种都会使观测者的眼睛在目镜端作上下微量移动时,十字丝和目标影像存在相对移动,该现象即为视差,视差的存在会带来读数误差,应进行消除。消除的方法是反复仔细调节目镜和物镜调焦螺旋,直到眼睛上下移动时读数不变为止,如图 2-1-12(c)所示。

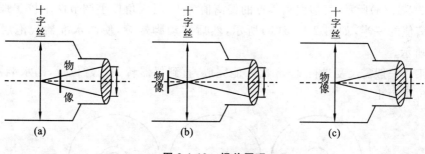

图 2-1-12 视差原理

2.1.4.4 读数

如图 2-1-13(a)、(b)所示,首先估读水准尺与中丝重合位置处的毫米数,然后报出全部读数。图(a)为成像为倒像的影像,读数为 1.502 m。图(b)为成像为正像的影像,读数为 1.803 m。

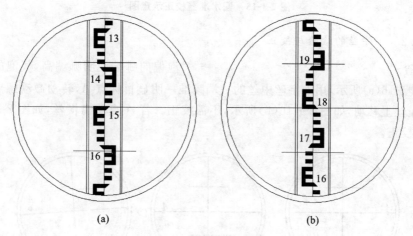

图 2-1-13 中丝读数

2.1.5 DS$_3$ 型自动安平水准仪的检校

2.1.5.1 圆水准器的检校

1. 检验

调整脚螺旋,使圆水准器气泡居中,如图 2-1-14(a)所示,将仪器上部旋转 180°,若气泡仍然居中,该仪器不需要校正,若气泡偏离,如图 2-1-14(b)所示,该仪器需要校正。

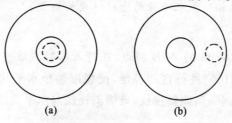

图 2-1-14 圆水准气泡偏离示意图

2. 校正

如图 2-1-15(a)所示,气泡偏离零点的偏离值为 L,用六角扳手调节两个校正螺丝,使气泡移回偏离值的一半,如图 2-1-15(b)所示,然后转动脚螺旋,使圆水准器气泡居中,如图 2-1-15(c)所示。

校正工作一般需反复进行 2~3 次才能完成,直到仪器转到任意位置,圆水准器气泡均处在居中位置为止。

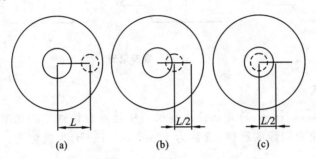

图 2-1-15　圆水准器校正示意图

2.1.5.2　十字丝的检验与校正

1. 检验

如图 2-1-16(a)所示,用十字丝中丝的一端瞄准一明显目标点 A,转动微动螺旋,如果 A 点一直在横丝上移动,如图 2-1-16(b)所示,不需校正。若 A 点偏离横丝,如图 2-1-16(c)所示,则需要校正。

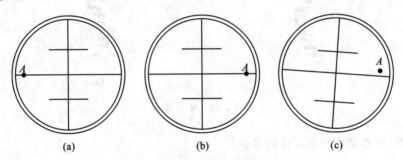

图 2-1-16　十字丝的检验示意图

2. 校正

旋下目镜罩,放松十字丝分划板座的压环螺丝,微微转动十字丝分划板,使 A 点对准中丝即可。检验校正应反复进行,直到 A 点不再偏离中丝为止。最后拧紧压环螺丝。

2.1.5.3　望远镜视准轴位置正确性的检校(i 角的检校)

1. 检验

在地面上选定相距约 80 m 的 A、B 两点,并打入木桩或放置尺垫。安置水准仪于 AB 的中点 C_1。自动安平水准仪能进行自动补偿,使视准轴呈水平状态,从而得到一条水平视线,当补偿不完整时,则得到一条倾斜视线,该倾斜视线与水平线的交角,即为 i 角,i 角会使水准尺上的读数产生误差。

如图 2-1-17(a)所示,若水准仪能提供水平视线,读出 A、B 两点水准尺的读数 a、b,根据两读数就可求出两点间的正确高差 h。而实际得到的是一条倾斜视线,但当仪器到 A、B 点的距离相等,在所得读数 a_1、b_1 中,虽然含有读数误差 Δ,但在计算高差时可以抵消。

$$h = a_1 - b_1 = (a + \Delta) - (b + \Delta) = a - b$$

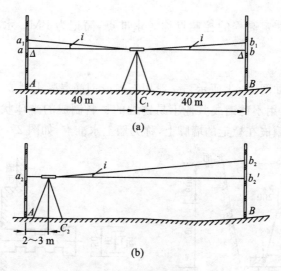

图 2-1-17　i 角的检校示意图

再将仪器安置于 A 点 $2 \sim 3$ m 处的 C_2,分别读得 A、B 点水准尺读数为 a_2、b_2,如图 2-1-17(b)所示,因仪器到 A 点的距离很近,视线不水平引起的读数误差很小,可忽略不计,即认为 a_2 为准确读数。由 a_2、b_2 又求得两点的高差 h',即

$$h' = a_2 - b_2$$

若 $h \neq h'$,说明存在 i 角,当 $h - h' \geqslant 3$ mm,需要校正。

2. 校正

在 C_2 点上进行校正,望远镜照准 B 尺,旋下目镜罩,用六角扳手拨动十字丝分划板的校正螺丝,调节十字丝分划板,使中丝读数为 $b_2' = a_2 - h$,套上目镜罩,再次进行检查,直到 $h - h' < 3$ mm 为止。

任务 2.2　普通水准测量

》》→ ‖任务介绍......

本任务从介绍水准点、水准路线的布设为起点。采用野外布设水准点、水准路线作为学习平台,进行普通水准的外业观测、记录、计算和检核。使学生在完成普通水准测量任务中基本掌握普通水准测量的技能,同时在测量过程中理解水准测量的误差来源以及消减办法。

》》→ ‖学习目标......

1. 掌握水准点的定义及单一水准路线的布设形式。
2. 掌握普通水准测量的外业观测步骤及记录方法。
3. 掌握水准测量数据的计算和检核的方法。
4. 掌握水准测量的误差来源及消减方法。

>>→ **任务实施的知识点** ……

2.2.1　水准点

用水准测量方法测定高程的控制点称为水准点,简记为 BM。水准点有永久性和临时性两种。

1. 永久性水准点

国家等级水准点如图 2-2-1 所示。一般用石料或钢筋混凝土制成,深埋到地面冻结线以下,在标石的顶面设有用不锈钢或其他不易锈蚀的材料制成的半球状标志。有些永久性水准点的金属标志也可镶嵌在稳定的墙脚上,称为墙上水准点,如图 2-2-2 所示。

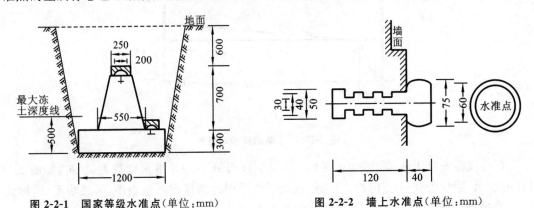

图 2-2-1　国家等级水准点(单位:mm)　　图 2-2-2　墙上水准点(单位:mm)

2. 临时性水准点

临时水准点可以在地上打入木桩,也可在建筑物或岩石上用红漆画一临时标志,作为水准点的标志。

2.2.2　水准路线

水准测量所经过的路线即为水准路线,水准路线的布设形式有单一水准路线和水准网两种形式。

2.2.2.1　单一水准路线

单一水准路线可分为三种布设形式,即附合水准路线、闭合水准路线、支水准路线。

1. 附合水准路线

如图 2-2-3 所示,从已知高程水准点 BM_1 出发,沿待定高程点 1、2、3、4 进行水准测量,最后附合至另一已知高程水准点 BM_2 所构成的水准路线,称为附合水准路线。

图 2-2-3　附合水准路线

2. 闭合水准路线

如图 2-2-4 所示,从一已知高程水准点 BM_1 出发,沿待定高程点 1、2、3、4 进行水准测量,最后闭合到 BM_1 所组成的环形水准路线,称为闭合水准路线。

3. 支水准路线

如图 2-2-5 所示,从一已知水准点 BM$_1$ 出发,沿待定高程点 1、2 进行水准测量,其路线既不附合也不闭合,称为支水准路线。支水准路线无检核条件,必须往返观测以资校核。

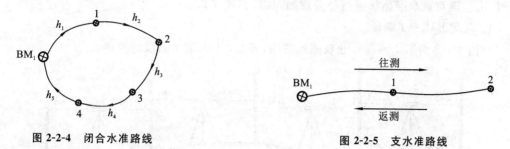

图 2-2-4　闭合水准路线　　　　　　图 2-2-5　支水准路线

2.2.2.2　水准网

多条单一水准路线相互连接成结点或网状形式,称为水准网,只有一个已知高程的水准网称为独立网,如图 2-2-6(a)所示,该水准网有一个已知水准点 BM$_1$;有两个以上已知高程点的称为附合网,如图 2-2-6(b)所示,该水准网有三个已知水准点 BM$_1$、BM$_2$、BM$_3$。

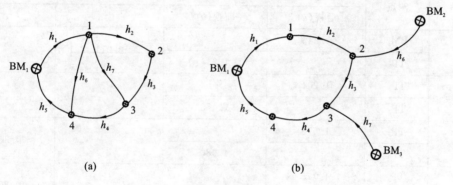

(a)　　　　　　　　　　　　　　　　(b)

图 2-2-6　水准网

2.2.3　采用普通水准测量方法进行路线水准测量案例

2.2.3.1　水准路线的布设

如图 2-2-7 所示,某施工区域没有已知高程点,为进行施工高程放样,需进行高程引测,在该施工区域以外北西及南东方向上有两个已知水准点 BM$_1$、BM$_2$,点位保存完好,其高程 $H_{BM_1}=89.098$ m,$H_{BM_2}=88.254$ m,根据已知水准点的情况,拟定采用附合水准路线进行水准点的加密,根据施工现场的需要,在地面上选定了 1、2 两个待测水准点,并用木桩在地面标定出来,即组成了附合水准路线 BM$_1$→1→2→BM$_2$。

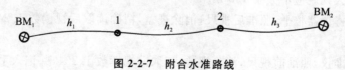

图 2-2-7　附合水准路线

2.2.3.2　仪器及材料配置

DS$_3$ 型水准仪 1 台,水准尺 1 对,尺垫 1 对,记录板 1 个,记录手簿 1 份。

2.2.3.3 外业观测、记录及计算

如图 2-2-7 所示,附合水准路线 BM$_1$→1→2→BM$_2$ 有三个测段,分别为:BM$_1$→1、1→2、2→BM$_2$。现对该水准路线进行外业观测,其观测步骤如下:

1. 观测 BM$_1$→1 测段

如图 2-2-8 为第 1 测段外业观测示意图,表 2-2-1 为第 1 测段记录表。

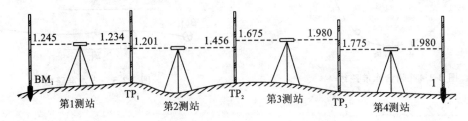

图 2-2-8　第 1 测段外业观测示意图

表 2-2-1　水准测量记录手簿

测站	测点	水准尺读数/m		高差/m	
		后视(a)	前视(b)	＋	－
1	BM$_1$	1.245		0.011	
	TP$_1$		1.234		
2	TP$_1$	1.201			0.255
	TP$_2$		1.456		
3	TP$_2$	1.675			0.305
	TP$_3$		1.980		
4	TP$_3$	1.775			0.205
	1		1.980		
计算校核		$\sum a = 5.896$	$\sum b = 6.650$	$\sum = +0.011$	$\sum = -0.765$
		$\sum a - \sum b = -0.754$		$\sum h = -0.754$	

(1) 在水准点 BM$_1$ 上竖立水准尺,作为后视点。

(2) 在路线上适当位置安置水准仪,并在路线的前进方向上选择转点 TP$_1$,在转点处放置尺垫,在尺垫上竖立水准尺作为前视点。仪器到两水准尺的距离应基本相等,最大差值不应超过 20 m;最大视距应不大于 150 m。

(3) 观测员将仪器整平,照准后视尺,消除视差,精确读取后视读数 1.245,并记入手簿,如表 2-2-1 所示。

(4) 转动水准仪,照准前视尺,消除视差,读取前视读数 1.234,并记入手簿。

(5) 计算 BM$_1$、TP$_1$ 两点间的高差,即 $h_{A1} = 1.245 - 1.234 = +0.011$(m),算出高差,记入手簿中相应位置,如表 2-2-1 所示。完成第 1 测站的观测。

(6) 前视尺位置不动,变作后视,按(2)、(3)、(4)、(5)步骤进行操作,测到终点 1 为止。

（7）一测段观测完成之后，为保证高差计算的正确性，应在每页手簿下方进行计算检核。

检核的依据是

$$\sum h = \sum a - \sum b$$

即各测站测得的高差的代数和应等于后视读数之和减去前视读数之和。

如表 2-2-1 中

$$\sum h = 0.011 + (-0.765) = -0.754(\text{m})$$

$$\sum a - \sum b = 5.896 - 6.650 = -0.754(\text{m})$$

所求两数相等，说明计算正确无误。

（8）注意事项如下：

① 在已知点和待测点上立尺时，不能放置尺垫；

② 水准尺应竖直；

③ 当观测人员未迁站之前，后视转点尺垫不能移动；

④ 前、后视距应大致相等；

⑤ 记录、计算字迹工整，读错、记错的数据应用单横线划去，将正确数据记在其上方，另外，特别注意估读位不能涂改，不能就字改字，不能连环涂改。

2. 观测 1→2 测段

如图 2-2-9 为第 2 测段外业观测示意图，表 2-2-2 为第 2 测段记录表。观测程序与第 1 测段相同，在此不再详述。

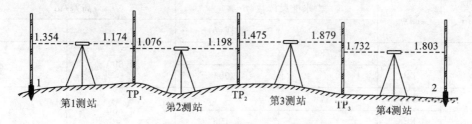

图 2-2-9　第 2 测段外业观测示意图

表 2-2-2　水准测量记录手簿

测站	测点	水准尺读数/m		高差/m	
		后视(a)	前视(b)	+	−
1	1	1.354		0.180	
	TP$_1$		1.174		
2	TP$_1$	1.076			0.122
	TP$_2$		1.198		
3	TP$_2$	1.475			0.404
	TP$_3$		1.879		
4	TP$_3$	1.732			0.071
	2		1.803		

续表

测站	测点	水准尺读数/m		高差/m	
		后视(a)	前视(b)	＋	－
计算校核		$\sum a = 5.637$	$\sum b = 6.054$	$\sum = +0.180$	$\sum = -0.597$
		$\sum a - \sum b = -0.417$		$\sum h = -0.417$	

3. 观测 2→BM₂ 测段

如图 2-2-10 为第 3 测段外业观测示意图,表 2-2-3 为第 3 测段记录表。

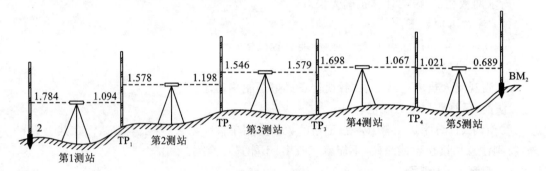

图 2-2-10　第 3 测段外业观测示意图

表 2-2-3　水准测量记录手簿

测站	测点	水准尺读数/m		高差/m	
		后视(a)	前视(b)	＋	－
1	2	1.784		0.690	
	TP₁		1.094		
2	TP₁	1.578		0.380	
	TP₂		1.198		
3	TP₂	1.546			−0.033
	TP₃		1.579		
4	TP₃	1.698		0.631	
	TP₃		1.067		
5	TP₃	1.021		0.332	
	BM₂		0.689		
计算校核		$\sum a = 7.627$	$\sum b = 5.627$	$\sum = +2.033$	$\sum = -0.033$
		$\sum a - \sum b = +2.000$		$\sum h = +2.000$	

2.2.3.4　水准路线的内业数据处理

水准测量外业观测结束后,须进行成果整理及计算。计算前应先检查野外观测手簿是否完整,计算检核是否正确,检查无误之后,计算高差闭合差及进行高差闭合差的调整,然后进行高程计算。

1. 高差闭合差及其允许值的计算原理

附合水准路线是从一个已知高程的水准点通过待测点测量至另一个已知高程的水准点,所以,理论上讲各测段观测高差的代数和 $\sum h_{测}$ 应等于路线两端已知水准点的高程之差 $H_{终} - H_{起}$。由于测量误差的存在,实际上这两者一般不会相等,所存在的差值称为附合水准路线的高差闭合差,用 f_h 表示。即

$$f_h = \sum h_{测} - (H_{终} - H_{起}) \qquad (2\text{-}2\text{-}1)$$

式中　$\sum h_{测}$——各测段观测高差的代数和。

闭合水准路线各测段观测高差的代数和 $\sum h_{测}$ 应等于零,如果不等于零,即为高差闭合差,即

$$f_h = \sum h_{测} \qquad (2\text{-}2\text{-}2)$$

对于支水准路线,沿同一路线往测高差 $\sum h_{往}$ 与返测高差 $\sum h_{返}$ 的绝对值应大小相等而符号相反,如果不相等,其差值即为高差闭合差,亦称较差,即

$$f_h = \left| \sum h_{往} \right| - \left| \sum h_{返} \right| \qquad (2\text{-}2\text{-}3)$$

普通水准测量高差闭合差的容许值 $f_{h容}$(单位:mm)为

平地:　　　　　　　　$f_{h容} = \pm 40\sqrt{L}$

山地:　　　　　　　　$f_{h容} = \pm 12\sqrt{n}$ 　　　　　　　　(2-2-4)

式中　L——水准路线单程长度,km;

　　　n——单程测站数。

水准测量的高差闭合差若超过容许值,应查找原因并返工重测。

2. 内业数据处理案例

如图 2-11 为通过以上外业观测数据整理出来的观测略图,BM$_1$、BM$_2$ 为已知高程的水准点,BM$_1$ 点的高程 $H_1 = 89.098$ m,BM$_2$ 点的高程 $H_2 = 88.254$ m,1、2 为待定点;h_1、h_2、h_3 为各测段高差观测值;n_1、n_2、n_3 为各测段测站数。计算步骤如下:

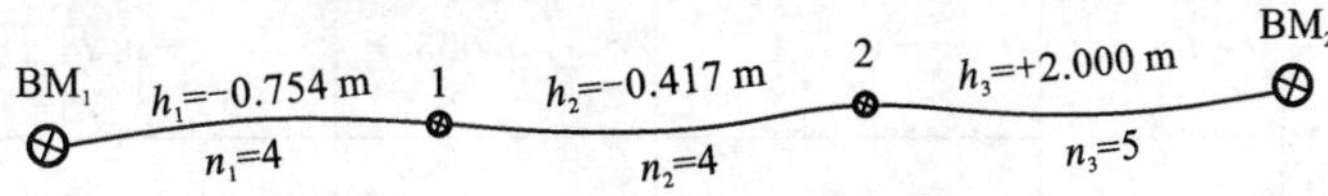

BM$_1$ 　$h_1 = -0.754$ m 　1 　$h_2 = -0.417$ m 　2 　$h_3 = +2.000$ m 　BM$_2$
　　　　　$n_1 = 4$ 　　　　　　　$n_2 = 4$ 　　　　　　　$n_3 = 5$

图 2-2-11　附合水准路线观测略图

1) 观测数据和已知数据填写

将图 2-2-11 中的观测数据(各测段的测站数、实测高差)及已知数据(A、B 两点已知高程),填入表 2-2-4 相应的栏目内。

2) 高差闭合差计算

$$f_h = \sum h_{测} - (H_{BM_2} - H_{BM_1}) = 0.829 - (89.098 - 88.254) = -0.015(\text{m})$$

3) 高差闭合差容许值的计算

设为山地,闭合差的容许值为

$$f_{h容} = \pm 12\sqrt{n} = \pm 12\sqrt{13} = \pm 43(\text{mm})$$

由于 $|f_h| < |f_{h容}|$，高差闭合差在限差范围内，说明观测成果的精度符合要求。

4）高差闭合差的调整

高差闭合差调整的方法：将高差闭合差反符号，按与测段的长度或测站数成正比例的原则进行分配，其调整值称作改正数，按测站数计算改正数的公式为

$$v_i = -\frac{f_h}{\sum n} \times n_i \tag{2-2-5}$$

按测段长度计算改正数的公式为

$$v_i = -\frac{f_h}{\sum L} \times L_i \tag{2-2-6}$$

式中　v_i——第 i 测段的高差改正数；

$\sum n$——水准路线的测站总数；

n_i——第 i 测段的测站数；

$\sum L$——水准路线的全长；

L_i——第 i 测段的路线长度。

本例是按测站数来计算改正数的，即

$$v_1 = -\frac{f_h}{\sum n} \times n_1 = -\frac{-0.015}{13} \times 4 = +0.005(\text{m})$$

$$v_2 = -\frac{f_h}{\sum n} \times n_2 = -\frac{-0.015}{13} \times 4 = +0.005(\text{m})$$

$$v_3 = -\frac{f_h}{\sum n} \times n_3 = -\frac{-0.015}{13} \times 5 = +0.006(\text{m})$$

将各测段改正数分别填入表 2-2-4 中第 5 列内。

表 2-2-4　水准路线高差闭合差调整与高程计算

测段编号	点名	测站数	实测高差/m	改正数/m	改正后高差/m	高程/m
1	2	3	4	5	6	7
1	BM$_1$	4	−0.754	+0.005	−0.749	88.254
	1					87.505
2		4	−0.417	+0.005	−0.412	
	2					87.093
3		5	+2.000	+0.005	+2.005	
	BM$_2$					89.098
$\sum$		13	0.829	+0.015	+0.844	
辅助计算	$f_h = -0.015$ m					
	$f_{h容} = \pm 12\sqrt{n} = \pm 12\sqrt{13} = \pm 43(\text{mm})$			$\lvert f_h \rvert < \lvert f_{h容} \rvert$		

注意：

① 改正数应凑整至毫米，以米为单位填写在表 2-2-4 相应栏内。

② 改正数的总和应与闭合差数值相等、符号相反，根据这一关系可对各段高差改正数进行检核。

$$\sum v_i = - f_h$$

③ 由于舍入误差的存在，在数值上改正数的总和可能与闭合差存在一微小值，此时可将这一微小值强行分配到测站数最多或路线最长的一个或几个测段上。

5）改正后高差的计算

各测段改正后的高差等于实测高差加上相应的改正数，即

$$h_{i改} = h_{测} + v_i$$

改正后的高差记入表 2-2-4 第 6 列内。

注意：

改正后的各测段高差代数和应与水准点 A、B 的高差相等，据此对改正后的各测段高差进行检核。

$$\sum h_{改} = H_B - H_A$$

6）计算待定点高程

用改正后高差，按顺序逐点推算各点的高程，即

$$H_1 = H_A + h_{1改} = 88.254 + (-0.749) = 87.505 (mm)$$
$$H_2 = H_1 + h_{2改} = 87.505 + (-0.412) = 87.093 (mm)$$

$\cdots\cdots\cdots\cdots\cdots$

依此推算出所有待定点的高程，并逐一记入表 2-2-4 第 7 列内。最后推算得到的 B 点高程应与水准点 B 的已知高程相等，以此来检核高程推算的正确性。

2.2.4 水准测量的误差来源及消减办法

水准测量中有误差的影响，为了获得符合精度要求的成果，必须分析误差产生的原因及消减方法，现将水准测量中误差产生的原因及消减方法分述如下。

1. 仪器误差

由于仪器制造加工的不完善、仪器检校的不完善而引起的误差称为仪器误差。水准仪的仪器误差主要有 i 角误差，这项误差虽然经过检验和校正，但仍会残留，观测时只要使前、后视距离相等，就可减少或消除该项误差。

水准尺刻划不准确、尺底磨损、弯曲变形等都会给读数带来误差，因此应对水准尺进行检验，不合格的尺子不能使用。其中由于尺底磨损引起的零点误差影响，可在每测段观测中采用偶数站观测予以消除。

2. 整平误差

对于微倾水准仪来说，视线是否水平是根据水准管气泡是否居中来判断的，为了减小其影响，每次读数前一定要使水准管气泡严格居中。对于自动安平水准仪来说，视线是否水平与补偿器有关，所以，仪器使用前，其补偿器是否正常工作是非常重要的。

3. 读数误差

读数误差与望远镜的放大率和视距长度有关，因此，不同等级水准测量对望远镜放大率

和视距长度都有相应的要求和限制,普通水准测量中,规定望远镜的放大率应在 20 倍以上,视距不超过 150 m。读数误差还与观测时的十字丝视差有关,所以,观测时应特别注意消除视差。

4. 水准尺倾斜误差

如图 2-2-12 所示,水准尺倾斜将使尺上读数增大,其读数误差为

$$\Delta b = b' - b = b'(1 - \cos\varepsilon) \qquad (2\text{-}2\text{-}7)$$

从式(2-2-7)可知道视线越高,水准尺倾斜引起的误差越大,如水准尺倾斜 3°,在水准尺上 1.5 m 处读数时,将会产生 2 mm 的误差。因此,在观测过程中,应严格将水准尺扶正。

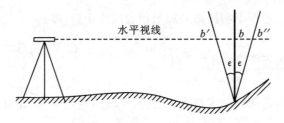

图 2-2-12　标尺倾斜对读数的影响

5. 仪器和尺垫下沉误差

由于地面土质疏松和仪器本身重量而产生仪器和尺垫下沉误差。仪器下沉,将使视线降低,前视读数减小,从而使高差增大,尺垫下沉,使得转点作后视时位置比作前视时低,所测高差也增大,减小此类误差的方法是将测站及转点选在土质坚实的地方,观测时,踩实脚架和尺垫,尽快进行观测,每次读数后,将水准尺移离尺垫,以减少其下沉量。仪器下沉误差还可通过"后、前、前、后"的观测程序予以消减。

6. 地球曲率的影响

如图 2-2-13 所示,大地水准面是一个曲面,如果水准仪的视线与大地水准面平行,则 A、B 两地面点的尺上读数应为 a' 和 b',即正确高差应为 $h = a' - b'$;但利用水平视线读取的读数分别为 a 和 b,a' 和 a、b' 和 b 之差就是地球曲率的影响所致。从图中不难看出,如果水准仪至 A、B 两点的距离相等,则有 $a - a' = b - b' = c$,于是地球曲率的影响在计算高差时可以抵消,即

$$h = a - b = (a' + c) - (b' + c) = a' - b'$$

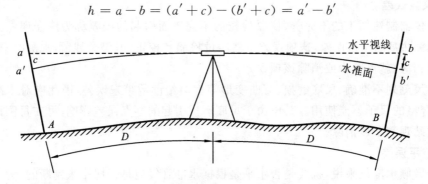

图 2-2-13　地球曲率对水准测量的影响

7. 大气折光影响

光线穿过不同密度的大气层时会发生折射,因而视线是弯曲的,这将给观测带来误差,这种误差称为大气折光差。折光差的大小与大气层竖向温差大小有关,越接近地面温差越

大,折光差也越大。

在水准测量中,如果前后视线弯曲相同,那么只要前视、后视的距离相等,折光差对前视、后视读数的影响也相等,在计算高差时可以相互抵消。但在一般情况下,前后视线离地面高度往往不一致,因此前后视线弯曲是不同的,如图 2-2-14 所示,折光差 r_1 和 r_2 的方向相反,因而使得观测高差中包含这种误差的影响。为了减小这种影响,视线离地应有足够的高度,尤其在斜坡上进行水准测量,须使上坡方向的视线最小读数不小于 0.3 m。

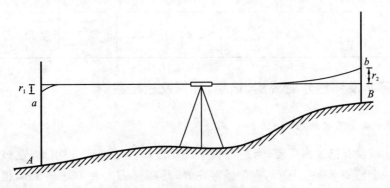

图 2-2-14 大气折光对读数的影响

8. 温度影响

温度的变化不仅引起大气折光的变化,而且当烈日照射水准管时,由于水准管本身和管内液体温度的升高,气泡向着温度高的方向移动,而影响仪器水平,产生气泡居中误差,因此观测时应注意给仪器撑伞遮阳。

任务 2.3 三、四等水准测量

▶ **任务介绍** ......

在小区域测量工作中,常常以三、四等水准测量方法建立高程控制网。本任务介绍四等水准测量外业基本作业方法及内业数据处理。

▶ **学习目标** ......

1. 掌握四等水准测量的主要技术要求。
2. 掌握四等水准测量外业观测、记录、计算及检核方法。
3. 掌握水准测量的内业数据处理方法。

▶ **任务实施的知识点** ......

2.3.1 三、四等水准测量技术要求

在地形测图和施工测量中,常常以三、四等水准测量方法建立高程控制网。三、四等水准点的高程应从附近的一、二等水准点引测,进行高程控制测量前,首先根据精度要求和施工需求在测区布置一定密度的水准点,水准点标志及标石的埋设应符合相关规范要求。水准测量的主要技术要求见表 2-3-1。

表 2-3-1 三、四等水准测量主要技术要求

等级	水准仪型号	视线高度	视线长度/m	前后视距差/m	前后视距累积差/m	红黑面读数差/mm	红黑面高差之差/mm	附合、环线闭合差	
								平原	山区
三等	DS₃	三丝读数	≤75	≤2	≤5	≤2	≤3	$\pm 12\sqrt{L}$	$\pm 4\sqrt{n}$
四等	DS₃	三丝读数	≤100	≤3	≤10	≤3	≤5	$\pm 20\sqrt{L}$	$\pm 6\sqrt{n}$

2.3.2 四等水准测量外业观测、记录、计算及检核案例

2.3.2.1 水准路线的布设

某施工区域没有已知高程点，为进行施工高程放样，需进行高程引测，在该施工区域南东方向上有一个已知水准点 BM_1，点位保存完好，其高程 $H_{BM_1} = 120.098$ m，根据已知水准点的情况，拟定采用闭合水准路线进行水准点的加密，根据施工现场的需要，在地面上选定了 1、2、3 三个待测水准点，并用木桩在地面标定出来，即组成了闭合水准路线 $BM_1 \rightarrow 1 \rightarrow 2 \rightarrow 3 \rightarrow BM_1$，如图 2-3-1 所示。

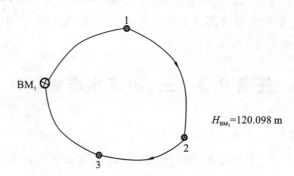

图 2-3-1 $BM_1 \rightarrow 1 \rightarrow 2 \rightarrow 3 \rightarrow BM_1$ 水准路线示意图

2.3.2.2 仪器及材料配置

DS₃ 型水准仪 1 台，双面水准尺 1 对，尺垫 1 对，记录板 1 个，记录手簿 1 份。

2.3.2.3 外业观测、记录及计算

如图 2-3-1 所示，闭合水准路线 $BM_1 \rightarrow 1 \rightarrow 2 \rightarrow 3 \rightarrow BM_1$ 有四个测段，分别为 $BM_1 \rightarrow 1$、$1 \rightarrow 2$、$2 \rightarrow 3$、$3 \rightarrow BM_2$。现采用四等水准测量进行该水准路线的外业观测。

1. $BM_1 \rightarrow 1$ 测段的观测

1）观测程序和记录方法

为消除尺底因磨损的零点差影响，每测段的测站数应为偶数。

每一测站上，先安置水准仪，粗略整平后分别瞄准前后水准尺，估读视距，最大视距不应超过 100 m，前后视距差应不超过 3 m。如不符合要求须调整前视点位置或仪器位置。然后按下述步骤进行观测和记录。记录格式如表 2-3-2 所示。

（1）照准后视尺黑面，读取下丝(1)、上丝(2)、中丝(3)，记录。

（2）照准后视尺红面，读取中丝读数(4)，记录。

（3）照准前视尺黑面，读取下丝(5)、上丝(6)、中丝(7)，记录。

（4）照准前视尺红面，读取中丝读数(8)，记录。

以上观测程序简称为"后-后-前-前"。所有读数以"m"为单位，读记至"mm"。观测完毕后应立即进行测站的计算与检核，符合要求后方可迁站，不符合要求须重新观测。

2）测站计算与检核

（1）视距部分

后视距：$(9)=[(2)-(1)] \cdot 100$。

前视距：$(10)=[(6)-(5)] \cdot 100$。

前后视距差：$(11)=(9)-(10)$，绝对值不应超过 3.0 m。

前后视距累积差：$(12)=$ 本站$(11)+$前站(12)，绝对值不应超过 10.0 m。

（2）高差部分

后尺黑红面读数差：$(13)=K_1+(3)-(4)$，以 mm 为单位，绝对值不应超过 3 mm。

前尺黑红面读数差：$(14)=K_2+(7)-(8)$，以 mm 为单位，绝对值不应超过 3 mm。

K_1、K_2 为尺常数，其值为 4.687 m 或 4.787 m。

黑面高差：$(15)=(3)-(7)$。

红面高差：$(16)=(4)-(8)$。

黑红面高差之差：$(17)=(15)-[(16)\pm 0.1]=(13)-(14)$，以 mm 为单位，绝对值不应超过 5 mm。

由于两水准尺红面起点读数相差 ±0.1 m（即 4.687 m 与 4.787 m 之差），因此红面测得的高差应加上或减去 0.1 m 才等于实际高差。是加还是减，据黑面高差来确定。

黑红面高差中数：$(18)=\{(15)+[(16)\pm 0.1]\}/2$，取位至 0.0001 m。

3）测段计算与校核

一个测段所有测站的观测、记录、计算、校核全部完成后，立即进行测段的计算与校核。测段计算与校核的项目如下。

（1）视距部分

测段后距全长：$\sum(9)$。

测段前距全长：$\sum(10)$。

测段视距累积差：$\sum(11)$，检核：$\sum(11)=\sum(9)-\sum(10)=$ 本测段末站的(12)。

测段全长 L：$L=\sum(9)+\sum(10)$。

（2）高差部分

测段后尺黑面读数和：$\sum(3)$。

测段后尺红面读数和：$\sum(4)$。

测段前尺黑面读数和：$\sum(7)$。

测段前尺红面读数和：$\sum(8)$。

测段黑面高差：$\sum(15)$，检核：$\sum(15)=\sum(3)-\sum(7)$。

测段红面高差：$\sum(16)$，检核：$\sum(16)=\sum(4)-\sum(8)$。

测段高差中数：$\sum(18)$，检核：

$$\sum(18)=\left[\sum(15)+\sum(16)\right]/2\,(测站数为偶数时)$$

$$\sum(18)=\left\{\sum(15)+\left[\sum(16)\pm0.1\right]\right\}/2\,(测站数为奇数时)$$

表 2-3-2　四等水准测量观测记录表

测自　　　点至　　　点　　　　　　　天气：　　　　　　　日期：

仪器号码：　　　　　　　　　　观测者：　　　　　　　记录者：

测站编号	后尺 上丝 下丝	前尺 上丝 下丝	方向及尺号	标尺读数		$K+$ 黑－红	高差中数	备注
	后距	前距		黑	红			
	视距差	累积差						
1	1.456(2) 1.064(1)	1.556(6) 1.160(5)	后6	1.260(3)	5.946(4)	1(13)	−0.0995(18)	
			前7	1.358(7)	6.147(8)	−2(14)		
	39.2(9)	39.6(10)	后－前	−0.098(15)	−0.201(16)	3(17)		
	−0.4(11)	−0.4(12)						
2	2.356 0.96	1.398 0.994	后7	1.158	5.946	−1	−0.0385	
			前6	1.196	5.885	−2		
	39.6	40.4	后－前	−0.038	0.061	1		
	−0.8	−1.2						
3	1.208 1.004	0.957 0.759	后6	1.106	5.791	2	0.2475	
			前7	0.858	5.644	1		
	20.4	19.8	后－前	0.248	0.147	1		
	0.6	−0.6						
4	1.411 1.227	0.936 0.762	后7	1.319	6.107	−1	0.4705	
			前6	0.849	5.536	0		
	18.4	17.4	后－前	0.470	0.571	−1		
	1	0.4						
				$\sum(3)$ $=4.843$	$\sum(4)$ $=23.790$			
				$\sum(7)$ $=4.261$	$\sum(8)$ $=23.212$		$\sum(18)$ $=0.5800$	
	$\sum(9)$ $=117.6$	$\sum(10)$ $=117.2$		$\sum(15)$ $=0.582$	$\sum(16)$ $=0.578$			
	0.4	234.8		$\left[\sum(15)+\sum(16)\right]/2$ $=0.580=\sum(18)$				

2. 1→2、2→3、3→BM₁ 测段的观测

1→2、2→3、3→BM₁ 三个测段的观测与 BM₁→1 的观测方法相同,在此不再详述。

2.3.2.4 水准路线的内业数据处理

水准测量外业观测结束后,需进行成果整理及计算。计算前应先检查野外观测手簿是否完整,计算检核是否正确,检查无误之后,计算高差闭合差及进行高差闭合差的调整,然后进行高程计算。

如图 2-3-2 为通过以上外业观测数据整理出来的观测略图,BM₁ 为已知高程的水准点,BM₁ 点的高程 $H_A=120.098$ m,h_1、h_2、h_3、h_4 为各测段高差观测值;l_1、l_2、l_3、l_4 为各测段测段长度。计算步骤如下。

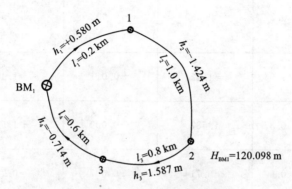

图 2-3-2 闭合水准路线略图

1. 观测数据和已知数据填写

将图 2-3-2 中的观测数据(各测段的测站数、实测高差)及已知数据(BM₁ 点已知高程),填入表 2-3-3 相应的栏目内。

2. 高差闭合差计算

$$f_h = \sum h_{测} = +0.029 \text{ m}$$

3. 高差闭合差容许值的计算

设为平地,闭合差的容许值为

$$f_{h容} = \pm 20\sqrt{L} = \pm 20\sqrt{2.6} = \pm 32 \text{(mm)}$$

由于 $|f_h| < |f_{h容}|$,高差闭合差在限差范围内,说明观测成果的精度符合要求。

4. 高差闭合差的调整

按与测站数成正比的原则,反其符号进行分配,即

$$v_i = -\frac{f_h}{\sum L} \times L_i$$

各测段改正数为

$$v_1 = -\frac{f_h}{\sum L} \times L_1 = -\frac{0.029}{2.6} \times 0.2 = -0.002 \text{(m)}$$

$$v_2 = -\frac{f_h}{\sum L} \times L_2 = -\frac{0.029}{2.6} \times 1.0 = -0.011 \text{(m)}$$

$$v_3 = -\frac{f_h}{\sum L} \times L_3 = -\frac{0.029}{2.6} \times 0.8 = -0.009 \text{(m)}$$

$$v_4 = -\frac{f_h}{\sum L} \times L_4 = -\frac{0.029}{2.6} \times 0.6 = -0.007(\text{m})$$

检核：

$$\sum v_i = -f_h$$

将各测段改正数分别填入表 2-3-3 中第 5 列内。

表 2-3-3　水准路线高差闭合差调整与高程计算

测段编号	点名	测站	实测高差/m	改正数/m	改正后高差/m	高程/m
1	2	3	4	5	6	7
1	BM$_1$	0.2	+0.580	−0.002	+0.578	120.098
2	1	1.0	−1.424	−0.011	−1.435	120.676
3	2	0.8	1.587	−0.009	+1.578	119.241
4	3	0.6	−0.714	−0.007	−0.721	120.819
	BM$_1$					120.098
$\sum$		2.6	0.029	−0.029	0	
辅助计算	$f_h = +0.029$ m $f_{h容} = \pm 20\sqrt{L} = \pm 20\sqrt{2.6} = \pm 32$ mm				$\|f_h\| < \|f_{h容}\|$	

5. 改正后高差的计算

各测段改正后的高差等于实测高差加上相应的改正数，即

$$h_{i改} = h_{测} + v_i$$

改正后的高差记入表 2-3-3 第 6 列内。

6. 计算待定点高程

根据已知水准点 A 的高程和各测段改正后的高差，依次逐点推算出各点的高程，将推算出的各点高程填入表 2-3-3 中第 7 列内。最后推算的 BM$_1$ 点高程应等于已知高程，否则说明高程计算有误。

项目三　平面控制测量

≫● 项目描述 ......

平面控制测量就是采用相应仪器和方法测量控制点间的角度、距离要素,根据起算坐标和起算方位角推算其他各控制点的坐标。建立平面控制网的方法有导线测量、三角测量、卫星定位测量等。通过本项目的学习,培养学生的角度、距离观测能力及导线坐标计算能力。

≫● 能力培养要求 ......

使学生能采用导线施测方法进行图根平面控制网的布设、施测及坐标计算。

任务 3.1　角 度 测 量

≫● 任务介绍 ......

本任务主要使学生熟悉水平角及竖直角的概念、测角原理及测量的方法。通过本任务的学习,使学生具备观测水平角、竖直角的能力。

≫● 学习目标 ......

理解水平角和竖直角测量原理;掌握采用电子经纬仪或全站仪进行水平角、竖直角的测量方法。

≫● 任务实施的知识点

3.1.1　水平角、竖直角、天顶距的基本概念

在测量工作中,为了确定点的平面位置和高程,需要测量两种不同意义的角度,即水平角和竖直角(或天顶距)。

3.1.1.1　水平角及其测量原理

由一点到两个目标的方向线垂直投影在水平面上所成的角,称为水平角。水平角一般用 β 表示。如图 3-1-1 所示,由地面点 A 到 B、C 两个目标的方向线 AB 和 AC,在水平面上的投影为 ab 和 ac,其夹角 β 即为水平角。

水平角的大小与地面点的高程无关。

若在任一点 O 水平放置一个刻度盘,使度盘中心位于 Aa 铅垂线,再用一个既能在竖直面内转动,又能绕铅垂线水平转动的望远镜,去照准目标 B 和 C,则可将直线 AB 和 AC 投影到度盘上,截得相应的读数 n 和 m,如果度盘刻划的注记形式是按顺时针方向由 $0°$ 递增到 $360°$,则 AB 和 AC 两方向线间的水平角为

$$\beta = m - n \qquad \text{(3-1-1)}$$

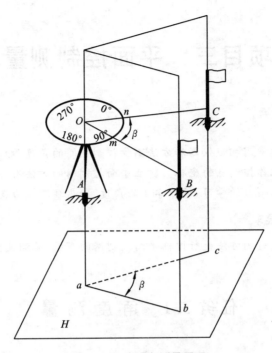

图 3-1-1 水平角测量原理

3.1.1.2 竖直角及其测量原理

如图 3-1-2 所示,在同一竖直面内,目标方向线与水平线的夹角,称为竖直角,用 α 表示。当视线仰倾时,α 取正值,如图 3-1-2(a)所示;视线俯倾时,α 取负值,如图 3-1-2(b)所示,视线水平时,$\alpha=0°$。竖直角的取值范围为 $-90°\sim90°$。

为了测得竖直角,必须安置一个竖直度盘,得到水平线和望远镜照准目标时的方向线在竖盘上读数,两读数之差即为观测的竖直角。

目标方向线与天顶方向(即铅垂线的反方向)的夹角,称为天顶距,一般用符号 Z 表示。

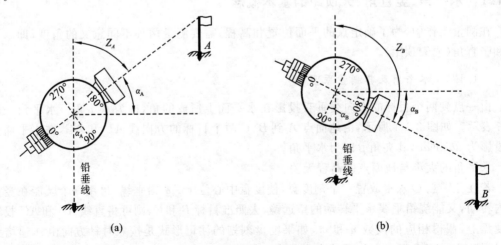

| (a) | (b) |

图 3-1-2 竖直角测量原理

天顶距和竖直角有如下关系。

$$\alpha = 90° - Z \qquad (3\text{-}1\text{-}2)$$

3.1.2 电子经纬仪的使用

用以观测水平角、竖直角的仪器称为经纬仪。经纬仪按其性质分为光学经纬仪和电子经纬仪。一般国产仪器按测角精度分为 DJ_{07}、DJ_1、DJ_2、DJ_6 几种类型。"D""J"分别表示"大地测量""经纬仪"汉语拼音的第一个字母,07、1、2、6 分别表示该仪器一测回水平方向观测值中误差。由于科技的发展,光学经纬仪在工程中已很少使用,电子经纬仪是集光学、机械、电子、计算机技术及半导体集成技术为一体的电子测角仪器。实现了测角操作程序的自动化,测量结果自动显示,自动存储,大大减轻外业人员的劳动强度,提高工作效率。20 世纪80 年代后,电子经纬仪与光电测距仪、电子手簿相结合,组成了电子速测仪(全站仪),可以同时完成角度、高程、距离等多种模式的测量工作。本节主要介绍电子经纬仪的构造和使用方法。

3.1.2.1 电子经纬仪的基本结构

1. 电子经纬仪外部结构

电子经纬仪的外部结构如图 3-1-3 所示。

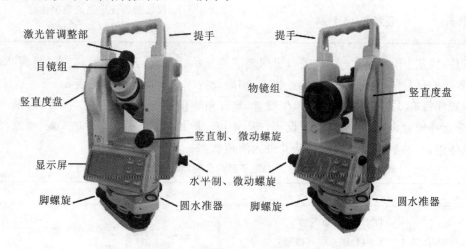

激光管调整部　提手　提手
目镜组　物镜组
竖直度盘　竖直度盘
竖直制、微动螺旋
显示屏　水平制、微动螺旋
脚螺旋　圆水准器　脚螺旋　圆水准器

图 3-1-3　电子经纬仪的外部结构示意图

2. SETL SJDJ 系列电子经纬仪按键功能及初始设置

SETL SJDJ 系列电子经纬仪按键面板示意图见图 3-1-4 所示,按键功能说明见表 3-1-1。

图 3-1-4　SETL SJDJ 系列电子经纬仪按键面板示意图

表 3-1-1 SETL SJDJ 系列电子经纬仪按键功能

按　键	功能 1	其　他
开/关	开机	1.［锁定］+［置零］+［开/关］:进入初始设置 2.［锁定］+［左右］+［开/关］:进入指标差设定
照明	激光对点器、激光视准轴、液晶显示照明开关键	1.［照明］+［置零］+［开/关］:进入时间设置 2. 时间设定确认键
置零 ▲	水平角置零	初始设定菜单中二级菜单选择键
锁定 ◀	水平角锁定	1. 初始设定菜单中一级菜单选择键 2. 时间设定项目选择键
左/右 ▶	水平角顺/逆时针增加转换	1. 初始设定菜单中一级菜单选择键 2. 加数改变时间设定示值
斜率	竖直角斜率转换	1. 仪器初始设定完成后确认键 2. 减数改变时间设定示值

按住［锁定］+［置零］+［开/关］,出现全字符显示后释放［开/关］键,二声"嘀嘀"鸣响后释放［锁定］+［置零］键进入初始设置状态,初始设置项目及项目内容见表 3-1-2。

设置项目有 6 项,分别为角度单位设置、竖直角零位设置、自动关机时间设置、最小显示设置、竖盘补偿器设置、水平角提示设置,按［◀］或［▶］键翻页选择选项,按［▲］键选择选项中的具体内容,然后按［斜率］键确认并进入测角状态。

表 3-1-2 SETL SJDJ 系列电子经纬仪初始设置项目及项目内容

设置项目	项目内容	设置项目	项目内容
1.角度单位	UNIT A:360°(度) UNIT B:400G(格恩) UNIT C:6400(密位)	2. 竖直角零位	ZEN=0:天顶为 0° ZEN=90:天顶为 90°
3.自动关机时间	30 OFF:30 分钟无动作自动关机 NO OFF:不自动关机	4. 最小显示	dsp 1:最小显示 1″ dsp 5:最小显示 5″
5.竖盘补偿器设置	TILT ON:补偿器开 TILT OFF:补偿器关	6.水平角提示	90 BEEP:仪器在 0°、90°、180°、270°附近蜂鸣器鸣响 NO BEEP:无提示音

3. Phenix DT2/5 系列电子经纬仪按键功能及初始设置

Phenix DT2/5 系列电子经纬仪按键面板示意图见图 3-1-5 所示,按键功能说明见表 3-1-3。

图 3-1-5　Phenix DT2/5 系列电子经纬仪按键面板示意图

表 3-1-3　Phenix DT2/5 系列电子经纬仪按键功能

按　键	功　能	其　他
⏻	开机	进入仪器的初始设置、指标差设置、补偿器设置功能键之一
照明	激光对点器、激光视准轴、液晶显示照明开关键	
⏻	关机	
0SET	水平角置零	进入仪器的初始设置、指标差设置、补偿器设置功能键之一
◀|▶/％ ▶	水平角顺/逆时针增加转换、竖角/坡度选择	进入仪器的初始设置、补偿器设置功能键之一
▶|◀ ▼	水平角锁定	进入仪器的初始设置、补偿器设置功能键之一

按住［▶\|◀］＋［⏻］,出现全字符显示后释放［⏻］键,三声"嘀嘀"鸣响后释放［▶\|◀］键,进入初始设置状态,初始设置项目及项目内容见表 3-1-4。

设置项目有 6 项,分别为角度单位设置、竖直角零位设置、自动关机时间设置、最小显示设置、竖盘补偿器设置、水平角提示设置,按［◀\|▶/％］键翻页选择选项,按［▶\|◀］键选择选项中的具体内容,然后按［0SET］键确认并进入测角状态。

表 3-1-4　SETL 激光电子经纬仪初始设置项目及项目内容

设　置　项　目	项　目　内　容	设　置　项　目	项　目　内　容
1. 角度单位	UNIT A:360°(度) UNIT B:400G(格恩) UNIT C:6400(密位)	2. 竖直角零位	ZEN=0:天顶为 0° ZEN=90:天顶为 90°
3. 自动关机时间	30 OFF:30 分钟无动作自动关机 NO OFF:不自动关机	4. 最小显示	dsp 1:最小显示 1″ dsp 5:最小显示 5″
5. 竖盘补偿器设置	VTILT ON:补偿器开 VTILT OFF:补偿器关	6. 水平角提示	90 BEEP:仪器在 0°、90°、180°、270°附近蜂鸣器鸣响 NO BEEP:无提示音

3.1.2.2　经纬仪的基本使用方法

经纬仪的使用包括仪器安置、照准目标、读数或置数三个步骤。

1. 仪器安置

经纬仪的安置包括对中和整平两个过程，对中的目的使使仪器中心（或水平度盘中心）与测站点标志中心位于同一铅垂线上；而整平的目的是使仪器竖轴竖直和水平度盘处于水平位置。目前经纬仪常采用的对中设备有两种，分别是光学对点器和激光对点器，这两种对中设备的安置方法基本相同。

1）对中

仪器安置时首先根据观测者的身高调整三脚架腿的长度，三脚架腿的长度一般以调整到观测人员胸部为适宜，打开三脚架，使架头位于点位的正上方，并使架头大致水平。从仪器箱中取出经纬仪，用中心连接螺旋将仪器固连在架头上，调节仪器三个脚螺旋处于大致同高位置。

如果仪器的对中设备为光学对点器，则应调节对中器目镜调焦螺旋，使视场中的照准圈（或十字丝）清晰，调节对中器物镜调焦螺旋，使地面目标清晰。然后固定一条架腿，移动另外两条架腿，使照准圈（或十字丝）大致对准地面点位标志，并踩紧架腿，调节脚螺旋，使照准圈（或十字丝）精确对准地面点位标志。此为采用光学对中器对中。

如果仪器的对中设备为激光对点器，则应首先开启仪器电源键，打开激光对点器，在地面上即可看到一红色光斑，调整仪器使光斑与地面点位标志重合，方法与使用光学对点器相同。

对中误差一般不应大于1 mm。

2）整平

整平时，首先采用升缩脚架的方法使圆水准气泡居中，然后转动仪器照准部，使照准部水准管平行于任意一对脚螺旋的连线，如图3-1-6(a)所示，图中水准管平行于①、②两个脚螺旋的连线，然后用两手同时内或向外转动该两脚螺旋，使水准管气泡居中，如图3-6(b)所示，注意气泡移动方向与左手大拇指移动方向一致；再将照准部转动90°，如图3-6(c)所示，使水准管垂直于①、②两脚螺旋的连线，转动螺旋③，使水准管气泡居中，如图3-6(d)所示。如此重复进行，直到在这两个方向气泡都居中为止，居中误差一般不得大于一格。

整平后，再检查对中是否偏离，如偏离，则微量松开仪器中心连接螺旋，平移仪器基座，注意不要有旋转运动，使其精确对中，然后拧紧中心连接螺旋，再检查整平是否破坏，如被破坏，则用脚螺旋重新整平，此两项操作应反复进行。

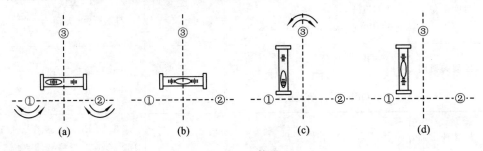

图 3-1-6　整平

2. 照准

照准是指望远镜十字丝交点精确照准目标。测角时的照准标志,一般有竖立于测点的标杆、测钎、垂球线或觇牌,如图 3-1-7 所示。

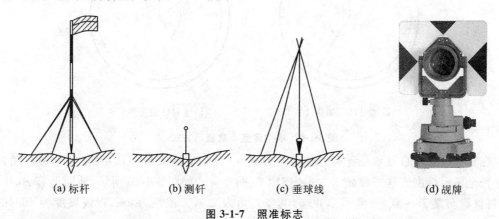

(a) 标杆　　　　　　(b) 测钎　　　　　　(c) 垂球线　　　　　　(d) 觇牌

图 3-1-7　照准标志

望远镜照准目标的操作步骤如下:

1) 目镜对光

松开望远镜制动螺旋与水平制动螺旋,将望远镜朝向天空或明亮背景,转动目镜调焦螺旋,使十字丝清晰。

2) 照准目标

采用望远镜上的粗瞄器粗略照准目标,旋紧制动螺旋,转动物镜调焦螺旋使目标清晰,注意消除视差,转动水平微动螺旋和望远镜微动螺旋,精确照准目标。

测水平角时,应使十字丝竖丝精确地照准目标,并尽量照准目标的底部,测竖直角时,应使十字丝的横丝(中丝)精确照准目标,如图 3-1-8 所示。

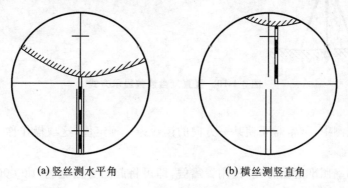

(a) 竖丝测水平角　　　　　　(b) 横丝测竖直角

图 3-1-8　照准示意图

3. 读数或置数

1) 读数

电子经纬仪照准目标后,其水平度盘读数和竖直度盘读数直接显示在显示窗上,读数时,特别要注意以下内容。

在水平度盘读数显示位置有两种显示方式,一种是顺时针增加角(右),如图 3-1-9(a)图所示,显示窗上一般标注为"HR";一种是逆时针增加角(左),如图 3-1-9(b)图所示,显示窗上一般标注为"HL";这两种显示方式可通过功能键"左/右"或相应功能键进行切换。

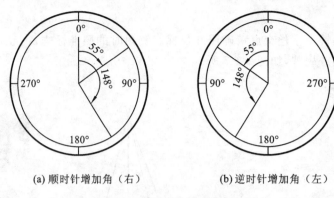

(a) 顺时针增加角（右）　　　　　　　(b) 逆时针增加角（左）

图 3-1-9　水平度盘读数显示方式

在竖直度盘读数显示位置有三种显示方式，一种是显示天顶距；一种是显示竖直角；还有一种是显示坡度。这三种显示方式代表不同的意义。如图 3-1-10 所示，地面上有 A、B 两点，将仪器安置于 A 点，照准 B 点顶端，其竖直角为 22°，天顶距为 68°，视线坡度为 40.4%。这三种显示方式可通过"竖角""坡度"或相应功能键进行切换。

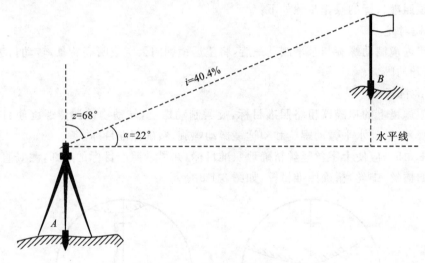

图 3-1-10　竖直度盘读数显示方式

2）置数

在水平角观测中，常常需要使某一方向的读数为一预定值，这项操作称为置数。其操作步骤如下。

盘左位置精确照准起始方向，使用置零健，即可将起始方向置为 0°00′00″。或使用置盘键，输入预定读数，即可将起始方向置为预定读数。另外，还可以使用锁定健，水平度盘读数锁定功能是首先转动照准部，使水平度盘读数为需要的值，按锁定键将该读数锁定，转动照准部，这时水平度盘读数不再变化，照准起始方向，再按锁定键，该方向被置为锁定的读数。

3.1.3　水平角测量

常用的水平角的观测方法有测回法和全圆测回法。

3.1.3.1　测回法观测案例

测回法适用于观测两个方向的单角，是水平角观测的基本方法。如图 3-1-11(a)所示，地面上有三点,现需测定 $\angle AOB$（β_1），将经纬仪安置于 O 点,在 A、B 两点上假设照准标志。

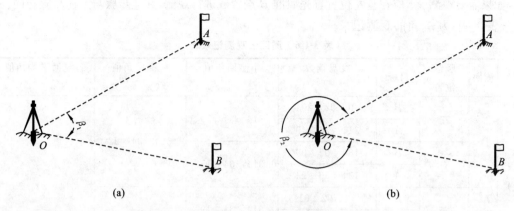

图 3-1-11 测回法示意图

盘左位置（竖盘在望远镜左侧,又称正镜）：

（1）照准左侧目标 A,水平度盘置数,略大于 $0°$,读数 $a_左$ 记入观测手簿表 3-1-5 中；

（2）顺时针方向旋转照准部,照准右边目标 B,读取水平度盘读数 $b_左$ 记入手簿；

得上半测回角值：

$$\beta_左 = b_左 - a_左 \qquad (3-1-3)$$

盘右位置（竖盘在望远镜右侧,又称倒镜）：

（3）先照准右边目标 B,读取水平度盘读数 $b_右$ 记入手簿；

（4）逆时针方向转动照准部,照准左边目标 A,读取水平度盘读数 $a_右$ 记入手簿。

得下半测回角值：

$$\beta_右 = b_右 - a_右 \qquad (3-1-4)$$

盘左和盘右两个半测回合称为一测回。规范规定上下两个半测回所测的水平角之差不应超过 $\pm24''$。符合规定要求时,两个半测回角值的平均值就是一测回的观测结果,即

$$\beta = \frac{1}{2}(\beta_左 + \beta_右) \qquad (3-1-5)$$

表 3-1-5　测回法观测记录表

测站	测回	竖盘位置	目标	度盘读数 /(° ′ ″)	半测回角值 /(° ′ ″)	一测回角值 /(° ′ ″)	各测回平均角值 /(° ′ ″)
O	1	左	A	0　00　12	45　25　37	45　25　33	45　25　41
			B	45　25　49			
		右	A	180　00　09	45　25　29		
			B	225　25　38			
	2	左	A	90　01　21	45　25　45	45　25　49	
			B	135　27　06			
		右	A	270　01　06	45　25　53		
			B	315　26　59			

如图 3-1-11(b)所示,在测回法观测时需注意,由于经纬仪或全站仪默认水平度盘是顺时针刻划和注记的,所以观测时,需要充分认识所观测的角度是(a)图的 β_1 角还是(b)图的 β_2 角,如果需要观测 β_2 ,应在盘左位置首先照准 B 点置数进行观测,其他步骤与上述步骤相同。

表 3-1-6 为 β_2 角的观测记录。

表 3-1-6　测回法观测记录表

测站	测回	竖盘位置	目标	度盘读数 /(° ′ ″)	半测回角值 /(° ′ ″)	一测回角值 /(° ′ ″)	各测回平均角值 /(° ′ ″)
O	1	左	B	0　02　20	314　34　29	314　34　22	314　34　23
			A	314　36　49			
		右	B	180　02　09	314　34　15		
			A	134　36　24			
	2	左	B	90　02　01	314　34　19	314　34　24	
			A	44　36　20			
		右	B	270　02　19	314　34　30		
			A	224　36　49			

计算时,总是采用右目标读数减去左目标读数,如不够减时,加上 360° 再减。

为了提高测角精度,可以观测多个测回,同时为削弱度盘分划误差的影响,测回间需要变换度盘位置,即各测回起始方向的置数应按 $180°/n$ 递增,n 为测回数。例如:当测回数 n =2 时,各测回的起始方向的读数应等于或稍大于 0° 和 90°。当测回数 $n=4$ 时,各测回的起始方向的读数应等于或稍大于 0°、45°、90° 和 135°。

各测回观测角值较差不应超过 $\pm24''$,符合要求时,取各测回平均值作为最后结果。

3.1.3.2　全圆测回法观测案例

观测三个及三个以上的方向时,通常采用全圆测回法,也称方向观测法。

1. 观测方法

如图 3-1-12 所示,设在测站 O 上观测 A、B、C、D 各个方向之间的水平角,全圆测回法的操作步骤如下。

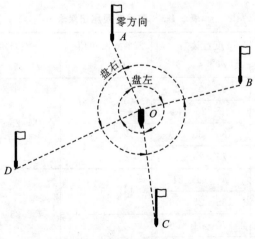

图 3-1-12　全圆测回法示意图

上半测回：

（1）将仪器安置于测站 O 上，对中、整平。

（2）选与 O 点相对较远、成像清晰的目标 A 作为零方向。

（3）盘左位置，照准目标 A，置数于略大于 $0°$ 的位置，读数 $0°00'06''$ 并记入观测手簿表3-1-7中。

表 3-1-7 全圆测回法观测记录表

测站	测回数	目标	水平度盘读数		2C /('')	平均读数 /(° ′ ″)	一测回归零方向值 /(° ′ ″)	各测回平均方向值 /(° ′ ″)	水平角值 /(° ′ ″)
			盘左 /(° ′ ″)	盘右 /(° ′ ″)					
1	2	3	4	5	6	7	8	9	10
O	1	A	0 00 06	180 00 40	−34	(0 00 28) 0 00 23	0 00 00	0 00 00	
		B	83 54 13	263 54 46	−33	83 54 30	83 54 02	83 54 05	83 54 05
		C	164 32 56	344 33 24	−28	164 33 10	164 32 42	164 32 39	80 38 34
		D	279 06 40	99 07 20	40	279 07 00	279 06 32	279 06 26	114 33 47
		A	0 00 16	180 00 50	−34	0 00 33			
			$\Delta_左=+10''$	$\Delta_左=10''$					
	2	A	90 00 12	270 00 34	−22	(90 00 26) 90 00 23	0 00 00		
		B	173 54 18	353 54 49	−31	173 54 34	83 54 08		
		C	254 32 48	73 33 15	−27	254 33 02	164 32 36		
		D	369 06 34	189 07 00	−26	369 06 47	279 06 21		
		A	90 00 18	270 00 42	−24	90 00 30			
			$\Delta_左=+6''$	$\Delta_左=+8''$					

（4）顺时针转动照准部，照准目标 B，读数为 $83°54'13''$，记录；

顺时针转动照准部，照准目标 C，读数为 $164°32'56''$，记录；

顺时针转动照准部，照准目标 D，读数为 $279°06'40''$，记录。

（5）顺时针再次瞄准零方向 A，这一步骤称为"归零"。读数为 $0°00'20''$，记录。两次零方向读数之差称为半测回归零差。使用 $6''$ 级经纬仪观测，半测回归零差不应大于 $18''$，使用 $2''$ 级经纬仪观测，半测回归零差不应大于 $12''$。如果半测回归零差超限，应立即查明原因并重测。

下半测回：

（6）盘右位置，逆时针转动照准部，照准零方向 A，读数为 $180°00'50''$，记录。

（7）逆时针转动照准部，照准目标 D，读数为 $99°07'20''$，记录；

逆时针转动照准部，照准目标 C，读数为 $344°33'24''$，记录；

逆时针转动照准部，照准目标 B，读数为 $263°54'46''$，记录。

（8）逆时针照准零方向 A，进行归零，读数为 $180°00'40''$，记录，并计算归零差是否超限，其限差规定同上半测回。

上下半测回合称为一测回。

2．记录和计算

全圆测回法记录表格见表 3-1-7。

1）计算 $2C$ 值（$2C$ 值即视准误差的两倍值）

$$2C = L - (R \pm 180°) \tag{3-1-6}$$

$2C$ 值本身为一常数。但实际观测中，由于观测误差的产生是不可避免的，各方向 $2C$ 值不可能相等。同一测回中，$2C$ 的最大值与最小值之差称为"$2C$ 互差"。在进行水平角的测量时更多关注"$2C$ 互差"。规范规定 $2''$ 级仪器一测回 $2C$ 互差绝对值不得大于 $18''$，对于 $6''$ 级仪器则没有要求。

2）计算半测回归零差

$$\Delta = 零方向归零方向值 - 零方向起始方向值 \tag{3-1-7}$$

3）计算各方向读数的平均值

取同一方向盘左读数与盘右读数 $\pm 180°$ 的平均值，作为该方向的平均读数。

$$平均读数 = \frac{左 + (右 \pm 180°)}{2} \tag{3-1-8}$$

由于起始方向有两个平均读数，应再取其平均值，作为该方向的平均读数。该平均读数记在表 3-1-7 第 7 列的零方向上，用括号括上该数。

4）归零方向值的计算

为了便于以后的计算和比较，把起始方向值改化成 $0°00'00''$，即把原来的方向值减去零方向括号内的值，公式如下。

$$归零方向值 = 各方向平均读数 - 零方向平均读数 \tag{3-1-9}$$

如果进行多个测回观测，同一方向的各测回观测得到的归零方向值理论上应该是相等的，但实际会包含有误差，它们之间的差值称为"同一方向各测回归零值之差"。对于图根级，采用 $2''$ 级仪器观测，同一方向各测回归零值之差的较差应不大于 $12''$，采用 $6''$ 级仪器观测，同一方向各测回归零值之差的较差应不大于 $24''$。

5）各测回平均方向值的计算

当同一方向各测回归零方向值的较差满足限差的情况下，将各测回同一方向的归零方向值取平均值，则得到该方向各测回平均方向值。

6）水平角计算

将组成该角的两个方向的方向值相减即可得水平角的角值。

3.1.4 竖直角测量

3.1.4.1 竖直角观测原理及指标差概念

竖直角测量是采用竖直度盘来进行竖直角的度量，竖盘固定在望远镜横轴的一端，垂直于横轴，竖盘随望远镜的上下转动而转动。现采用顺时针注记度盘为例来说明。如图 3-1-13(a) 所示为盘左时视线水平时的情况，下部箭头代表竖盘读数指标线，此时读数为 $90°$。当望远镜上仰照准某一目标时，如图 3-1-13(b) 所示，此时读数为 L，竖直角则为

$$\alpha_L = 90 - L = \alpha \tag{3-1-10}$$

图 3-1-13(c)为盘右时视线水平时的情况,此时读数为 270°,当望远镜上仰照准某一目标时,如图 3-1-13(d)所示,此时读数为 R,则竖直角为:

$$\alpha_R = R - 270° = \alpha \tag{3-1-11}$$

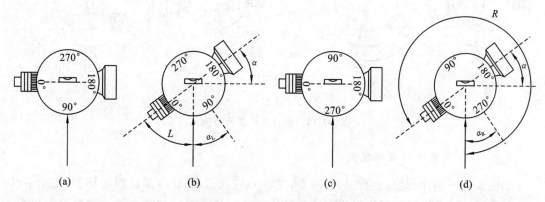

图 3-1-13 竖直角观测原理示意图

从上面的叙述可看出,竖直角的观测需要有一个正确的读数指标线,为使读数指标线位于正确的位置,光学经纬仪采用竖盘指标水准管来提供竖盘读数指标线,由指标水准管微动螺旋控制。转动指标水准管微动螺旋使竖盘水准管气泡居中,指标线处于正确位置。某些光学经纬仪还采用了竖盘指标自动归零装置,以替代竖盘指标水准管,对于电子经纬仪和全站仪来说,也是采用竖盘指标自动归零装置,即单轴补偿器来得到正确的指标线。电子经纬仪和全站仪的补偿器不仅能够补偿经纬仪竖轴倾斜对竖直角的影响,而且也能够补偿竖轴倾斜对水平方向值的影响,这种补偿器称为双轴补偿器。在双轴补偿的基础上,发展到三轴补偿功能,可以补偿竖轴倾斜误差、视准轴误差和横轴误差对水平方向和竖直角的影响。

可见,竖直角观测时,虽然通过指标水准管或补偿器希望读数指标线处于正确位置上,也就是视线水平时盘左读数为 90°,盘右读数为 270°,但实际上,读数指标线与正确位置总是偏离一个小角度 x,如图 3-1-14 所示,x 称为竖盘指标差。

由于有指标差的影响,从图 3-1-14(a)可得盘左时的竖直角计算公式为

$$\alpha_L = 90 - L + x \tag{3-1-12}$$

从图 3-1-14(b)可得盘右时的竖直角计算公式为

$$\alpha_R = R - 270° - x \tag{3-1-13}$$

将式(3-1-12)、式(3-1-13)两式相加除以 2,得

$$\alpha = \frac{1}{2}(R - L - 180°) \tag{3-1-14}$$

将式(3-1-12)、式(3-1-13)两式相减得

$$x = \frac{1}{2}(L + R - 360°) \tag{3-1-15}$$

由式(3-1-14)可以看出,竖直角测量时,采用盘左、盘右观测取平均值可以消除竖盘指标差的影响。

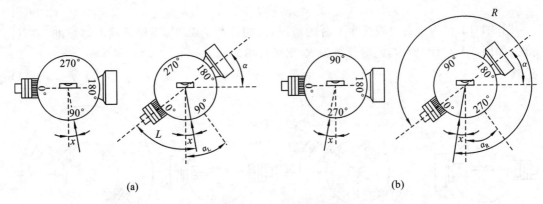

图 3-1-14　指标差计算示意图

3.1.4.2　竖直角的观测案例

如图 3-1-15 所示,地面上有 A、B 两点,在 A 点安置仪器,B 点架设照准标志,用十字丝的中横丝切准目标进行竖直角观测。注意确认经纬仪或全站仪的竖盘显示读数为天顶距,并确认补偿器打开,其操作步骤如下。

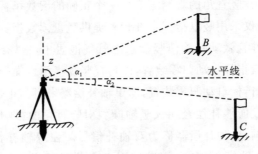

图 3-1-15　竖直角观测示意图

（1）以正镜中丝照准目标 B,读数 $74°18'25''$,记录于表 3-1-8 中,即为上半测回。

（2）以倒镜中丝照准目标 B,读数 $285°41'43''$,记录,即为下半测回。

表 3-1-8　竖直角观测记录表

测站	目标	盘位	竖盘读数 /(° ′ ″)	半测回竖直角 /(° ′ ″)	指标差/(″)	一测回角值 /(° ′ ″)
A	B	盘左	74　18　25	＋15　41　35	＋4	＋15　41　39
		盘右	285　41　43	＋15　41　43		
	C	盘左	94　25　25	－4　25　25	＋13	－4　25　12
		盘右	265　35　01	－4　24　59		

（3）根据竖直角计算公式计算盘左、盘右半测回竖直角值,计算指标差和一测回角值。记入表中相应栏目中。

（4）限差要求:同一测回中,各方向指标差互差不超过 $24''$,同一方向各测回竖直角互差不超过 $24''$。

采用相同步骤可进行 C 点观测、记录、计算,见表 3-1-8。

3.1.5　经纬仪的检验与校正

3.1.5.1　经纬仪应满足的几何条件

在水平角测量中,要求经纬仪整平后,望远镜上下转动时视准轴应在同一个竖直面内。如图 3-1-16 所示,要达到上述要求,经纬仪各轴线之间必须满足照准部水准管轴垂直于竖轴($LL \perp VV$)、十字丝竖丝垂直于横轴(竖丝 $\perp HH$)、视准轴垂直于横轴($CC \perp HH$)、横轴垂直于竖轴($HH \perp VV$)、竖盘指针差应接近于零、光学对点器或激光对点器的视准轴应重合于竖轴等几何条件。

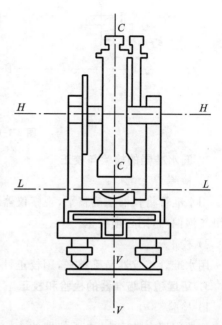

3.1.5.2　经纬仪的检验与校正

经纬仪的检校首先应对仪器进行一般检视,即检查螺旋和望远镜转动是否灵活有效;度盘和照准部旋转是否平滑自如;望远镜视场中有无灰尘或霉点;仪器附件是否齐全等。

图 3-1-16　经纬仪应满足的几何条件

检视完成之后,应对仪器进行如下检校,这是为了满足以上所述的几何条件。

1. 水准管的检验与校正

此项检校的目的是为了满足照准部水准管轴垂直于竖轴。

1) 检验

先粗略整平仪器,使管水准器与任意两个脚螺旋的连线平行,旋转脚螺旋使气泡居中,如图 3-1-17(a)所示,然后将照准部旋转 180°,若气泡仍居中,如图 3-1-17(b)所示,表示水准管不需要校正,若气泡发生偏离,如图 3-1-17(c)所示,表示必须要校正。

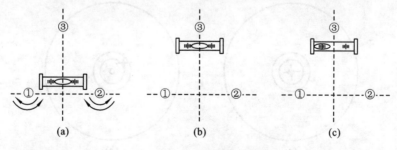

图 3-1-17　水准管的检验

2) 校正

如图 3-1-18(a)所示,气泡的偏离量为 δ,用校正针拨动水准管校正螺丝,使气泡移回偏离值的一半($\delta/2$),如图 3-1-18(b)所示,再用脚螺旋使气泡重新居中,如图 3-1-18(c)所示,此项检校必须反复进行,直到照准部转到任何位置后气泡偏离值不大于 1 格时为止。

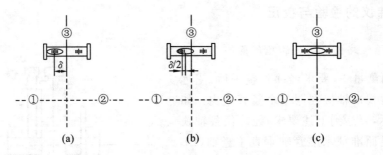

图 3-1-18　水准管的校正

2. 圆水准器的检验与校正

1）检验

用水准管将仪器精确整平,观察仪器圆水准气泡是否居中,如果气泡居中,则无须校正,如果气泡偏离,则必须校正。

2）校正

用水准管将仪器精确整平,用校正针拨动圆水准器校正螺丝,使气泡居中即可。

3. 望远镜粗瞄准器的检验和校正

1）检验

仪器安置在地面上,在距仪器约 50 m 处安放一个十字标志,使仪器望远镜照准十字标志,观察粗瞄器是否也照准十字标志,如果照准,则无须校正,如果偏移,则必须调整。

2）校正

松开粗瞄器的固定螺丝,调整粗瞄器,使其照准十字标志即可,固紧螺丝。

4. 光学对点器的检验与校正

1）检验

仪器安置在地面上,在仪器正下方放置一个十字标志,对中整平,使对点器分划板中心与地面十字标志重合,如图 3-1-19(a)所示。将仪器转动 180°,观察对点器分划板中心与地面十字标志是否重合,如果重合,则无须校正,如果偏移,如图 3-1-19(b)所示,则必须调整。

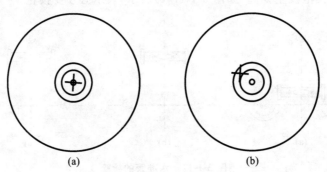

图 3-1-19　光学对点器的检验

2）校正

如图 3-1-20(a)所示,十字光标与对点器分划板中心的偏离量为 δ,拧下对点器目镜护盖,用校正针调整校正螺丝,使十字丝标志在分划板上的像向分划板中心移回偏离值的一半($\delta/2$),如图 3-1-20(b)所示。然后转动三个脚螺旋,使对点器分划板中心与地面十字标志重合,如图 3-1-20(c)所示。重复检验、校正,直至转动仪器,十字标志中心与分划板中心始终重合为止。

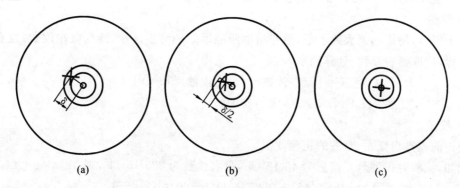

图 3-1-20　光学对点器的校正

5. 激光对点器的检验与校正

1) 检验

仪器安置在地面上,打开激光对点器,调整光斑亮度及大小至合适,在仪器正下方放置一个十字标志,精确对中整平,使光斑与地面十字标志重合。将仪器转动 180°,观察光斑与地面十字标志是否重合,如果重合,则无须校正,如果偏移,则必须校正。

2) 校正

拧下对点器目镜护盖,用校正针调整校正螺丝,使激光光斑向地面十字标志移动偏移量的一半,然后转动三个脚螺旋,使激光光斑与地面十字标志重合。重复检验、校正,直至转动仪器,十字标志中心与激光光斑始终重合为止。

6. 十字丝竖丝的检验与校正

此项检校的目的是使十字丝竖丝垂直于横轴。

1) 检验

如图 3-1-21(a)所示,安置仪器,在距仪器约 50 m 处设置一点 A,望远镜照准 A 点,转动望远镜微动螺旋,如果目标点 A 沿竖丝移动,不须校正,如图 3-1-21(b)所示,如果目标点 A 不沿竖丝移动,如图 3-1-21(c)所示,则必须校正。

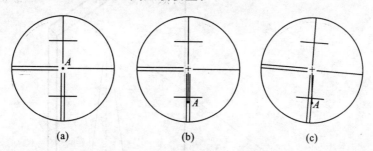

图 3-1-21　十字丝竖丝的检验

2) 校正

打开十字丝环护罩,松开校正螺丝,轻轻转动十字丝环,使点 A 与竖丝重合,此项必须反复进行,直至上下转动望远镜时点 A 始终不离开竖丝为止。校正结束,拧紧校正螺丝,并旋上护盖。

7. 照准差的检验与校正

此项检校的目的是使视准轴垂直于横轴。

1）检验

整平仪器，使望远镜大致水平，盘左精确照准远处一明显目标，读取盘左读数，盘右照准同一目标，读取盘右读数，计算照准差：

$$C=[盘左读数-（盘右读数\pm180°）]/2$$

若 $C<1'$，则无须校正，若 $C\geq1'$，则须校正。

2）校正

校正前先算出盘左、盘右的正确读数。

例如，检验时得到盘左读数为 $45°12'45''$，盘右读数为 $225°15'11''$，则

$$C=[45°12'45''-（225°15'11''\pm180°）]/2=-1'13''$$

得

$$盘右正确读数=225°15'11''-1'13''=225°13'58''$$

转动水平微动螺旋使度盘读数变换到正确读数，此时十字丝竖丝必定偏离目标，旋下十字丝护罩，旋转左右两个校正螺丝，使十字丝水平左右移动，直至精确照准目标，此项检校须反复进行。

8. i 角的检验与校正

此项检校的目的是使横轴垂直于竖轴。

1）检验

如图 3-1-22 所示，在距墙面 $20\sim30$ m 处安置经纬仪，在墙上仰角超过 $30°$ 的高处设置一明显目标点，盘左照准点 P，固定照准部，然后使望远镜视准轴水平，在墙面上标出照准点 P_1；然后盘右再次照准 P 点，固定照准部，然后使望远镜视准轴水平，在墙面上标出照准点 P_2，则横轴误差 i 的计算公式为

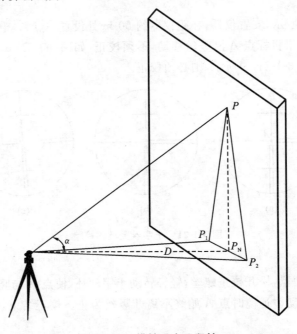

图 3-1-22　横轴垂直于竖轴

$$i = \frac{P_1 P_2}{2D \tan \alpha} \rho \qquad (3\text{-}1\text{-}16)$$

式中　α——P 点的竖直角,通过对 P 点的竖直角观测一测回获得;

　　　D——测站至 P 点的水平距离。

i 角误差对于 $2''$ 级仪器,不应超过 $15''$,$6''$ 级仪器不应超过 $20''$,如超过误差值则须校正。

2) 校正

横轴与竖轴不正交的主要原因是横轴两端支架不等高所致。此项校正一般由专业维修人员进行。

9. 竖盘指标差应接近于零

1) 检验

仪器安置后,以盘左、盘右位置中丝照准近于水平的明显目标,读取竖盘读数 L 及 R(注意打开自动补偿功能),并计算指标差 x,对于 $2''$ 级仪器,不应超过 $15''$,$6''$ 级仪器不应超过 $1'$,如超过误差值则须校正。

2) 校正

电子经纬仪的指标差校正可通过仪器软件校正程序进行。校正方法查阅相应的仪器使用说明书。

3.1.6　角度测量的误差分析

角度观测误差来源于仪器误差、观测误差和外界条件的影响三个方面。

3.1.6.1　仪器误差

仪器误差主要分为两类。一类是仪器制造加工不完善引起的误差,主要包括度盘分划不均匀误差、照准部和水平度盘偏心差,这一类误差一般很小,并可通过一定的观测方法予以消除,度盘分划不均匀误差可通过测回间变换度盘位置消除,照准部和水平度盘偏心差可通过盘左、盘右观测取平均值的方法消除。另一类是仪器检校不完善引起的误差,如视准轴误差、横轴误差、竖轴误差,其中视准轴误差、横轴误差可通过盘左、盘右观测取平均值的方法消除,竖轴误差不能通过盘左、盘右观测取平均值的方法消除,只能在观测时仔细整平。

竖直角观测中的指标差也属于仪器误差,所以,应该仔细进行指标差的校正,但仍会存在残余误差。这种误差同样也可以用盘左、盘右观测取平均值的方法加以消除。

3.1.6.2　观测误差

1. 仪器对中误差

如图 3-1-23 所示,外业观测 $\angle AOB$,由于仪器对中不准确,而使仪器中心偏离至 O',所以,导致观测的角度实际为 $\angle AO'B$。

设 $\angle AOB = \beta$、$\angle AO'B = \beta'$、偏心距 $OO' = e$,

则对中误差对水平角的影响为

$$\Delta \beta = \beta - \beta' = \delta_1 + \delta_2$$

偏心距 e 相对于 S_1、S_2 来说很微小,所以 δ_1、δ_2 很小,所以可把 e 看成一段圆弧,则

$$\delta_1 = \frac{e}{S_1} \times \rho$$

$$\delta_2 = \frac{e}{S_2} \times \rho \qquad (3\text{-}1\text{-}17)$$

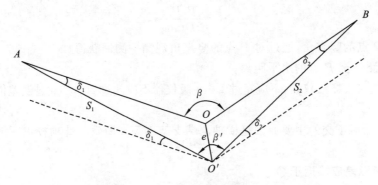

图 3-1-23　对中误差对水平角的影响

$$\Delta\beta = \delta_1 + \delta_2 = e\rho(\frac{1}{S_1} + \frac{1}{S_2})$$

由式(3-1-17)可知,对中误差对水平角的影响与偏心距的大小及方向、水平角的大小、测站到目标的距离有关,所以为了减小对中误差的影响,对中偏差不宜太大,当边短时,要特别注意对中。

2. 目标偏心误差

如图 3-1-24 所示。外业观测$\angle AOB$,但由于 B 点上的标杆没有竖直,而观测时又照准标杆的上部,或者觇牌对中不完整,致使实际上的照准方向是 OB' 方向,该偏心若在照准方向上,对水平角没有影响,在照准方向的垂直方向上偏心,影响最大。

$$\Delta\beta = \beta - \beta' = \frac{e}{S_1} \cdot \rho$$

为了减小目标偏心误差的影响,标杆要尽量竖直,观测时应尽量照准标杆的底部,在边较短时,越要注意将标杆竖直并立在点位中心,标杆直径尽量小一些。

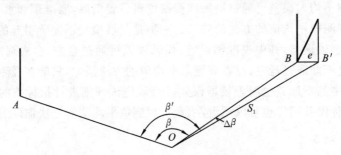

图 3-1-24　目标偏心对水平角的影响

3. 整平误差

若照准部水准管检校不完善或仪器安置过程中整平不完善,引起竖轴倾斜,竖轴倾斜误差对水平角的影响,和测站点到目标点的高差成正比,并且不能通过盘左、盘右进行消除,所以,在观测过程中,特别是山区作业时,应特别注意整平。

4. 照准误差

在角度观测中,影响照准精度的因素有望远镜放大倍率、物镜孔径等仪器参数、人眼的判断能力、照准目标的形状、大小、颜色、衬托背景、目标影像的亮度和清晰度以及通视情况等,一般认为望远镜放大倍率和人眼的判断能力是影响照准精度的主要因素。另外,观测人员操作不正确、没有很好地消除视差,会产生较大的读数误差,因此,观测时应注意调焦和照准。

3.1.6.3　外界条件的影响

外界条件的影响主要指各种外界条件的变化对角度观测精度的影响。如大风影响仪器稳定;大气透明度影响照准精度;空气温度变化,太阳直接的暴晒,地面辐射热会引起空气剧烈波动,使目标影像变得模糊甚至飘移;视线贴近地面或通过建筑物旁、接近水面的空间等还会产生不规则的折光;地面坚实与否影响仪器的稳定;等等。这些影响是极其复杂的,要想完全避免是不可能,但大多数与时间有关。因此,在角度观测时应注意选择有利的观测时间;操作要轻稳;尽量缩短观测时间;尽可能避开不利条件等,以减少外界条件变化的影响。

任务 3.2　距离测量和直线定向

◆ 任务介绍 ......

本任务主要使学生能够采用钢尺、视距、光电测距仪进行距离测量,并能进行相对精度评定。理解方位角和象限角的概念;掌握方位角与象限角之间的转换;掌握坐标正、反算的方法;了解全站仪的常规测量。

◆ 学习目标 ......

1. 具有利用仪器完成距离测量并进行相关计算和精度评定的能力。
2. 具有坐标正、反算能力。

◆ 任务实施的知识点 ......

3.2.1　钢尺量距

地面上两点沿铅垂线方向投影到水平面上的长度就称为水平距离,简称距离。

常用的距离测量方法有钢尺量距、视距测量、光电测距。

3.2.1.1　钢尺量距的工具

1. 丈量用尺

1) 钢卷尺

如图 3-2-1 所示,钢卷尺是用宽度为 10~15 mm 的薄钢带制成的带状尺,长度有 20 m、30 m、50 m 等几种。根据用途的不同,其分划有如下几种:适用于一般量距的厘米尺;适用于较精密量距的毫米尺。

图 3-2-1　钢卷尺

钢尺根据零点位置的标记形式的不同,可分为刻线尺和端点尺两种。如图 3-2-2 所示,端点尺的零点位于拉环的最外端,这种钢尺由于拉环位置容易变形,造成测量精度不高。刻线尺的零点位于尺前端的某一位置,相对于端点尺而言,刻线尺的测量精度较高。

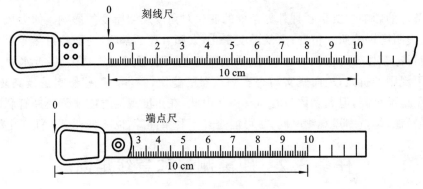

图 3-2-2 刻线尺与端点尺

2)皮卷尺

皮卷尺是用麻布或化纤混织物制成的带状尺,如图 3-2-3 所示,长度有 20 m、30 m 和50 m 等,分划多为厘米,尺面上每分米和整米处有数字标记。皮卷尺大多为端点尺,常用在对精度要求不高的量距中。

图 3-2-3 皮卷尺 **2. 其他辅助工具**

钢尺量距除了钢尺之外,还需要一些辅助工具,用于定位、定线和校正等。常用的辅助工具主要有测钎、花杆、垂球、弹簧秤和温度计等。

花杆:如图 3-2-4(a)所示,主要由直径约 3 cm,长 2~3 m 的木材或者合金材料制成;杆身涂有间距 20 cm 的红白相间的油漆,主要用于直线定线。

测钎:如图 3-2-4(b)所示,主要由长度 30~40 cm,直径 5 mm 左右的铁丝磨尖制成,测钎主要用于标记所量尺段的起止点。由于在实际量距作业中,两个目标点之间的距离有可能会大于钢尺的最大长度,因此要采取分段测量的方式,测钎就是用于标定每个尺段的位置。

垂球:如图 3-2-4(c)所示,是由金属制成的圆锥体,底部连接挂绳。主要用于在不平坦地面进行量距时,将钢尺的读数端点垂直投影到地面上。

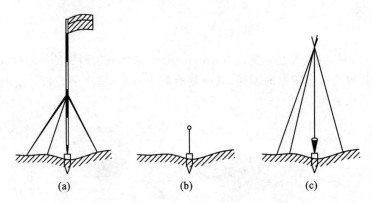

(a)   (b)   (c)

图 3-2-4 钢尺量距的辅助工具

弹簧秤:用于对钢尺施加规定的拉力。

温度计:用于测定钢尺量距时的温度,以便对钢尺丈量的距离施加温度改正。

3.2.1.2　直线定线

当所量距离较长,超过卷尺的最大长度时,往往不能一次量完,此时就要分段进行测量。分段测量时,为了使所测线段不会偏离直线方向,需要在直线方向的地面上设立若干个标记点,这项工作叫做直线定线,直线定线常用目测定线和仪器定线两种方法。

1. 目测定线

如图 3-2-5 所示,现欲丈量 A、B 两点之间的距离,若 A、B 两点之间互相通视,则可在 A、B 两点之间的直线方向上以一定距离标出 2 个分段点 1、2 两点。具体步骤为:先在 A、B 两点上各竖立一根花杆,一名测量者位于 A 点后 1~2 m 处,单眼目测 A、B 杆同侧,构成视线,然后指挥另一测量员左右移动花杆,使之位于 AB 直线上,定出 1 点,再以同样的方法由远到近定出 2 点。

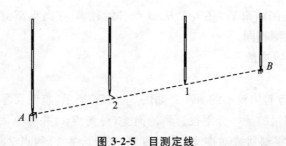

图 3-2-5　目测定线

2. 经纬仪定线

如图 3-2-6 所示。现欲丈量 A、B 两点间的距离,若两点间互相通视,可在 A 点安置经纬仪,使望远镜纵丝照准 B 点,随后制动照准部,上下转动望远镜,另一测量员在经纬仪使用者的指挥下,左右移动花杆,当花杆影像被纵丝平分时,定下该点。重复此步骤直至定出若干个标定点。

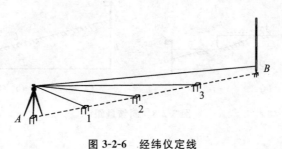

图 3-2-6　经纬仪定线

3.2.1.3　钢尺量距的一般方法

1. 平坦地面的距离丈量

在平坦的地面上进行量距时,可先进行目测定线,也可一边定线一边丈量。如图 3-2-7 所示,现欲丈量 A、B 两点间的距离 D,可由后尺手手持钢卷尺将零刻划线对准 A 点,前尺手手持钢卷尺末端,在后尺手的指挥下沿着 AB 直线方向将钢卷尺拉开,直至钢卷尺拉紧、拉平、拉稳后,前尺手在末端刻划线处竖直插下一根测钎,定下 1 点,此时 A 点至 1 点之间的距离就是整段钢卷尺的长度,称为一个整尺段。定下 1 点后,前后尺手持尺前进,待后尺手到达 1 点后,重复第一个步骤,得到第二个整尺段,依此类推直至得到第 n 个整尺段。若最后所剩距离不足一个整尺段的长度，称为余长，用 q 表示，则 D 可由式（3-2-1）表示。

$$D = n \cdot l + q \tag{3-2-1}$$

式中　n——整尺段数；

　　　l——钢尺长度；

　　　q——余长。

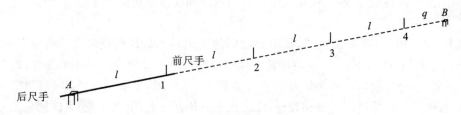

图 3-2-7　平地量距

为减小误差，在往测结束后，还需要从 B 点开始往 A 方向重新测量，这一步骤称为返测，返测操作程序与往测相同。

2. 倾斜地面的距离丈量

1）平量法

平量法适用于地势起伏较小的情况。如图 3-2-8（a）所示，将钢尺零刻划线对准 A 点，拉平钢尺，再用垂球将钢尺的某一分划投影到地面上，得到点 1，并插上测钎，记录下分划读数 l_1，然后移动钢尺使其零刻划线对准 1 点，重复第一个步骤，得到点 2，依此类推直至 B 点。则 A、B 两点间的距离 D 可由式（3-2-2）表示。

$$D = l_1 + l_2 + \cdots + l_n \tag{3-2-2}$$

平量法需从高点至低点方向丈量两次，若两次丈量的相对误差不超过 $1/1000$，则取其平均值作为最后结果。

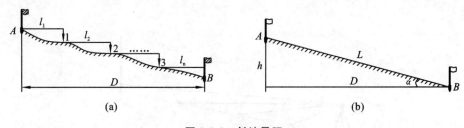

(a)	(b)

图 3-2-8　斜坡量距

2）斜量法

斜量法适用于坡度均匀时的量距。如图 3-2-8（b）所示，用钢尺沿着斜坡方向丈量斜距 L，同时测量 AB 两点的高差 h 或斜坡的倾角 α，则 A、B 两点间的距离 D 可由式（3-2-3）或式（3-2-4）表示。

$$D = \sqrt{L^2 - h^2} \tag{3-2-3}$$

$$D = L \cdot \cos\alpha \tag{3-2-4}$$

3.2.1.4　钢尺量距的数据处理及精度评定

通常在进行完某段距离的往返丈量之后，都要对测量数据进行处理，主要涉及的内容是往返较差、相对误差和往返测平均值的计算。

1. 往返较差的计算

往测距离 $D_往$ 和返测距离 $D_返$，在理论上应该是严格相等的，但是在实际测量中，由于测量误差的存在，它们并不总是相等，而是存在一个差值 Δ，我们称之为往返较差，由式(3-2-5)表示。

$$\Delta = D_往 - D_返 \tag{3-2-5}$$

2. 相对误差的计算

往返较差由于是一个绝对值，因此在作为评定测量精度的依据时并不十分严谨。

例如，往返丈量 AB 和 CD 两段距离。AB 段：往测为 1400.262 m，返测为 1400.435 m。CD 段：往测为 700.605 m，返测为 700.778 m。

则 AB 段和 CD 段的往返较差分别为

$$\Delta_{AB} = D_往 - D_返 = 1400.262 - 1400.435 = -0.173(m)$$

$$\Delta_{CD} = D_往 - D_返 = 700.605 - 700.778 = -0.173(m)$$

由上述计算可知，虽然两段测量的往返较差相等，但是针对于单位长度的精度来说，二者并不相等，所以，必须制定另一种衡量标准来对测量精度进行评定，即相对误差。相对误差指的是往返较差与观测值的比值，由式(3-2-6)表示。

$$k = \frac{1}{\dfrac{(D_往 + D_返)/2}{|\Delta|}} \tag{3-2-6}$$

所以，AB、CD 两段距离的相对误差分别为

$$k_{AB} = \frac{1}{\dfrac{(D_往 + D_返)/2}{|\Delta|}} = \frac{1}{\dfrac{(1400.262 + 1400.435)/2}{|-0.173|}} = \frac{1}{8095}$$

$$k_{CD} = \frac{1}{\dfrac{(D_往 + D_返)/2}{|\Delta|}} = \frac{1}{\dfrac{(700.605 + 700.778)/2}{|-0.173|}} = \frac{1}{4050}$$

由上述计算可知，$k_{AB} < k_{CD}$，因此，AB 的丈量精度比 CD 高。

3. 往返测平均值的计算

通过往返较差及相对误差的计算，如果观测成果符合限差要求，平坦地面一般量距的相对误差不大于 1/2000，就可取其往返测平均值作为观测的结果。则

$$D = \frac{D_往 + D_返}{2} \tag{3-2-7}$$

3.2.1.5　钢尺量距的误差分析及注意事项

1. 钢尺量距的误差分析

钢尺量距是一种精度较低的丈量方法，存在较多误差，主要来源有以下几种。

1) 尺长误差

由于生产、运输等环节的影响，钢尺的名义长度往往与实际长度不符，称为尺长误差，而且尺长误差具有累积性，即丈量的距离越长，则尺长误差越大。因此，新购置的钢尺必须先经过鉴定，测出其尺长改正数方可使用。

2) 温度误差

钢尺材料具有热胀冷缩的性质，因此钢尺的长度会随着温度的变化而变化，当丈量时的环境温度与钢尺检定时的标准温度不一致时，将会产生温度误差，精密量距时需结合温度改

正数对数据进行处理。

3）钢尺倾斜和垂曲误差

在倾斜地面进行距离丈量的过程中，钢尺常处于悬空状态，如果悬空长度较大，钢尺中部会在重力影响下产生下垂，形成曲线，造成量得的长度比实际长度大。因此，在这种情况下进行距离测量时，须在尺段悬空部位打托桩托住钢尺，保证钢尺处于水平状态。

4）定线误差

钢尺量距时，如果钢尺没有准确地放在所量距离的直线方向上，会造成所量距离结果比实际距离偏大，称之为定线误差。

5）拉力误差

在使用钢尺进行丈量时，若施加的拉力与对其检定时所施加的拉力不同，将会使钢尺的尺长发生改变，称之为拉力误差。

6）丈量误差

丈量误差指的是在丈量作业过程中，读数不准、测钎位置不准等人为因素对丈量结果造成的影响，这种影响可正可负，大小不定，为了减小丈量误差，要求作业人员在丈量过程中要配合协调、对点准确。

2. 钢尺的维护

（1）钢尺容易受到腐蚀、易生锈，在使用之后应及时拭去尺上的泥土和水，涂上机油以防生锈。

（2）丈量过程中，末端尺手应用尺夹夹住钢尺，拉出尺身，不可手握尺盘加力，以免拖出钢尺。

（3）在行人和车辆较多的地方进行量距时，中间要有专人保护，以防尺身被车辆碾压而折断。

（4）拖拉钢尺时，要使尺身高出地面一定距离，切不可沿着地面拖拉，以免尺身受到磨损造成分划不清晰。

（5）丈量完毕收卷钢尺时，要按照规定方向转动摇柄，切不可强行反转，以免折断尺身。

3.2.2 视距测量

相对于钢尺量距的直接测量来说，视距测量是一种间接测距方法。其原理是利用望远镜内的视距装置和视距尺相配合，根据几何光学原理通过一定的换算间接测定距离和高差的方法。

由于视距测量是一种间接测距方法，因此具有操作简便、受地形影响较小等优点。但是这种测距方法的精度较低，测距相对误差为 $1/300\sim 1/200$，因此只能用在精度要求不高的测距中。

3.2.2.1 视线水平时的视距测量原理

如图 3-2-9 所示，在 A 点上安置经纬仪，B 点处竖立标尺，使望远镜视线水平，瞄准 B 点标尺，此时视线垂直于标尺。尺上 M、N 点成像在视距丝上的 m、n 处，MN 的长度可由上下视距丝读数之差求得。上下视距丝读数之差称为尺间隔。图中，l 为尺间隔；p 为视距丝间距；f 为物镜焦距；δ 为物镜至仪器中心的距离。

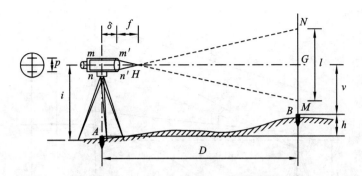

图 3-2-9　视线水平时的视距测量原理

由于 MNH 与 $m'n'H$ 相似, 则

$$\frac{HG}{f} = \frac{l}{p}$$

则

$$HG = \frac{f}{p} \cdot l$$

由图可知

$$D = HG + f + \delta$$

则

$$D = \frac{f}{p} \cdot l + f + \delta$$

设

$$\frac{f}{p} = K, \quad f + \delta = C$$

则

$$D = K \cdot l + C \tag{3-2-8}$$

式中　K——视距乘常数;

　　　C——视距加常数。

目前使用的内对光望远镜的视距常数, 设计时已使 $K = 100$, C 接近于零, 因此视线水平时的视距计算公式为

$$D = K \cdot l = 100 \cdot l \tag{3-2-9}$$

如图 3-2-9 所示, i 为仪器高, 是地面标志到仪器望远镜中心线的高度, 可用尺子量取; v 为十字丝中丝在标尺上的读数, 称为目标高; h 为 A、B 两点间的高差。则

$$h = i - v \tag{3-2-10}$$

3.2.2.2　视线倾斜时的视距测量原理

如图 3-2-10 所示, 当在地面起伏较大地区进行视距测量时, 必须使视线倾斜才能读数。这时视距尺仍是竖直的, 但视线与尺面不垂直。

仪器上丝在尺上的读数为 N, 下丝在尺上的读数为 M。

设有一个虚拟的标尺与视线垂直, 仪器上丝在虚拟尺上的读数为 N', 下丝在尺上的读数为 M'。

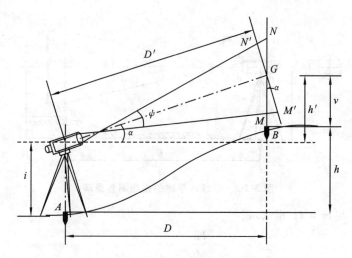

图 3-2-10　视线倾斜时视距测量原理

设

$$NM = l$$

设

$$N'M' = l'$$

$$\angle NGN' = \angle MGM' = \alpha$$

$$\angle NN'G = 90° + \frac{\psi}{2}$$

$$\angle MM'G = 90° + \frac{\psi}{2}$$

由于 ψ 角很小,可以将 $\angle NN'G$ 和 $\angle MM'G$ 近似地看成直角。

由于

$$N'M' = N'G + GM'$$
$$= NG \cdot \cos\alpha + GM \cdot \cos\alpha$$
$$= (NG + GM) \cdot \cos\alpha$$
$$= l \cdot \cos\alpha$$

即

$$l' = l \cdot \cos\alpha$$

由视线水平时的视距公式可得

$$D' = K \cdot l' = K \cdot l \cdot \cos\alpha$$

而

$$D = D' \cdot \cos\alpha$$

则

$$D = K \cdot l \cdot \cos^2\alpha \qquad\qquad (3\text{-}2\text{-}11)$$

式中　D——水平距离,m;

　　　K——乘常数;

　　　l——视距间隔;

　　　α——竖直角。

如图 3-2-10 所示，A、B 两点的高差 h 为

$$h = h' + i - v$$

由图中可以看出

$$h' = D \cdot \tan\alpha$$

故得高差计算公式为

$$h = D \cdot \tan\alpha + i - v \tag{3-2-12}$$

3.2.2.3　视距测量的方法

视距测量如图 3-2-11 所示。

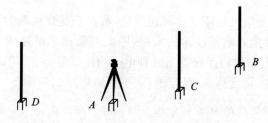

图 3-2-11　视距测量

（1）在测站点 A 上安置仪器，并量取仪器高 i(cm)，在 B、C、D 点上分别立视距尺。

（2）盘左照准视距尺，打开竖盘指标自动补偿功能，读取上、下丝读数（取位至 mm）求出视距间隔 l；读取标尺上的中丝读数 v（取位至 cm）和竖盘读数 L。

（3）计算见表 3-2-1。

竖直角：$\qquad\qquad\qquad\alpha = 90° - L$

水平距离：$\qquad\qquad\quad D = Kl \cos^2\alpha$

高差：$\qquad\qquad\qquad\quad h = D\tan\alpha + i - v$

表 3-2-1　视距测量记录、计算手簿

测站：A　　测站高程：$H_A = 1000.254$ m　　仪器高：1.45 m　　指标差：$x = 0$

点号	上丝读数 /m	下丝读数 /m	中丝读数 /m	Kl /m	竖盘读数 /(° ′ ″)			竖直角 /(° ′ ″)			平距 /m	高差 /m	高程 /m
B	1.708	1.120	1.453	58.8	84	21	30	5	38	30	58.23	5.75	1006.01
C	1.245	0.995	1.120	25.0	86	34	54	3	25	06	24.91	1.49	1001.74
D	1.768	1.242	1.505	52.6	93	03	48	−3	03	48	52.45	−2.81	997.45

3.2.2.4　视距测量误差分析

1. 仪器误差

由于测距仪器在使用时，会受到诸如温度变化等的影响，因此会造成乘常数 K 不准确，或者视距尺分划不准确等误差，为了避免其影响，在测距时要使用校验合格的仪器。

2. 人为误差

人为误差主要有测距时的照准误差、读数误差，由于属于人为误差，因此应在测距过程中要求测量人员严谨仔细以降低此误差对测量数据精度的影响。

3. 大气折光的影响

光线穿过大气时,会产生折射现象,光程会从原本的直线变为曲线,对测距产生影响。而且距离地面越近,大气折光影响越大,因此,在测距过程中,应当使视线高出地面 1 m 以上的距离,以减小其对测距精度的影响。

从以上分析可知,测距工作的精度受到多方面因素的影响,因此,在实际的测距工作中,如果选择检校精确的仪器,在适合的外部条件下作业,可使相对精度达到 1/300～1/200。

3.2.3 光电测距

3.2.3.1 电磁波测距技术发展简介

上述测距方法无论是钢尺量距还是视距测量,都由于受到仪器的制约,要么适用范围受限、要么精度较低。而伴随着电子技术的发展,距离测量技术也逐渐进入电子测距的时代。20 世纪 40 年代发明的电磁波测距仪就是一种电子测距仪器,它采用电磁波作为载体对距离进行测量,具有操作简便、精度高、测量范围广、不受地形限制等优点。

3.2.3.2 电磁波测距仪的分类和分级

1. 电磁波测距仪的分类

(1) 按照载体信号的传播方法不同,可分为脉冲式测距仪和相位式测距仪。

(2) 按照仪器载体的不同,可分为激光测距仪、红外测距仪、微波测距仪。

(3) 按照测程的长短不同,可分为短程测距仪(3 km 以内)、中程测距仪(3～15 km)、远程测距仪(15 km 以上)。

微波和激光测距仪多属于远程测距仪,测程可达 60 km,一般用于大地测量;而红外测距仪一般属于中、短程测距仪,用于小地区控制测量、地形测量、地籍测量和工程测量中。

2. 电磁波测距仪的分级

测距仪按测距精度进行分级,测距仪可分为 Ⅰ、Ⅱ、Ⅲ、Ⅳ 四个等级。

测距仪的测距中误差按下式表示

$$m_D = \pm (a + b \cdot D) \tag{3-2-13}$$

式中　　a——固定误差,mm;

　　　　b——比例误差系数,mm/km;

　　　　D——两点间的距离,km。

《中短程光电测距规范》(GB/T 16818—2008)规定测距仪的分级标准,见表 3-2-2。

表 3-2-2　测距仪的精度分级

精 度 等 级	测距标准偏差
Ⅰ	$m_D \leqslant (1 + D)$ mm
Ⅱ	$(1 + D)$ mm $< m_D \leqslant (3 + 2D)$ mm
Ⅲ	$(3 + 2D)$ mm $< m_D \leqslant (5 + 5D)$ mm
Ⅳ(等外级)	$(5 + 5D)$ mm $< m_D$

注:D 为测量距离,单位为千米(km)。

3.2.3.3 光电测距的基本原理

如图 3-2-12(a)所示,欲测定 A、B 两点间的距离 D,安置仪器于 A 点,安置反射棱镜于

B 点。仪器发射的光束由 A 至 B，经反射棱镜反射后又返回到仪器。设光速 c 为已知，如果光束在待测距离 D 上往返传播的时间 t_{2D} 已知，则距离 D 可由下式求出

$$D = \frac{1}{2}ct_{2D} \tag{3-2-14}$$

式中　D——A、B 两点的距离，m；

$\quad\quad\quad c$——电磁波在大气中的传播速度，m/s；

$\quad\quad\quad t_{2D}$——电磁波往返传播所经历的时间，s。

测定电磁波传播往返时间有以下两种方法。

脉冲式测距：脉冲测距是利用计时装置直接测定光脉冲在待测距离上的往返传播时间，从而求出待测距离。

相位式测距：相位式测距是通过测量调制光在待测距离上往返传播产生的相位变化，从而间接求得待测距离，如图 3-2-12(b)所示。

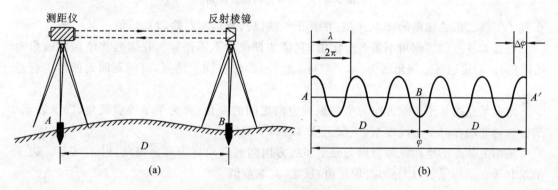

图 3-2-12　脉冲式测距和相位式测距

3.2.4　直线定向

确定地面直线与基准方向之间的水平夹角称为直线定向。

3.2.4.1　基准方向及其关系

我国通用的基准方向有真子午线方向、磁子午线方向和坐标纵轴方向，也即真北方向、磁北方向和坐标北方向。简称三北方向。

1. 真子午线方向

通过地面上一点的真子午线的切线方向即为该点的真子午线方向。它可以用天文测量或陀螺经纬仪测定。

2. 磁子午线方向

通过地面上一点的磁子午线的切线方向即为该点的磁子午线方向。也就是磁针北端所指的方向，可用罗盘仪测定。

3. 坐标纵轴方向

平面直角坐标系中的纵轴方向，坐标纵轴北端所指的方向为坐标北方向。在高斯平面直角坐标系中，其每一投影带中央子午线的投影为坐标纵轴方向。

如图 3-2-13 所示，由于地球的南北极与地球磁南北极不重合，因此，地面上某点的真子午线方向和磁子午线方向之间有一夹角，这个夹角称为磁偏角，以 δ 表示。当磁子午线北端

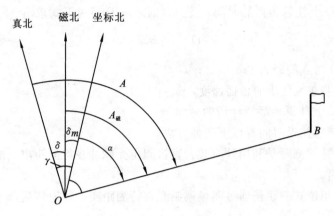

图 3-2-13　标准方向与方位角

在真子午线以东者称东偏,δ 取正值;在真子午线以西者则称西偏,δ 取负值。

地面上各点的磁偏角不是一个定值,它随地理位置不同而异。我国西北地区磁偏角为 +6°左右,东北地区磁偏角则为 -10°左右。此外,即使在同一地点,时间不同磁偏角也有差异。

地面某点的真子午线方向与坐标纵轴方向之间的夹角,称为子午线收敛角,以 γ 表示。坐标纵轴北端在真子午线以东,γ 取正值;以西,γ 取负值。

地面上某点的坐标纵轴方向与磁子午线方向间的夹角称为磁坐偏角,以 δ_m 表示。磁子午线北端在坐标纵轴以东者,δ_m 取正值;反之,δ_m 取负值。

3.2.4.2　方位角

以基准方向的北端起,顺时针旋转至某直线的夹角,称为方位角,其取值范围 0°～360°。如图 3-2-13 所示,以真子午线方向为基准方向的,称为真方位角,用 A 表示;以磁子午线方向为基准方向的,称为磁方位角,用 A_m 表示;以坐标纵轴为基准方向的,称为坐标方位角,用 α 表示。

三种方位角之间的关系为

$$A = A_m + \delta \tag{3-2-15}$$

$$A = \alpha + \gamma \tag{3-2-16}$$

$$\alpha = A_m + \delta - \gamma \tag{3-2-17}$$

3.2.4.3　象限角

从基本方向的北端或南端起,到某一直线所夹的水平锐角,称为该直线的象限角,用 R 表示,其角值为 0°～90°。象限角不但要写出角值,还要在角值之前注明象限名称。如图 3-2-14 所示,直线 O1 位于第一象限,象限角为北东 R_1;直线 O2 位于第二象限,象限角为南东 R_2;直线 O3 位于第三象限,象限角为南西 R_3;直线 O4 位于第四象限,象限角为北西 R_4。

3.2.4.4　方位角与象限角的关系

如图 3-2-14 所示,方位角与象限角之间可以互相换算,其互换关系见表 3-2-3。

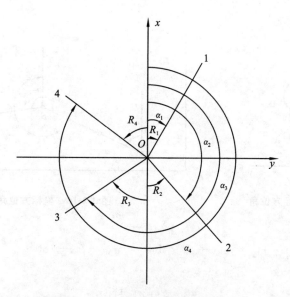

图 3-2-14　方位角与象限角的关系

表 3-2-3　方位角与象限角的互换关系

象	限	根据方位角 α 求象限角 R	根据象限角 R 求方位角 α
编号	名称		
Ⅰ	北东(NE)	$R=\alpha$	$\alpha=R$
Ⅱ	南东(SE)	$R=180°-\alpha$	$\alpha=180°-R$
Ⅲ	南西(SW)	$R=\alpha-180°$	$\alpha=180°+R$
Ⅳ	北西(NW)	$R=360°-\alpha$	$\alpha=360°-R$

3.2.4.5　坐标方位角的推算

1. 正反坐标方位角

在测量工作中,把直线的前进方向叫正方向,反之,称为反方向。如图 3-2-15 所示,A 为直线起点,B 为直线终点,AB 直线的坐标方位角 α_{AB} 称为直线的正坐标方位角,而 BA 直线的坐标方位角 α_{BA} 称为反坐标方位角。正反坐标方位角的概念是相对的。

由于任何地点的坐标纵轴都是平行的,因此,所有直线的正坐标方位角和它的反坐标方位角均相差 180°,即

$$\alpha_{正} = \alpha_{反} \pm 180° \tag{3-2-18}$$

2. 坐标方位角的推算

测量工作中并不直接测定每条直线的坐标方位角,而是根据已知方向及相关的水平夹角推算直线的方位角。

如图 3-2-16 所示,折线 $A\text{-}B\text{-}C\text{-}D$ 所夹的水平角为 β_B、β_C,称为转折角,在推算时,如果选择推算方向为 $AB\text{-}BC\text{-}CD$,那么,水平角 β_B、β_C 位于推算方向的左侧,即为左角。反之则为右角。

因

$$\alpha_{BA} = \alpha_{AB} + 180°$$

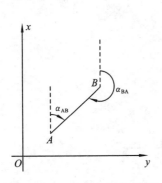

图 3-2-15 正反坐标方位角

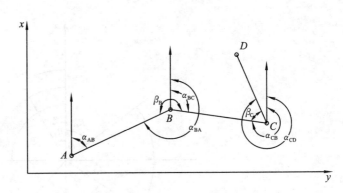

图 3-2-16 坐标方位角的推算

则

$$\alpha_{BC} = \alpha_{BA} + \beta_B - 360° = \alpha_{AB} + \beta_B - 180°$$

因

$$\alpha_{CB} = \alpha_{BC} + 180°$$

则

$$\alpha_{CD} = \alpha_{CB} + \beta_C = \alpha_{BC} + \beta_C + 180°$$

则得左角公式

$$\alpha_前 = \alpha_后 + \beta_左 \pm 180° \tag{3-2-19}$$

式(3-2-19)中,前两项之和大于 180°,则取"一"号,前两项之和小于 180°,则取"十"号。

同理可得右角公式

$$\alpha_前 = \alpha_后 - \beta_右 + 180° \tag{3-2-20}$$

3.2.5 坐标正反算

3.2.5.1 坐标正算

已知一点的坐标以及两点间的距离和方位角,求待定点的坐标,称为坐标正算。

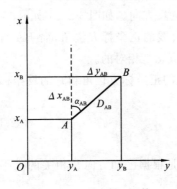

图 3-2-17 坐标正、反算

如图 3-2-17 所示,设 A 点的坐标已知,A、B 两点间的水平距离为 D_{AB},方位角为 α_{AB},则 B 点的坐标为

$$x_B = x_A + \Delta x_{AB} = x_A + D_{AB}\cos\alpha_{AB} \tag{3-2-21}$$
$$y_B = y_A + \Delta y_{AB} = y_A + D_{AB}\sin\alpha_{AB}$$

式中 Δx_{AB}、Δy_{AB}——纵、横坐标增量。

【例 3-1】 若已知 $D_{AB}=241.396$ m,$\alpha_{AB}=45°51'22''$,$x_A=100.00$ m,$y_A=140.00$ m。试求 B 点坐标。

【解】
$$\Delta x_{AB} = D_{AB}\cos\alpha_{AB}$$
$$= 241.396 \times \cos45°51'22''$$
$$= 168.123(\text{m})$$

$$\Delta y_{AB} = D_{AB}\sin\alpha_{AB} = 241.396 \times \sin45°51'22'' = 173.224(\text{m})$$

$$x_B = x_A + \Delta x_{AB} = 100.000 + 168.123 = 268.123(\text{m})$$

$$y_B = y_A + \Delta y_{AB} = 140.000 + 173.224 = 313.224(\text{m})$$

即 B 点坐标为(268.123 m,313.224 m)。

3.2.5.2 坐标反算

若已知两点的坐标,求算其距离和方位角,称为坐标反算。

如图 3-2-17 所示,两点间距离 D_{AB} 为

$$
\left.
\begin{array}{l}
D_{AB} = \sqrt{\Delta x_{AB}^2 + \Delta y_{AB}^2} \\[2mm]
D_{AB} = \dfrac{\Delta x_{AB}}{\cos\alpha_{AB}} \\[3mm]
D_{AB} = \dfrac{\Delta y_{AB}}{\sin\alpha_{AB}}
\end{array}
\right\}
\tag{3-2-22}
$$

方位角 α_{AB} 为

$$
\alpha_{AB} = \arctan \frac{\Delta y_{AB}}{\Delta x_{AB}} \tag{3-2-23}
$$

注意方位角的计算首先需根据式(3-2-24)求出象限角,再根据表 3-2-4,确定 R_{AB} 所在象限,再求出方位角。

$$
R_{AB} = \arctan \left| \frac{\Delta y_{AB}}{\Delta x_{AB}} \right| \tag{3-2-24}
$$

表 3-2-4 象限角与方位算的换算关系

Δx_{AB}	Δy_{AB}	R_{AB} 所在象限	α_{AB} 的计算公式
+	+	I	$\alpha_{AB} = R_{AB}$
−	+	II	$\alpha_{AB} = 180° - R_{AB}$
−	−	III	$\alpha_{AB} = 180° + R_{AB}$
+	−	IV	$\alpha_{AB} = 360° - R_{AB}$

【例 3-2】 已知 A 点坐标:$x_A = 206.468$ m、$y_A = 475.155$ m,B 点坐标:$x_B = 180.213$ m、$y_B = 456.486$ m,试求 D_{AB}、α_{AB}。

【解】

$$
\Delta x_{AB} = x_B - x_A = 180.213 - 206.468 = -26.255 (\text{m})
$$

$$
\Delta y_{AB} = y_B - y_A = 456.486 - 475.155 = -18.669 (\text{m})
$$

$$
R_{AB} = \arctan \left| \frac{\Delta y_{AB}}{\Delta x_{AB}} \right| = \arctan \frac{|-18.669|}{|-26.255|} = 35°24'55''
$$

$$
D_{AB} = \sqrt{\Delta x_{AB}^2 + \Delta y_{AB}^2} = \sqrt{(-26.255)^2 + (-18.669)^2} = 32.216 (\text{m})
$$

查表 3-2-4,直线 AB 在第Ⅲ象限,有

$$
\alpha_{AB} = 180° + R_{AB} = 180° + 35°24'55'' = 215°24'55''
$$

3.2.5.3 常用计算器的坐标正、反算计算

1. casio fx-82ES 计算器进行坐标正、反算计算

采用 casio fx-82ES 计算器进行坐标正算,以【例 3-1】为例说明,其操作步骤见表 3-2-5。

表 3-2-5 casio fx-82ES **计算器坐标正算实例**

步骤	按 键 操 作	屏 幕 显 示	说　　明
1	$\boxed{\text{SHIFT}}$ $\boxed{\text{Rec}}$ 241.396 $\boxed{\text{SHIFT}}$ $\boxed{.}$ $\boxed{45}$ $\boxed{°'''}$ 51 $\boxed{°'''}$ $\boxed{°'''}$ $\boxed{)}$ $\boxed{=}$	Rec(241.396,45°51'22") $X=168.1233054$ $Y=173.2240832$	此操作计算出 A、B 两点的坐标增量， $\Delta x=168.1233054$ $\Delta y=173.2240832$
2	$\boxed{\text{ALPHA}}$ $\boxed{X}$ $\boxed{+}$ 100 $\boxed{=}$	$X+100$ 268.1233054	此操作计算出 B 点的 x 坐标值
3	$\boxed{\text{ALPHA}}$ $\boxed{Y}$ $\boxed{+}$ 140 $\boxed{=}$	$Y+140$ 313.2240832	此操作计算出 B 点的 y 坐标值

采用 casio fx-82ES 计算器进行坐标反算，以【例 3-2】为例说明，其操作步骤见表 3-2-6。

表 3-2-6 casio fx-82ES **计算器坐标反算实例**

步骤	按 键 操 作	屏 幕 显 示	说　　明
1	$\boxed{\text{SHIFT}}$ $\boxed{\text{Pol}}$ 180.213 $\boxed{-}$ 206.46 $\boxed{\text{SHIFT}}$ $\boxed{,}$ 456.486 $\boxed{-}$ 475.155 $\boxed{)}$ $\boxed{=}$	Pol(180.312-206.468, 456.486-475.155) $r=32.21578163$ $\theta=-144.5847162$	此操作计算出 A、B 两点的距离及方位角，角度单位为度。 $D=32.21578163$ $\alpha=-144.5847162$
2	$\boxed{\text{ALPHA}}$ $\boxed{X}$ $\boxed{=}$	X 32.21578163	此操作可显示计算的距离
3	$\boxed{\text{ALPHA}}$ $\boxed{Y}$ $\boxed{+}$ 360 $\boxed{=}$ $\boxed{°'''}$	$Y+360$ 215°24'55.02"	此操作计算出方位角，注意，由于 θ 在 $-180°<\theta\leqslant180°$ 范围内计算并显示结果，因此若计算出的 $\theta<0°$，则应加上 360°

2. 采用 casio fx-5800P 进行坐标正算、反算计算

采用 casio fx-5800P 计算器进行坐标正算，以【例 3-1】为例说明，其操作步骤见表 3-2-7。

表 3-2-7 casio fx-5800P **计算器坐标正算实例**

步骤	按 键 操 作	屏 幕 显 示	说　　明
1	$\boxed{\text{SHIFT}}$ $\boxed{\text{Rec}}$ 241.396 $\boxed{.}$ $\boxed{45}$ $\boxed{°'''}$ 51 $\boxed{°'''}$ 22 $\boxed{°'''}$ $\boxed{)}$ $\boxed{\text{EXE}}$	Rec(241.396,45°51'22") $X=168.1233054$ $Y=173.2240832$	此操作计算出 A、B 两点的坐标增量， $\Delta x=168.1233054$ $\Delta y=173.2240832$
2	$\boxed{\text{ALPHA}}$ $\boxed{I}$ $\boxed{+}$ 100 $\boxed{\text{SHIFT}}$ $\boxed{\blacktriangle}$ $\boxed{\text{ALPHA}}$ $\boxed{J}$ $\boxed{+}$ 140 $\boxed{\text{EXE}}$ $\boxed{\text{EXE}}$	$I+100\blacktriangle$ $J+140$ 268.1233054 313.2240832	此操作计算出 B 点的 x、y 坐标值

采用 casio fx-5800P 计算器进行坐标反算,以【例 3-2】为例说明,其操作步骤见表 3-2-8。

表 3-2-8   casio fx-5800P 计算器坐标反算实例

步骤	按 键 操 作	屏 幕 显 示	说　　明
1	SHIFT Pol 180.31 − 206.46 , 456.486 − 475.155) EXE	Pol(180.312−206.468, 456.486−475.155) $r=32.21578163$ $\theta=-144.5847162$	此操作计算出 A、B 两点的距离及方位角,角度单位为度。 $D=32.21578163$ $\alpha=-144.5847162$
2	ALPHA I EXE	I 　　32.21578163	此操作可显示计算的距离
3	ALPHA . − 360 = °′″	J+360 215°24′55.02″	此操作计算出方位角,注意,由于 θ 在 $-180°<\theta\leqslant180°$ 范围内计算并显示结果,因此若计算出的 $\theta<0°$,则应加上 360°

其他型号计算器进行坐标正算、反算时,原理基本相同,操作程序略有区别。

3.2.6   全站型电子速测仪基本操作

全站型电子速测仪(简称全站仪)是集测角、测距、自动记录于一体的仪器。它由光电测距仪、电子经纬仪、数据自动记录装置三大部分组成。

3.2.6.1   苏一光 RTS110 系列全站仪的构造及显示

1. 基本构造

基本构造如图 3-2-18 所示,按键功能见表 3-2-9。

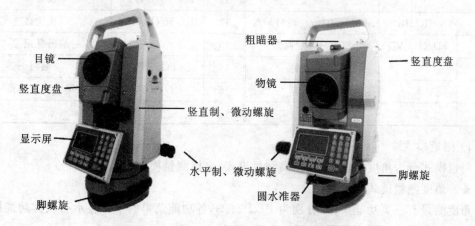

图 3-2-18   苏一光 RTS110 系列全站仪外部结构

表 3-2-9 按键功能说明一览表

序号	按键	第一功能	第二功能
1	F1~F4（软键）	对应每一页显示的功能	
2	0~9	输入相应的数字	输入字母及特殊符号
3	ESC	退出各种菜单功能	
4	★	进入快捷设置模式	
5	⏻	电源开/关	
6	MENU	进入仪器主菜单	字符输入时光标左移、内存管理中查看数据上一页
7	ANG	切换至角度测量模式	字符输入时光标右移、内存管理中查看数据下一页
8	◢	切换至平距/斜距测量模式	向前翻页、内存管理中查看上一点数据
9	⬊	切换至坐标测量模式	向后翻页、内存管理中查看下一点数据
10	ENT	确认数据输入	

2. 显示屏

仪器显示符号释义见表 3-2-10。

仪器显示分测量模式和菜单模式。

表 3-2-10 显示符号释义表

序号	符号	备注	序号	符号	备注
1	VZ	天顶距	9	PT♯	点号
2	VH	竖直角	10	ST/BS/SS	测站/后视/碎部点标识
3	V%	坡度	11	Ins. Hi(I. HT)	仪器高
4	HR/HL	顺时针增加/逆时针增加	12	Ref. Hr(R. HT)	棱镜高
5	SD/HD/VD	斜距/平距/高差	13	ID	编码登记号
6	N	北向坐标	14	PCODE	编码
7	E	东向坐标	15	P1/P2/P3	第一/二/三页
8	Z	高程			

1）测量模式

测量模式分为角度测量模式、距离测量模式、坐标测量模式。

★ 角度测量模式

角度测量有三页功能菜单，分别为 P1、P2、P3，各功能菜单的下方显示有软键功能标记，软件功能随菜单的不同而不同，如图 3-2-19 所示

角度测量各软件功能键功能解析见表 3-2-11。

VZ：90°10′15″	VZ：90°10′15″	VZ：90°10′15″
HR：134°43′31″	HR：134°43′31″	HR：134°43′31″
置零　锁定　置盘　P1	置零　锁定　置盘　P2	置零　锁定　置盘　P3

图 3-2-19　角度测量菜单

表 3-2-11　角度测量功能键一览表

功能名称	软　键	功　能
置零	F1	将水平角置为 0°00′00″
锁定	F2	水平角锁定
置盘	F3	将水平度盘读数设置为一个确定的值
补偿	F1	设置补偿器补偿功能开或关
复测	F2	角度重复测量模式
坡度	F3	切换竖直角与百分比坡度的显示
蜂鸣	F1	直角蜂鸣
左右	F2	水平度盘顺/逆时针增加,默认右
竖角	F3	切换天顶距/竖直角显示

★　距离测量模式

距离测量分为平距测量和斜距测量,使用按键[◢]进行切换,不管是平距测量还是斜距测量,都有两页功能菜单,分别为 P1、P2,如图 3-2-20 所示。

VZ：90°10′15″	VZ：90°10′15″
HR：134°43′31″	HR：134°43′31″
SD：　0.000m	SD：　0.000m
测距　模式 S/A P1	偏心　放样 m/f/i P2

(a) 斜距测量

HR：134°43′31″	HR：134°43′31″
HD：　0.000m	HD：　0.000m
VD：　0.000m	VD：　0.000m
测距　模式 S/A P1	偏心　放样 m/f/i P2

(b) 平距测量

图 3-2-20　距离测量菜单

距离测量各软件功能键功能解析见表 3-2-12。

表 3-2-12　距离测量功能键一览表

功能名称	软　键	功　能
测距	F1	测定距离并显示结果
模式	F2	设置测距模式:精测、粗测、跟踪测

续表

功能名称	软　键	功　能
S/A	F3	设置音响模式
偏心	F1	偏心测量模式
放样	F2	距离放样模式
m/f/i	F3	切换距离显示单位

★ 坐标测量模式

坐标测量有三页功能菜单，分别为 P1、P2、P3，如图 3-2-21 所示。

```
N:  132467.765m        N:  132467.765m        N:  132467.765m
E:  132489.964m        E:  132489.964m        E:  132489.964m
Z:  109.876m           Z:  109.876m           Z:  109.876m
测距  模式 S/A P1      镜高  仪高  测站 P2     偏心  后视 m/f/i P3
```

图 3-2-21　坐标测量菜单

坐标测量各软件功能键功能解析见表 3-2-13。

表 3-2-13　坐标测量功能键一览表

功能名称	软　键	功　能
测距	F1	启动测量并显示
模式	F2	设置测距模式：精测、粗测、跟踪测
S/A	F3	设置音响模式
镜高	F1	输入棱镜高
仪高	F2	输入仪器高
测站	F3	输入测站点坐标
偏心	F1	偏心测量模式
后视	F2	输入后视点坐标
m/f/i	F3	切换距离显示单位

2）菜单模式

按 MENU 键，进入主菜单显示，主菜单有三页功能菜单，分别为 1/3、2/3、3/3，如图 3-2-22所示。

```
菜单      1/3          菜单      2/3          菜单      3/3
F1：数据采集          F1：程序             F1：对比度调节
F2：放样             F2：格网因子          F2：通讯模式
F3：存储管理    P     F3：参数组1    P      F3：SD COPY    P
```

图 3-2-22　主菜单

3.2.6.2 大地 DTM-622R 系列全站仪的构造及显示

1. 基本构造

基本构造如图 3-2-23 所示，按键功能见表 3-2-14。

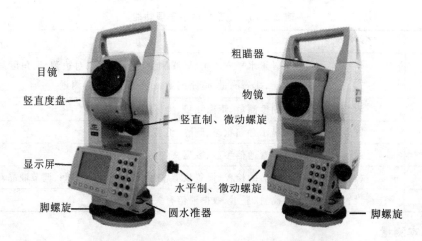

图 3-2-23 大地 DTM-622R 系列全站仪外部结构

表 3-2-14 按键功能说明一览表

序号	按键	名称	功能
1	F1~F6（软键）	软键	功能参见所显示的信息
2	0~9	数字键	输入数值
3	A~/	字母键	输入字母
4	★	星键	仪器常用功能设置
5	ESC	退出键	退回前一个菜单或前一个模式
6	ENT	回车键	确认数据输入
7	POWER	电源键	控制电源的开关

2. 显示屏

仪器显示符号释义见表 3-2-15。

表 3-2-15 显示符号释义表

序号	符号	备注	序号	符号	备注
1	V	垂直角	9	*	电子测距正在进行
2	V%	坡度	10	m/ft	单位（米/英尺）
3	HR	顺时针增加角	11	F	精测模式
4	HL	逆时针增加角	12	T	跟踪模式（10 mm）
5	SD/HD/VD	斜距/平距/高差	13	R/S/N	重复测量/单次测量/N次测量
6	N	北向坐标	14	ppm	大气改正值
7	E	东向坐标	15	psm	棱镜常数值
8	Z	高程			

3. 主菜单

仪器开机即显示主菜单，按软件[F1]～[F6]选择菜单项。主菜单中各子项的功能见表 3-2-16。

表 3-2-16　主菜单中各子项功能

序号	子项名称	功　　能
1	程序	设置水平方向角、导线测量、悬高测量、对边测量、角度复测、坐标放样、线高测量、道路测量、面积测量、偏心测量
2	测量	角度测量、距离测量、坐标测量
3	管理	显示存储状态、删除/更名、格式化内存
4	通信	设置通信参数、数据文件的输入/输出
5	校正	仪器的检校、设置仪器常数、设置日期与时间、调节液晶对比度
6	设置	测量、显示、数据通信有关的参数设置

4. 基本测量

测量分为角度测量、距离测量、坐标测量。

★　角度测量模式

角度测量有两页功能菜单，各功能菜单的下方显示有软键功能标记，软件功能随菜单的不同而不同，如图 3-2-24 所示。

【角度测量】	【角度测量】
V:　　93°07′51″ HR:　156°08′19″	V:　　93°07′51″ HR:　156°08′19″
斜距 平距 坐标 置零 锁定 页↓	发送 置盘 R/L 坡度 补偿 页↑

图 3-2-24　角度测量菜单

角度测量各软件功能键功能解析见表 3-2-17。

表 3-2-17　角度测量功能键一览表

功能名称	软　　键	功　　能
斜距	F1	倾斜距离测量
平距	F2	水平距离测量
坐标	F3	坐标测量
置零	F4	水平角置零
锁定	F5	水平角锁定
发送	F1	将测量数据传输到数据采集器
置盘	F2	预置水平读数
R/L	F3	水平角右角/左角变换
坡度	F4	垂直角/百分坡度变换
补偿	F5	设置倾斜改正

★　距离测量模式

距离测量分为平距测量和斜距测量，不管是平距测量还是斜距测量，都有两页功能菜单，如图 3-2-25 所示。

距离测量各软件功能键功能解析见表 3-2-18。

【斜距测量】	【斜距测量】
P 30　PPM 00　(m) ER V:　　　91°07′51″ HR:　156°45′51″ SD:	P 30　PPM 00　(m) ER V:　　　91°07′51″ HR:　156°45′51″ SD:
测量 模式 角度 平距 坐标 页↓	发送 放样 均值 m/ft　　页↑

(a) 斜距测量

【平距测量】	【平距测量】
P 30　PPM 00　(m) ER V:　　　91°07′51″ HR:　156°45′51″ HD: VD:	P 30　PPM 00　(m) ER V:　　　91°07′51″ HR:　156°45′51″ HD: VD:
测量 模式 角度 斜距 坐标 页↓	发送 放样 均值 m/ft　　页↑

(b) 平距测量

图 3-2-25　距离测量菜单

表 3-2-18　距离测量功能键一览表

功能名称	软　键	功　能
测量	F1	进行斜距或平距测量
模式	F2	设置测距模式:单次精测、N 次精测、重复精测、跟踪测量模式
角度	F3	角度测量模式
平距	F4	平距测量模式
坐标	F5	坐标测量模式
发送	F1	将测量数据传输到数据采集器
放样	F2	距离放样
均值	F3	设置 N 次测量的次数
m/ft	F4	距离单位米/英尺的变换

★　坐标测量模式

坐标测量有两页功能菜单,如图 3-2-26 所示。

【坐标测量】	【坐标测量】
P 30　PPM 00　(m) ER E:　32456.786 E:　13345.709 Z:　1000.265	P 30　PPM 00　(m) ER E:　32456.786 E:　13345.709 Z:　1000.265
测量 模式 角度 斜距 平距 页↓	发送 镜高 均值 m/ft 设置 页↑

图 3-2-26　坐标测量菜单

坐标测量各软件功能键功能解析见表 3-2-19。

表 3-2-19　坐标测量功能键一览表

功能名称	软　键	功　能
测量	F1	启动坐标测量
模式	F2	设置测距模式:单次精测、N次精测、重复精测、跟踪测量模式
角度	F3	角度测量模式
斜距	F4	斜距测量模式
平距	F5	平距测量模式
发送	F1	将测量数据传输到数据采集器
高程	F2	输入仪器高/棱镜高
均值	F3	设置N次测量的次数
m/ft	F4	单位米/英尺的变换
设置	F5	设置测站点及后视点

3.2.6.3　反射棱镜与觇牌

与全站仪配套使用的反射棱镜如图 3-2-27 所示,图 3-2-27(a)为棱镜组;图 3-2-27(b)为觇牌配合单棱镜;图 3-2-27(c)为支架对中杆单棱镜。支架对中杆在低等级控制测量和施工放线测量中应用广泛。在精度要求不高时,还可拆去其两条支架,单独使用一根对中杆,携带和使用更加方便。

棱镜组和觇牌配合单棱镜的安置方法与经纬仪或全站仪相同。安置完成之后,将反光面正对全站仪,如果需要观测高程,则用小钢尺量取棱镜高度,即地面标志到棱镜或觇牌中心的高度。

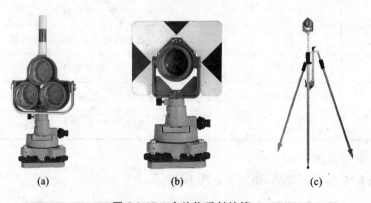

(a)　　　　　　　　　　(b)　　　　　　　　　　(c)

图 3-2-27　全站仪反射棱镜

3.2.6.4　采用苏一光 RTS110 全站仪进行角度及距离测量

现场施测案例说明:如图 3-2-28 所示,地面上有 *AOB* 三点,现测量 ∠*AOB* 及 *OA*、*OB* 的平距,其测量步骤如下。

1. 安置仪器

将全站仪安置在测站 *O* 点上,对中整平,安置棱镜于 *A*、*B* 两点上,对中整平后,将棱镜正对全站仪。

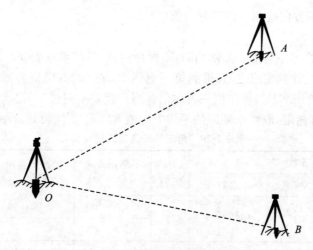

图 3-2-28 角度及距离测量示意图

2. 开机

按⏻打开电源,上下转动一下望远镜,完成仪器的初始化,此时仪器一般处于测角状态,检查电池电量是否充足。

3. 温度、气压和棱镜常数设置

由于全站仪测量时采用的电磁波的速度随大气的温度和压力而有所改变,所以,在高精度的距离测量时,需要进行温度和气压设置,由仪器自动对测距结果实施大气改正。

棱镜常数是指棱镜的标志中心和反射中心不一致而产生一个距离差值,所以测量时为了显示出正确的距离,必须将这个差值预先输入仪器,测量时仪器进行自动改正。棱镜常数对同一型号的棱镜来说是个固定的,一般目前采用的棱镜组的棱镜常数 0 mm,单棱镜的棱镜常数为−30 mm。

操作步骤:

① 按[◢]键进入平距、高差测量模式。

② 按[F3](S/A)键进入音响模式选择界面。

③ 按照菜单提示进行温度、气压及棱镜常数设置。

4. 角度和距离测量

下面以方向观测法为例来说明操作程序,测角操作程序与电子经纬仪基本相同。

★ 第一测回

(1) 盘左,照准 A 点,置数 0°附近,读数 0°03′01″,记录见表 3-2-20。

(2) 按键[◢],切换成平距测量模式,采用精测模式,按键[F1](测距)4 次,测量 OA 距离,将 4 个距离值记录于表 3-2-20 中,四个距离值之差不超过 5 mm,取平均值作为平距中数 134.561 m。

(3) 顺时针转动照准部,照准 B 点,读数 90°01′15″,记录。

(4) 按键[F1](测距)4 次,测量 OB 距离,将 4 个距离值记录于表 3-2-20 中,四个距离值之差不超过 5 mm,取平均值作为平距中数 143.214 m。

(5) 盘右,照准 B 点,读数 270°01′03″,记录,计算 B 方向 2C 值为+12″。

(6) 逆时针转动照准部,照准 A 点,读数 180°02′57″,记录,计算 A 方向 2C 值为+4″。

(7) 比较同一测回 2C 互差,要求 2C 互差不超过 13″。该测回 2C 互差为 8″,没有超限。

（8）计算半测回方向值和一测回方向值。

★ 第二测回

观测程序和计算程序与第一测回相同,不再详述,计算结果见表 3-2-20。

两个测回观测及计算完成之后,得到第一测回 B 方向的方向值为 89°58′10″,第二测回 B 方向的方向值为 89°58′13″,要求同一方向值各测回较差不超过 9″,此次观测同一方向值各测回较差为 3″,没有超限,取两个测回的平均方向值 89°58′12″作为最后结果。

表 3-2-20　角度及距离观测记录表

测站	觇点	读数/(° ′ ″)		2C /(″)	半测回方向 /(° ′ ″)	一测回方向 /(° ′ ″)	各测回平均方向/(° ′ ″)	备注
		盘左	盘右					
O	A	0 03 01	180 02 57	+4	0 00 00	0 00 00	0 00 00	
					0 00 00			
	B	90 01 15	270 01 03	+12	89 58 14	89 58 10	89 58 12	
					89 58 06			
	A	90 03 00	270 02 47	+13		0 00 00		
					0 00 00			
	B	180 01 10	0 01 03	+7	89 58 10	89 58 13		
					89 58 16			

边名	平距观测值/m		平距中数/m	边名	平距观测值/m		平距中数/m
OA	1	134.561	134.561	OB	1	143.214	143.214
	2	134.562			2	143.213	
	3	134.561			3	143.214	
	4	134.561			4	143.213	

任务 3.3　导　线　测　量

》》》→ ▌任务介绍▐ ……

导线测量是平面控制的一种方法,由于其布设灵活,推进迅速,受地形限制小,适用于地形复杂、建筑物较多、隐蔽的地区。但导线测量控制面积小、检核条件少,方位传算误差大。本任务主要学习图根导线的布设、观测、记录及计算。

》》》→ ▌学习目标▐ ……

掌握导线的布设形式及布设导线点注意的事项;掌握导线外业工作流程、导线内业计算的方法。

》》》→ ▌任务实施的知识点▐ ……

3.3.1　导线的布设形式

导线测量是图根控制的常用方法,图根导线的布设形式有三种。

1. 闭合导线

如图 3-3-1 所示。从已知点 B 点出发,经过待测点 C、D、E,最后闭合到 B 点的导线,称为闭合导线。

2. 附合导线

如图 3-3-2 所示。从已知点 B 点出发,经过待测点 C、D,最后附合到另一个已知点 E 点的导线,称为附合导线。

3. 支导线

如图 3-3-3 所示。从已知点 B 点出发,经过待测点 C、D,既不闭合又不附合的导线,称为支导线。

闭合导线、附合导线具有严格几何条件检核,实际工作中得到了广泛应用;支导线没有检核条件,一般不宜采用,特殊情况下需要采用时,最多只能支出两点。

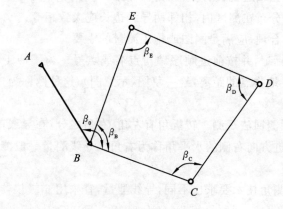

图 3-3-1　闭合导线

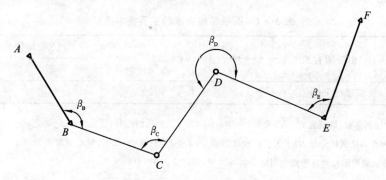

图 3-3-2　附合导线

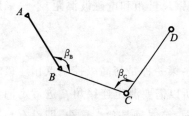

图 3-3-3　支导线

3.3.2 导线测量的外业工作

导线测量的外业工作包括踏勘选点(埋设标志)、角度观测、边长测量和导线定向四个方面。

1. 踏勘选点

首先根据测区的范围、地形起伏情况、高等级控制点的分布情况及有关比例尺的地形图,在已有的地形图上初步拟定控制点的位置和导线的布设形式,然后到实地上落实并标定点位。对于面积较小的测区,亦可直接到实地选择并标定点位。点位的选择应符合下述要求:

(1) 导线点应选在土质坚实、视野开阔、便于安置仪器和施测的地方;

(2) 相邻导线点应互相通视,以便于测角和测距;

(3) 导线点应均匀分布在测区内,相邻两导线边长应大致相等;

(4) 导线点的密度合理,应满足测图或施工测量的需要。

点位选好后,做好标记,并按前进顺序编写点名或点号。为了便于日后寻找,应量出导线点与附近固定的明显地物点的距离,绘一草图(示意图),这种图称为"点之记"。

2. 角度观测

导线的转折角采用测回法观测。转折角有左角、右角之分,在导线前进方向左侧的水平角称为左角;在导线前进方向右侧的水平角称为右角。导线测量一般测量左角,闭合导线测量内角。

导线的等级不同,测角技术要求也不同,导线测量,宜采用 $6''$ 级仪器 1 测回测定水平角,上下半测回差不超过 $24''$,《工程测量规范》(GB 50026—2007)中,其主要技术指标不应超过表3-3-1的规定。

表 3-3-1　图根导线测量的主要技术指标

导线长度	相对闭合差	测角中误差/($''$)		方位角闭合差/($''$)	
		一般	首级控制	一般	首级控制
$\leqslant a \times M$	$\leqslant 1/(2000 \times a)$	30	20	$60\sqrt{n}$	$40\sqrt{n}$

注:① a 为比例系数,取值宜为1,当采用 1:500、1:1000 比例尺测图时,其值可在 1~2 之间选用。

② M 为测图比例尺分母,对于工矿区现状图测量,不论测图比例尺大小,M 均应取值为 500。

③ 隐蔽或施测困难地区导线相对闭合差可放宽,但不应大于 $1/(1000 \times a)$。

3. 边长测量

导线边长的测量可以采用钢尺量距和电磁波测距,不论采用何种方法测距,要求测距精度 $\leqslant 1/2000$。

4. 导线定向

导线定向可分为两种情况:第一种是与高级控制点相连接的导线,如图 3-3-1 所示,该闭合导线与 AB 已知边相连接,所以需要测定连接角 β_0 进行定向,如图 3-3-2 所示,该附合导线需要测定连接角 β_B、β_E 进行定向;第二种是独立导线,即没有与高级控制点相连接,可在第一个导线点上用罗盘仪测出第一条边的磁方位角 A_m 代替坐标方位角 α 进行定向,并假定第一点的坐标。

3.3.3　导线测量的内业计算

导线测量外业工作结束后，需要进行导线内业计算。内业计算的目的是求待测点的坐标。内业计算之前，要全面检查外业观测数据有无遗漏，记录计算是否正确，成果是否符合限差要求等。

3.3.3.1　闭合导线计算

根据外业成果绘制导线计算示意图，如图 3-3-4 所示，示意图上应注明导线点点号、相应的角度和边长、起始方位角及起算点的坐标。

将图 3-3-4 的外业观测数据及已知数据填写于表 3-3-2 的相应栏目里。第 1 列填写点号，从已知点 B 开始编号，闭合导线一般逆时针编号，这样使内角为左角。

闭合导线是由折线组成的多边形，因而闭合导线必须满足两个几何条件：一个是多边形内角和条件，即多边形的内角和具有理论值，但由于观测存在误差，内角与理论值不相等，所以必须对观测角进行必要的改正。另一个是坐标条件，即从起算点开始，逐点推算导线点的坐标，最后回到起算点，由于是同一个点，因而推算出的坐标应该等于已知坐标。

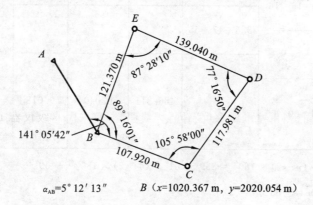

$\alpha_{AB}=5°12'13''$　　　　B（$x=1020.367$ m，$y=2020.054$ m）

图 3-3-4　闭合导线计算示意图

闭合导线计算的方法步骤如下。

1. 角度闭合差的计算与调整

n 边形内角和的理论值应为

$$\sum \beta_{理} = (n-2) \times 180° \tag{3-3-1}$$

由于测角误差的存在，观测得到内角和 $\sum \beta_{测}$ 与其理论值 $\sum \beta_{理}$ 不相符合，两者的差值称为角度闭合差。角度闭合差用 f_β 表示，则

$$f_\beta = \sum \beta_{测} - \sum \beta_{理} \tag{3-3-2}$$

该闭合导线观测得到的内角和为

$$\sum \beta_{测} = 359°59'01''$$

该闭合导线是四边形，所以其内角和的理论值为

$$\sum \beta_{理} = (n-2) \times 180° = (4-2) \times 180° = 360°$$

所以，其角度闭合差为

$$f_\beta = \sum \beta_{测} - \sum \beta_{理} = 359°59'01'' - 360° = -59''$$

表 3-3-2 闭合导线计算表

点号	观测角 /(° ′ ″)	改正后角值 /(° ′ ″)	坐标方位角 /(° ′ ″)	距离 /m	坐标增量/m		坐标值/m	
					Δx	Δy	x	y
1	2	3	4	5	6	7	8	9
B							1020.367	2020.054
			326 17 55	107.920	−0.009 89.783	−0.004 −59.881		
C	+15 105 58 00	105 58 15					1110.141	1960.169
			252 16 10	117.981	−0.010 −35.930	−0.004 −112.377		
D	+14 77 16 50	77 17 04					1074.201	1847.788
			149 33 14	139.040	−0.011 −119.867	−0.006 70.455		
E	+15 87 28 10	87 28 25					954.323	1918.237
			57 01 39	121.370	−0.010 66.054	−0.004 101.821		
B	+15 89 16 01	89 16 16					1020.367	2020.054
			326 17 55					
C								
∑	359 59 01	360 00 00		486.311	0.040	0.018		

辅助计算

$$f_\beta = \sum \beta_测 - (n-2) \times 180° = 359°59'01'' - (4-2) \times 180° = -59''$$

$$f_{\beta容} = \pm 60'' \sqrt{n} = \pm 60'' \sqrt{4} = 120''$$

$$f_x = \sum \Delta x_测 = +0.040 \text{ m} \qquad f_y = \sum \Delta y_测 = 0.018 \text{ m}$$

$$f_D = \sqrt{f_x^2 + f_y^2} = \sqrt{(+0.040)^2 + (0.018)^2} = 0.044 \text{(m)}$$

$$K = \frac{f_D}{\sum D} = \frac{1}{\dfrac{\sum D}{f_D}} = \frac{1}{\dfrac{486.311}{0.044}} \approx \frac{1}{11052}$$

图根控制时,角度闭合差的容许值取

$$f_{\beta容} = \pm 60'' \sqrt{n}$$

本例的

$$f_{\beta容} = \pm 60'' \sqrt{n} = \pm 60'' \sqrt{4} = 120''$$

角度闭合差符合限差要求,然后将闭合差按相反符号平均分配到观测角中。每个角度的改正数用 v_β 表示,则

$$v_\beta = -\frac{f_\beta}{n} \qquad\qquad (3\text{-}3\text{-}3)$$

式中 f_β——角度闭合差,(″);

n——闭合导线内角个数。

如果 f_β 的数值不能被 n 整除而有余数,可将余数调整分配到边长相差较大的夹角上使调整后的内角和等于 $\sum \beta_{理}$。

如果角度闭合差超过容许值,应分析原因,进行外业局部或全部返工。

该例的角度闭合差改正数为

$$v_\beta = -\frac{f_\beta}{n} = -\frac{-59''}{4} \approx 15''$$

角度闭合差改正数写在表 3-3-2 第 2 列观测值秒值的上方,然后计算改正后的角度,填写在表 3-3-2 的第 3 列。改正后角值的和应该等于其理论值,据此可检核计算的正确性。

2. 导线边方位角的推算

本例 AB 的方位角已知,需首先计算出 BC 的方位角。

$$\alpha_{BC} = \alpha_{AB} + \beta_B \pm 180° = 5°12'13'' + 141°05'42'' + 180° = 326°17'55''$$

将计算出的 BC 方位角填入表 3-3-2 第 4 列,作为起算边方位角,再采用改正后的角值,按左角公式推算其他边的方位角,即

则 CD 的方位角为

$$\alpha_{CD} = \alpha_{BC} + \beta_C \pm 180° = 326°17'55'' + 105°58'15'' - 180° = 252°16'10''$$

以此计算其他各边的方位角,计算见表 3-3-2 第 4 列,最后推算的 BC 边的方位角应该与其已知数值相等,如不等,表示方位角推算有错误,应查明原因,加以改正。

3. 坐标增量的计算

按坐标增量计算公式计算,即

$$\left.\begin{array}{l} \Delta x_i = D_i \cdot \cos\alpha_i \\ \Delta y_i = D_i \cdot \sin\alpha_i \end{array}\right\} \tag{3-3-4}$$

例如本例中 BC 边的坐标增量为

$$\Delta x_{BC} = D_{BC} \cdot \cos\alpha_{BC} = 107.920 \times \cos 326°17'55'' = 89.783(\text{m})$$

$$\Delta y_{BC} = D_{BC} \cdot \sin\alpha_{BC} = 107.920 \times \sin 326°17'55'' = -59.881(\text{m})$$

其他边的坐标增量计算见表 3-3-2 第 6、7 两列。计算位取至 0.001 m。

4. 坐标增量闭合差的计算与调整

闭合导线每一条边的坐标增量计算出来之后,如图 3-3-5 所示,由于闭合导线是从一个已知点通过待测点最后闭合到同一个点上,所以,其各边纵横坐标增量的代数和在理论上应等于零,即

$$\left.\begin{array}{l} \sum \Delta x_{理} = 0 \\ \sum \Delta y_{理} = 0 \end{array}\right\} \tag{3-3-5}$$

由于角度和边长测量均存在误差,尽管已经进行了角度闭合差的调整,但调整后的角值和真值还是有差距,所以,由边长、方位角计算出的纵横坐标增量,其代数和 $\sum \Delta x_{测}$、$\sum \Delta y_{测}$ 与其理论值有差距。这个差值即是纵横坐标增量闭合差,如图 3-3-6 所示,则

$$\left.\begin{array}{l} f_x = \sum \Delta x_{测} - \sum \Delta x_{理} = \sum \Delta x_{测} - 0 = \sum \Delta x_{测} \\ f_y = \sum \Delta y_{测} - \sum \Delta y_{理} = \sum \Delta y_{测} - 0 = \sum \Delta y_{测} \end{array}\right\} \tag{3-3-6}$$

本例中

$$f_x = \sum \Delta x_{测} = 0.040 \text{ m}$$

$$f_y = \sum \Delta y_{测} = 0.018 \text{ m}$$

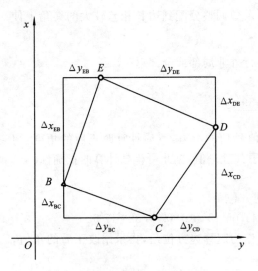

图 3-3-5 导线坐标增量代数和

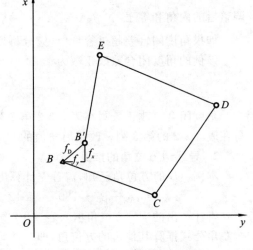

图 3-3-6 导线坐标增量闭合差

由于纵横坐标增量闭合差的存在,闭合导线由 B 点出发最后不是闭合到 B 点,而是落在 B' 点,产生了一段差距 BB',这段差距称为导线全长闭合差,如图 3-3-6 所示。

$$f_D = \sqrt{f_x^2 + f_y^2} \tag{3-3-7}$$

本例中

$$f_D = \sqrt{f_x^2 + f_y^2} = \sqrt{(+0.040)^2 + (0.018)^2} = 0.044(\text{m})$$

导线全长闭合差 f_D 主要由量边误差引起,一般来说,导线越长,全长闭合差也越大,因而单纯用导线全长闭合差 f_D 还不能正确反映导线测量的精度,通常采用 f_D 与导线全长 $\sum D$ 的比值来表示,写成分子为 1 的形式,称为导线全长相对闭合差 K,来衡量导线测量精度,则

$$K = \frac{f_D}{\sum D} = \frac{1}{\sum D / f_D} \tag{3-3-8}$$

本例中

$$K = \frac{f_D}{\sum D} = \frac{1}{\dfrac{\sum D}{f_D}} = \frac{1}{\dfrac{486.311}{0.044}} \approx \frac{1}{11052}$$

图根导线要求 K 值不应超过 1/2000,困难地区也不应超过 1/1000,若 K 值不满足限差要求,首先检查内业计算有无错误,其次检查外业成果,若均不能发现错误,则应到现场重测可疑成果或全部重测;若 K 值满足限差要求,可进行坐标增量闭合差的调整。

坐标增量闭合差的调整是将增量闭合差 f_x、f_y 反号,按与边长成正比分配于各个坐标增量上。纵横坐标增量改正数的计算式如下

$$\left.\begin{array}{l} v_{\Delta xi} = -\dfrac{f_x}{\sum D} \cdot D_i \\[4mm] v_{\Delta yi} = -\dfrac{f_y}{\sum D} \cdot D_i \end{array}\right\} \tag{3-3-9}$$

改正数的计算值写于各边坐标增量计算值的上方。它们的总和应与坐标增量闭合差数

值相等、符号相反,以此进行检核。

改正后的 $\sum \Delta x$、$\sum \Delta y$ 应该等于零,以此进行检核,如不等表示计算有错误。

5. 导线点坐标计算

坐标增量调整后,可根据起算点的坐标和调整后的坐标增量,逐点计算导线的坐标,计算公式为

$$\left.\begin{array}{l}x_{前} = x_{后} + \Delta x_i \\ y_{前} = y_{后} + \Delta y_i\end{array}\right\} \tag{3-3-10}$$

式中　$x_{前}$、$y_{前}$——第 i 边前一点的纵坐标、横坐标,m;

　　　$x_{后}$、$y_{后}$——第 i 边后一点的纵坐标、横坐标,m;

　　　Δx_i、Δy_i——第 i 边的纵坐标增量、横坐标增量,m。

按上式计算导线各点的坐标,填于表 3-3-2 第 8、9 列中。

3.3.3.2　附合导线计算

附合导线的计算与闭合导线的计算基本相同,现将其不同说明如下:

1. 角度闭合差的计算不同

附合导线不是闭合多边形,其角度闭合差的产生,是从起算边方位角经过转折角推算到终边方位角,其推算的终边方位角的数值与终边方位角的已知值的差距就是附合导线的角度闭合差,称为方位角闭合差。

如图 3-3-7 所示,为两端附合在已知控制点 A、B 和 E、F 上的附合导线,根据左角公式,从起始边 AB 的方位角 α_{AB} 通过各转折角,可推算出终边方位角 α'_{EF}。

则

$$\alpha'_{EF} = \alpha_{AB} + \sum_{i=1}^{4} \beta_i - 4 \times 180°$$

如转折角个数为 n,则

$$\alpha'_{EF} = \alpha_{AB} + \sum_{i=1}^{n} \beta_i - n \times 180° \tag{3-3-11}$$

由于角度测量存在误差,推算的 α'_{EF} 与已知 α_{EF} 不相符合,而产生方位角闭合差

$$f_{\beta} = \alpha'_{EF} - \alpha_{EF} \tag{3-3-12}$$

写成一般形式为

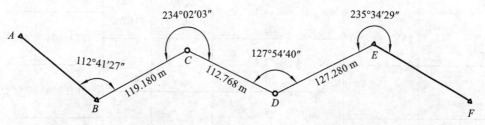

A (x=4232.015 m, y=2411.005 m)　　　　　C (x=4224.604 m, y=2819.484 m)

B (x=4160.756 m, y=2498.862 m)　　　　　D (x=4161.326 m, y=2932.444 m)

图 3-3-7　附合导线计算示意图

$$f_{\beta} = \alpha_{起} + \sum_{i=1}^{n} \beta_i - n \times 180° - \alpha_{终} \qquad (3\text{-}3\text{-}13)$$

式中　n——转折角个数；

　　　$\alpha_{起}$——附合导线的起算边方位角；

　　　$\alpha_{终}$——附合导线的终边方位角；

　　　f_{β}——方位角闭合差。

2. 坐标增量闭合差的计算不同

附合导线是从一个已知点出发，附合到另一个已知点，因此纵横坐标增量的代数和理论上应等于起点、终点两已知点间的坐标增量，如不相等，其差值即为附合导线的坐标增量闭合差，计算公式为

$$\left.\begin{array}{l} f_x = \sum \Delta x_{测} - (x_{终} - x_{起}) \\ f_y = \sum \Delta y_{测} - (y_{终} - y_{起}) \end{array}\right\} \qquad (3\text{-}3\text{-}14)$$

3. 附合导线计算实例

将图 3-3-7 附合导线坐标计算列于表 3-3-3。

表 3-3-3　附合导线计算表

点号	观测角/(° ′ ″)	改正后角值/(° ′ ″)	坐标方位角/(° ′ ″)	距离/m	坐标增量/m		坐标值/m	
					Δx	Δy	x	y
1	2	3	4	5	6	7	8	9
A							4232.015	2411.005
			129 02 41					
B	+1 112 41 27	112 41 28					4160.756	2498.862
			61 44 09	119.180	0.003 56.436	0.004 104.971		
C	+1 234 02 03	234 02 04					4217.195	2603.837
			115 46 13	112.768	0.002 −49.027	0.003 101.553		
D	+1 127 54 40	127 54 41					4168.170	2705.393
			63 40 54	127.280	0.003 56.431	0.004 114.087		
E	+1 235 34 29	235 34 30					4224.604	2819.484
			119 15 24					
F							4161.326	2932.444
$\sum$	710 12 39			359.228	63.840	320.611		

续表

点号	观测角 /(° ′ ″)	改正后角值 /(° ′ ″)	坐标方位角 /(° ′ ″)	距离 /m	坐标增量/m		坐标值/m	
					Δx	Δy	x	y
1	2	3	4	5	6	7	8	9
辅助计算	$\alpha'_{EF} = \alpha_{AB} + \sum \beta_{测} - n \times 180° = 129°02'41'' + 710°12'39'' - 4 \times 180° = 119°15'20''$ $f_\beta = \alpha'_{EF} - \alpha_{EF} = 119°15'20'' - 119°15'24'' = -4''$ $f_{\beta容} = \pm 60''\sqrt{n} = \pm 60''\sqrt{4} \approx 120''$ $f_x = \sum \Delta x_{测} - (x_E - x_B) = 63.840 - (4224.604 - 4160.756) = -0.008 (\text{m})$ $f_y = \sum \Delta y_{测} - (y_E - y_B) = 320.611 - (2819.484 - 2498.862) = -0.011 (\text{m})$ $f_D = \sqrt{f_x^2 + f_y^2} = \sqrt{(-0.008)^2 + (-0.011)^2} = 0.014 (\text{m})$ $K = \dfrac{f_D}{\sum D} = \dfrac{1}{\dfrac{\sum D}{f_D}} = \dfrac{1}{\dfrac{359.228}{0.014}} \approx \dfrac{1}{25659}$								

任务 3.4　测量误差的基本知识

≫→ 任务介绍 ⋯⋯

通过本章学习,了解测量误差产生的三个因素、测量误差的分类;了解偶然误差的特性;基本掌握中误差、极限误差、相对误差的定义及表达式;掌握算术平均值的定义及计算方法;基本掌握采用算术平均值计算观测值中误差、平均值中误差的计算公式;了解误差传播定律。

≫→ 学习目标 ⋯⋯

1. 具有基本误差分析能力。
2. 具有简单使用中误差、相对误差、极限误差等计算式评定精度的能力。

≫→ 任务实施的知识点 ⋯⋯

3.4.1　测量误差概述

在测量过程中,对某一量进行观测,无论你采用的仪器多么精密,观测者的施测程序多么仔细,测量的结果与真实值总是有差距,这个差距就是测量误差。比如:进行水准测量时,往返观测高差存在不符值;角度测量时,多个测回的观测值不相等;距离测量时,往返测距离不相符合;对某一个三角形进行内角观测,其内角和总是不等于 $180°$。这些都说明一个问题,误差是普遍存在的。

3.4.1.1　测量误差产生的原因

测量误差的产生原因主要有以下三个方面。

1. 仪器

由于测量仪器和工具本身在设计、制造、加工、校正方面不完善而引起的误差,如钢尺刻划误差、度盘分划误差、偏心差、i 角误差等等,任何一种仪器都具有一定的精密度。

2. 观测者

由于观测者感官鉴别能力的局限性,在测量中会引起如照准误差、读数误差、对中误差、整平误差等等,这是不可避免的。还有观测者本身的技术水平及认真程度,也是影响误差的因素。

3. 外界条件

测量过程总是在复杂的外界条件下进行,如温度、湿度、风力、折光等因素的不断变化,都会对测量结果产生影响。

通常,把上述三个方面称为观测条件,观测条件好,误差就小,成果就精确,我们把观测成果的精确程度称为精度。在相同的观测条件下(指相同的观测者,使用相同精度的仪器,在相同的外界条件下)进行的观测称为等精度观测。反之,则是不等精度观测。

3.4.1.2　测量误差的分类

测量误差按其性质的不同可分为系统误差、偶然误差。

1. 系统误差

在相同的观测条件下做一系列的观测,如果误差出现的大小及符号在测量过程中保持不变,或按一定的规律变化,这种误差称为系统误差。比如:水准测量中的 i 角误差、仪器和尺垫升沉误差、水准标尺零点差,角度测量中的横轴误差、竖轴误差、指标差,距离测量的尺长误差、定线误差等等都是系统误差占主导地位。

2. 偶然误差

在相同的观测条件下做一系列的观测,如果误差出现的大小及符号均不一致,即表面上显示没有规律性,这种误差称为偶然误差,比如:读数误差、对中误差、照准误差、整平误差等均可归类于偶然误差。

由于观测者读错、记错、算错,或者仪器错误等引起的误差,称为粗差。实际上,这已经不能称为误差,是错误,只要进行多次观测,并注意检核,错误是应该绝对避免的。

综上所述,虽然系统误差和偶然误差是同时对观测成果产生影响,但由于系统误差的大小和符号可以预见,可通过一定的观测方式进行消除及减弱,所以,我们认为决定观测精度的关键因素是偶然误差。

实际上,某种误差是属于系统误差还是偶然误差,并没有绝对的界限,产生偶然误差和系统误差的根源是一致的,只是原因过于复杂,目前还不能很好地总结、区别和消除,随着社会科技的发展,人们对事物的认识会越来越深入,各种偶然误差也必定可以找到其产生的必然因素,在测量过程中较好地消减其影响。

3.4.1.3　偶然误差的特性

偶然误差表面上没有规律性,但通过大量的等精度观测实验,发现它有一定的规律性。

1. 真误差的概念

测量中对某个量进行观测,可得到一个观测值,这个量理论上有一个真值,由于测量存在误差,观测值和真值之间总会有差值,这个差值称为真误差,用"Δ"表示。

$$\Delta = 观测值 - 真值 \qquad (3\text{-}4\text{-}1)$$

【例 3-3】　如图 3-4-1 所示:三角形 ABC,外业观测三个内角,求三角形内角和的真误差。

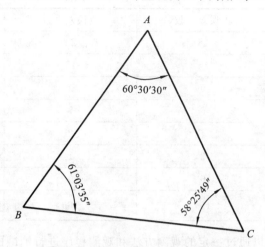

A

$60°30'30''$

$61°03'35''$

$58°25'49''$

B

C

图 3-4-1　三角形内角观测示意图

【解】　根据式(3-4-1)得

$$\Delta = (60°30'30'' + 61°03'35'' + 58°25'49'') - 180°$$
$$= -6''$$

2. 偶然误差的特性

例如,在相同的观测条件下,观测了 329 个三角形的内角,分别算出了 329 个三角形内角和的真误差,按误差大小所在区间分类,列于表 3-4-1。

从表 3-4-1 可知三角形内角和真误差的分布规律:

(1)小误差的数量比大误差大;

(2)绝对值相等的正、负误差个数大致相等;

(3)最大误差不超过 $4.5''$。

如果按上述方法将这样的实验无限做下去,也就是说,当观测条件相同及观测次数无限增多时,我们可得到偶然误差的特性如下:

(1)小误差出现的机会比大误差出现的机会要大;

(2)绝对值相等的正、负误差出现的机会相等;

(3)偶然误差的绝对值,不会超过一定的限值;

(4)偶然误差的平均值,随着观测次数的无限增加而趋近于零。

$$\lim_{n \to \infty} \frac{[\Delta]}{n} = 0 \qquad\qquad (3\text{-}4\text{-}2)$$

式中　n——观测次数;

　　$[\Delta] = \Delta_1 + \Delta_2 + \Delta_3 + \cdots + \Delta_n$。

表 3-4-1　偶然误差统计表

误差所在区间	正误差个数	负误差个数	总和
$0.0'' \sim 0.5''$	48	47	95
$0.5'' \sim 1.0''$	39	40	79
$1.0'' \sim 1.5''$	25	23	48

误差所在区间	正误差个数	负误差个数	总和
$1.5''\sim2.0''$	18	20	38
$2.0''\sim2.5''$	13	15	28
$2.5''\sim3.0''$	9	10	19
$3.0''\sim3.5''$	6	7	13
$3.5''\sim4.0''$	4	2	6
$4.0''\sim4.5''$	2	1	3
$4.5''$以上	0	0	0
$\sum$	164	165	329

由于系统误差是可以通过一定的观测方法和观测程序进行消减的,所以,观测值的精度主要取决于偶然误差的影响,如何在观测过程中减小其影响,要遵循偶然误差的特性来确定。为了减小偶然误差的影响,可总结出如下几点:

(1)合适增加观测次数;

(2)适当提高测量仪器的精度等级;

(3)取多次观测的平均值。

3.4.2 衡量精度的标准

在对同一量的多次观测中,各个观测值之间的一致程度称为精度,若各观测值之间差异很大,则精度低,差异很小,则精度高,所以需要有一个统一的标准来表示各观测值之间的差异程度,以此来衡量精度。

下面介绍衡量精度的常用标准。

3.4.2.1 中误差

在一定条件下对某量进行多次观测,各观测值真误差 Δ_i 平方的平均值再开平方的结果,称为观测值中误差。

$$m=\pm\sqrt{\frac{\Delta_1^2+\Delta_2^2+\cdots+\Delta_n^2}{n}}=\pm\sqrt{\frac{[\Delta\Delta]}{n}} \tag{3-4-3}$$

【例3-4】 按表3-4-2所示两组真误差分别计算其中误差,并比较两组观测值的精度。

表3-4-2 真误差统计表

第一组	−0.28	−0.04	+1.25	−0.46	+0.56	+0.98
	+0.34	−0.23	−0.56	+0.76	+0.53	−1.23
第二组	−0.67	−0.76	−0.99	+0.34	+0.21	−0.54
	−1.12	+0.56	+0.45	+1.43	−0.78	+0.98

【解】

$$m_1=\pm\sqrt{\frac{(-0.28)^2+(-0.04)^2+(+1.25)^2+\cdots+(-1.23)^2}{12}}=2.45$$

$$m_2 = \pm \sqrt{\frac{(-0.67)^2 + (-0.76)^2 + (-0.99)^2 + \cdots + (+0.98)^2}{12}} = 2.80$$

由于 $m_1 < m_2$，所以第一组精度比第二组精度高。

【例 3-5】　有甲、乙两组对同一三角形内角进行 8 次观测，观测结果及三角形内角和的真误差列于表 3-4-3，试评定甲、乙两组观测值的精度。

【解】

表 3-4-3　观测值及其真误差、中误差计算表

甲 组 观 测				乙 组 观 测			
次数	观测值 l /(° ′ ″)	真误差 Δ /(″)	$\Delta\Delta$ /(″)	次数	观测值 l /(° ′ ″)	真误差 Δ /(″)	$\Delta\Delta$ /(″)
1	180　00　05	+5	25	1	180　00　04	+4	16
2	179　59　56	−4	16	2	179　59　57	−3	9
3	180　00　07	+7	49	3	180　00　03	+3	9
4	179　59　52	−8	64	4	179　59　54	−6	36
5	179　59　57	−3	9	5	179　59　56	−4	16
6	179　59　57	−3	9	6	179　59　52	−8	64
7	180　00　05	+5	25	7	180　00　03	+3	9
8	180　00　04	+4	16	8	180　00　02	+2	4
$\sum$			213				163

甲组观测值中误差：$m_1 = \pm\sqrt{\dfrac{213}{8}} = \pm 5.2''$　　　　乙组观测值中误差：$m_2 = \pm\sqrt{\dfrac{163}{8}} = \pm 4.5''$

从表 3-4-3 计算结果可看出，$m_1 > m_2$，所以乙组精度高于甲组精度。

3.4.2.2　限差

我们知道，偶然误差是不可避免的，但它的绝对值不会超过一定的限值，根据误差理论及实验统计证明，绝对值大于两倍中误差的偶然误差出现的机会为 5%，大于三倍中误差的偶然误差出现的机会仅有 0.3%。因此，通常以三倍中误差作为偶然误差的极限值，称为限差。

$$\Delta_{\text{限}} = 3m \tag{3-4-4}$$

在测量工作中，也可采用二倍中误差作为限差。

$$\Delta_{\text{限}} = 2m \tag{3-4-5}$$

3.4.2.3　相对误差

真误差和中误差都没有考虑观测量本身的大小，一般称为绝对误差。对于某些观测值，单靠绝对误差还不能完全评定观测值的精度。

例如，分别丈量了 1500 m 和 800 m 的两段距离，观测值的中误差都为 ±2 cm，虽然两者的中误差相同，但很明显，针对于单位长度的精度，两者并不相同，因此，须采用另一种衡量精度的标准——相对误差——来衡量。

相对误差就是绝对误差与观测值之比。

$$k = \frac{|m|}{l} = \frac{1}{l/|m|} \qquad (3\text{-}4\text{-}6)$$

表 3-4-4 为两段距离的精度评定计算表,从表中可看出,虽然两段距离的中误差相等,但其相对误差不相等。

表 3-4-4 距离测量相对误差及精度评定计算表

观测值大小/m	中误差/cm	相 对 误 差
1500.00	±2	$k_1 = \dfrac{0.02}{1500} = \dfrac{1}{75000}$
800.00	±2	$k_2 = \dfrac{0.02}{800} = \dfrac{1}{40000}$

$k_1 < k_2$,所以 1500 m 的丈量段精度高。

3.4.3 算术平均值及观测值的中误差

3.4.3.1 算术平均值

设对某量进行 n 次等精度观测,其观测值分别为 $l_1, l_2, \cdots, l_n$,则该量的最可靠值就是算术平均值 x。

$$x = \frac{l_1 + l_2 + \cdots + l_n}{n} = \frac{[l]}{n} \qquad (3\text{-}4\text{-}7)$$

为什么说算术平均值是最可靠值呢? 如下所述:

设观测值分别为 $l_1, l_2, \cdots, l_n$ 的等精度观测量的真值为 X,各观测值的真误差为 $\Delta_1, \Delta_2, \cdots, \Delta_n$。

$$\Delta_1 = l_1 - X$$
$$\Delta_2 = l_2 - X$$
$$\cdots\cdots\cdots\cdots$$
$$\Delta_n = l_n - X$$

将上式两边分别相加后,得

$$[\Delta] = [l] - nX$$

等式两边同时除以 n

$$\frac{[\Delta]}{n} = \frac{[l]}{n} - X$$

根据偶然误差的特性

$$\lim_{n \to \infty} \frac{[\Delta]}{n} = 0$$

得

$$X = \lim_{n \to \infty} \frac{[l]}{n}$$

由上式可得出,当观测次数 n 无限增多时,算术平均值趋近于真值。所以,算术平均值是最可靠值,也叫最或然值。

3.4.3.2 用改正数计算观测值中误差

由于测量观测值的真值常常是不确定的,以至于真误差也不确定,所以无法应用式(3-4-3)计算中误差。因此,测量工作中,常常利用改正数算术平均值与观测值之差来计算中误差,下面导出用改正数计算中误差的计算公式。

设某等精度观测值分别为 $l_1, l_2, \cdots, l_n$,其算术平均值为 x,各观测值的改正数为 $v_1, v_2, \cdots, v_n$。

$$\left.\begin{array}{l} v_1 = x - l_1 \\ v_2 = x - l_2 \\ \cdots\cdots\cdots \\ v_n = x - l_n \end{array}\right\} \tag{3-4-8}$$

将上式两边分别相加后,得

$$[v] = nx - [l]$$

将 $x = \dfrac{[l]}{n}$ 代入上式,可得

$$[v] = 0 \tag{3-4-9}$$

由于

$$\left.\begin{array}{l} \Delta_1 = l_1 - X \\ \Delta_2 = l_2 - X \\ \cdots\cdots\cdots \\ \Delta_n = l_n - X \end{array}\right\} \tag{3-4-10}$$

将式(3-4-10)与式(3-4-8)对应相加,得

$$\left.\begin{array}{l} \Delta_1 = -v_1 + (x - X) \\ \Delta_2 = -v_2 + (x - X) \\ \cdots\cdots\cdots \\ \Delta_n = -v_n + (x - X) \end{array}\right\} \tag{3-4-11}$$

设 $\delta = x - X$,代入式(3-4-11)

$$\left.\begin{array}{l} \Delta_1 = -v_1 + \delta \\ \Delta_2 = -v_2 + \delta \\ \cdots\cdots\cdots \\ \Delta_n = -v_n + \delta \end{array}\right\} \tag{3-4-12}$$

将式(3-4-12)两边平方,并相加得

$$[\Delta\Delta] = [vv] + n\delta^2 - 2[v]\delta$$

将式(3-4-9)代入上式,得

$$[\Delta\Delta] = [vv] + n\delta^2$$

上式两边同除以 n,得

$$\frac{[\Delta\Delta]}{n} = \frac{[vv]}{n} + \delta^2 \tag{3-4-13}$$

又因

$$\delta = x - X = \frac{[l]}{n} - X = \frac{[l - X]}{n} = \frac{[\Delta]}{n}$$

$$\delta^2 = \frac{[\Delta]^2}{n^2} = \frac{1}{n^2}(\Delta_1^2 + \Delta_2^2 + \cdots + \Delta_n^2 + 2\Delta_1\Delta_2 + 2\Delta_1\Delta_3 + \cdots + 2\Delta_{n-1}\Delta_n)$$

$$= \frac{[\Delta\Delta]}{n^2} + \frac{2}{n^2}(\Delta_1\Delta_2 + \Delta_1\Delta_3 + \cdots + \Delta_{n-1}\Delta_n)$$

由于 $\Delta_1, \Delta_2, \cdots, \Delta_n$ 是偶然误差,故 $\Delta_1\Delta_2, \Delta_1\Delta_3, \cdots, \Delta_{n-1}\Delta_n$ 也具有偶然误差性质,也就是说,当 n 趋近于无穷大时,$\Delta_1\Delta_2 + \Delta_1\Delta_3 + \cdots + \Delta_{n-1}\Delta_n$ 应趋近于零。

所以

$$\delta^2 = \frac{[\Delta\Delta]}{n^2} \tag{3-4-14}$$

将式(3-4-14)代入式(3-4-13)

$$\frac{[\Delta\Delta]}{n} = \frac{[vv]}{n} + \frac{[\Delta\Delta]}{n^2}$$

根据中误差定义,上式变换成

$$m^2 = \frac{[vv]}{n} + \frac{m^2}{n}$$

$$m = \sqrt{\frac{[vv]}{n-1}} \tag{3-4-15}$$

式(3-4-15)即为采用改正数计算观测值中误差的计算公式,此式又称为白塞尔公式。

3.4.3.3 算术平均值的中误差

对某量进行 n 次等精度观测,观测值中误差为 m,则其算术平均值的中误差为 M。

$$M = \pm \frac{m}{\sqrt{n}} \tag{3-4-16}$$

【例 3-6】 对某角进行了 6 次等精度观测,观测结果列于表 3-4-5,试求其观测值的中误差及算术平均值中误差。

【解】

表 3-4-5 等精度观测值中误差计算表

序号	观测值/(° ′ ″)	改正数/(″)	vv /(″)
1	65 23 46	0	0
2	65 23 43	+3	9
3	65 23 49	−3	9
4	65 23 45	+1	1
5	65 23 47	−1	1
	平均值:$x = \frac{[l]}{n} = 65°23'46''$	$[v] = 0$	$[vv] = 20$

观测值中误差:$m = \pm\sqrt{\frac{[vv]}{n-1}} = \pm\sqrt{\frac{20}{5-1}}'' = \pm 2.2''$

算术平均值中误差:$M = \pm\frac{m}{\sqrt{n}} = \pm\frac{2.2''}{\sqrt{5}} = \pm 1''$

3.4.4 观测值函数的中误差

前面我们叙述了观测值的中误差和算术平均值中误差,但在实际工作中,某些未知量并不是直接观测或不便于直接观测,而是由观测值根据一定的函数关系推算出来。

比如有三角形 ABC,对其中的 $\angle A$、$\angle B$ 进行了观测,其中误差为 $m_A = \pm 2''$,$m_B = \pm 3''$,那么 $\angle C$ 的中误差是多少呢?由于 C 角不是直接观测值,而是由直接观测值 $\angle A$、$\angle B$ 计算求得,它们之间存在函数关系 $\angle C = 180° - (\angle A + \angle B)$。又如水准测量中,一个测站的高差并不是直接观测值,高差 $h = a - b$。它是由直接观测值 a、b 计算求得。显然,函数中误差和观测值中误差之间必定存在一定的关系,阐述函数中误差与各独立观测值中误差之间关系的定律,称为误差传播定律。

下面分别讨论线性函数和一般函数的中误差。

3.4.4.1 线性函数的中误差

1. 线性函数的中误差

设线性函数为

$$z = k_1 x_1 + k_2 x_2 + \cdots + k_n x_n \tag{3-4-17}$$

式中 $k_1, k_2, \cdots, k_n$ ——常数;

$x_1, x_2, \cdots, x_n$ ——独立观测值。

设 $x_1, x_2, \cdots, x_n$ 的中误差分别为 $m_1, m_2, \cdots, m_n$,函数 Z 的中误差为 m_z。

当观测值 $x_1, x_2, \cdots, x_n$ 分别产生真误差 $\Delta_1, \Delta_2, \cdots, \Delta_n$ 时,函数 Z 将产生真误差 Δ_z。

即

$$z + \Delta_z = k_1 (x_1 + \Delta_1) + k_2 (x_2 + \Delta_2) + \cdots + k_n (x_n + \Delta_n) \tag{3-4-18}$$

将式(3-4-18)与式(3-4-17)对应相减,得

$$\Delta_z = k_1 \Delta_1 + k_2 \Delta_2 + \cdots + k_n \Delta_n \tag{3-4-19}$$

当观测值 $x_1, x_2, \cdots, x_n$ 各进行 i 次观测,则有

$$\left. \begin{aligned} \Delta_{z1} &= k_1 \Delta_{11} + k_2 \Delta_{21} + \cdots + k_n \Delta_{n1} \\ \Delta_{z2} &= k_1 \Delta_{12} + k_2 \Delta_{22} + \cdots + k_n \Delta_{n2} \\ &\cdots\cdots\cdots\cdots \\ \Delta_{zi} &= k_1 \Delta_{1i} + k_2 \Delta_{2i} + \cdots + k_n \Delta_{ni} \end{aligned} \right\} \tag{3-4-20}$$

将式(3-4-20)等式两边对应相加,得

$$[\Delta_z] = k_1 [\Delta_1] + k_2 [\Delta_2] + \cdots + k_n [\Delta_n]$$

将上式两端平方整理并除以 i,得

$$\frac{[\Delta_z \Delta_z]}{i} = \frac{k_1^2 [\Delta_1 \Delta_1]}{i} + \frac{k_2^2 [\Delta_2 \Delta_2]}{i} + \cdots + \frac{k_n^2 [\Delta_n \Delta_n]}{i} + 2 k_1 k_2 \frac{[\Delta_1][\Delta_2]}{i}$$
$$+ 2 k_1 k_3 \frac{[\Delta_1][\Delta_3]}{i} + \cdots + 2 k_{n-1} k_n \frac{[\Delta_{n-1}][\Delta_n]}{i}$$

根据偶然误差的性质,上式中的混合项为零,上式变换为

$$\frac{[\Delta_z \Delta_z]}{i} = k_1^2 \frac{[\Delta_1 \Delta_1]}{i} + k_2^2 \frac{[\Delta_2 \Delta_2]}{i} + \cdots + k_n^2 \frac{[\Delta_n \Delta_n]}{i}$$

根据中误差定义式,得

$$m_z^2 = k_1^2 m_1^2 + k_2^2 m_2^2 + \cdots + k_n^2 m_n^2 \tag{3-4-21}$$

则

$$m_z = \pm \sqrt{k_1^2 m_1^2 + k_2^2 m_2^2 + \cdots + k_n^2 m_n^2} \qquad (3\text{-}4\text{-}22)$$

式(3-4-22)即为线性函数的误差传播定律。

2. 倍数函数的中误差

当线性函数式(3-4-17)中，$k_2, k_3, \cdots, k_n$ 都为零时，则称为倍数函数：

$$z = kx \qquad (3\text{-}4\text{-}23)$$

则

$$m_z = km_x \qquad (3\text{-}4\text{-}24)$$

【例 3-7】 设在比例尺为 1 : 1000 的地形图上量得两点间距离 $d = 112.5$ mm，其中误差 $m_d = \pm 0.3$ mm，试计算两点间的实地距离 D 及其中误差 m_D。

【解】

实地距离：$D = 1000 \times d = 1000 \times 112.5 = 112500(\text{mm}) = 112.5(\text{m})$

中误差：$\quad m_D = 1000 \times m_d = 1000 \times (\pm 0.3) = \pm 300(\text{mm}) = \pm 0.3(\text{m})$

3. 和差函数的中误差

当线性函数(3-4-17)中，$k_1 = k_2 = \cdots = k_n = \pm 1$ 时，则称为和差函数：

$$z = x_1 \pm x_2 \pm \cdots \pm x_n \qquad (3\text{-}4\text{-}25)$$

则

$$m_z = \pm \sqrt{m_1^2 + m_2^2 + \cdots + m_n^2} \qquad (3\text{-}4\text{-}26)$$

如果是等精度观测，则

$$m_1 = m_2 = \cdots = m_n = m$$

$$m_z = \pm m\sqrt{n} \qquad (3\text{-}4\text{-}27)$$

【例 3-8】 设 A、B 两点水准路线长度为 L，共安置了 n 个测站，设每个测站的前、后视读数中误差均为 $m_{读}$，试求一个测站所测高差的中误差 $m_{站}$ 及该条线路高差的中误差 m_{AB}。

【解】

一个测站的高差为

$$h = a - b$$

a、b 为等精度观测，中误差为 $m_{读}$。

则

$$m_{站} = \sqrt{m_{读}^2 + m_{读}^2} = m_{读}\sqrt{2}$$

A、B 线路高差为

$$h_{AB} = h_1 + h_2 + \cdots + h_n$$

每测站高差为等精度观测，中误差为 $m_{站}$。则

$$m_{AB} = \sqrt{m_{站}^2 + m_{站}^2 + \cdots + m_{站}^2} = m_{站}\sqrt{n}$$

3.4.4.2 非线性函数的中误差

设非线性函数的一般式为

$$z = f(x_1, x_2, \cdots, x_n) \qquad (3\text{-}4\text{-}28)$$

式中 $\quad x_1, x_2, \cdots, x_n$ 为直接观测值，其中误差分别为 $m_1, m_2, \cdots, m_n$。

对式(3-4-28)取全微分得

$$\mathrm{d}z = \frac{\partial f}{\partial x_1}\mathrm{d}x_1 + \frac{\partial f}{\partial x_2}\mathrm{d}x_2 + \cdots + \frac{\partial f}{\partial x_n}\mathrm{d}x_n \tag{3-4-29}$$

由于真误差很小，所以用 Δz 代替 $\mathrm{d}z$，Δx_i 代替 $\mathrm{d}x_i$，$i = 1,2,\cdots,n$。则式(3-4-29)变换为

$$\Delta z = \frac{\partial f}{\partial x_1}\Delta x_1 + \frac{\partial f}{\partial x_2}\Delta x_2 + \cdots + \frac{\partial f}{\partial x_n}\Delta x_n \tag{3-4-30}$$

式中 $\dfrac{\partial f}{\partial x_1},\dfrac{\partial f}{\partial x_2},\cdots,\dfrac{\partial f}{\partial x_n}$ 为函数分别对各观测值 $x_1,x_2,\cdots,x_n$ 求得的偏导数，以观测值代入后，则偏导数值均为常数。

则式(3-4-30)为线性函数，得

$$m_z = \sqrt{\left(\frac{\partial f}{\partial x_1}\right)^2 m_1^2 + \left(\frac{\partial f}{\partial x_2}\right)^2 m_2^2 + \cdots + \left(\frac{\partial f}{\partial x_n}\right)^2 m_n^2} \tag{3-4-31}$$

式(3-4-31)即为非线性函数的误差传播定律，在测量成果中应用广泛。

项目四　地形图测绘与应用

▶▶→ ‖ **项目描述** ‖ .....

　　由于地形图具有较为直观和全面地反映地表信息,在各种工程建设中,需要地形图来进行规划和设计,因此,地形图是工程建设的重要技术资料。所以地形图的测绘及应用是工程技术人员应具备的基本技能。

▶▶→ ‖ **能力培养要求** ‖ .....

1. 具有利用经纬仪、全站仪、RTK 测绘地形图的能力。
2. 具有采用相应软件进行地形图绘制的能力。
3. 具有地形图应用能力。

任务 4.1　地形图的基本知识

▶▶→ ‖ **任务介绍** ‖ .....

　　主要内容是地物、地貌在图上的表示方法,及地形图构成的主要元素,地形图的分幅与编号方法。

▶▶→ ‖ **学习目标** ‖ .....

　　掌握地形图阅读的基本知识,了解地形图的分幅与编号方法。

▶▶→ ‖ **任务实施的知识点** ‖ .....

4.1.1　地物地貌在图上的表示方法

　　通过控制测量,在测区里建立了一系列的符合相应精度的等级控制点,然后根据这些控制点测定地物与地貌,从而绘制地形图。在地形图上,地物与地貌是用一定的图式符号来表示的,国家测绘局制定了统一的地形图图式,作为识图和绘图的依据。

4.1.1.1　地物的表示方法

　　地物指地面上有明显轮廓线的固定物体,如房屋、公路、菜地、电杆等,根据地物的特性和大小,可用以下不同的符号进行表示。

1. 比例符号

　　根据地物的形状和大小按照一定的比例尺缩绘于图上,该图形与地物真实形状呈相似性,这种符号称为比例符号,如房屋、菜地等。

2. 非比例符号

地物轮廓很小,如果按比例缩绘不能进行绘制,但该地物又必须测绘,采用测定其中心位置,然后用象形符号进行表示,称为非比例符号。如水准点、消火栓等,非比例符号只能表示地物的位置和类别,不能表示其形状和大小,非比例符号应用时需注意符号定位中心的位置。

3. 线状符号

长度依比例,而宽度不依比例绘制的符号,称为线状符号。如电力线、围墙等。

4. 注记符号

有些地物除了用上面的符号表示之外,还得加上一定符号和文字的说明,这种符号称为注记符号,如河流需标出其流向,旱地需标明植被种类等。

常见的地形图图例见表 4-1-1。

4.1.1.2　地貌的表示方法

地貌是指地表的自然起伏状态,一般用等高线加注高程的方法进行表示。

1. 等高线的概念

地面上高程相等的相邻点连成的闭合曲线称为等高线。如图 4-1-1 所示,假想高程为 10 m 的水平面与山有一个封闭的交线,将此交线投影到水平面 H 上,得到 10 m 的等高线,依此类推,高程 11 m、12 m 等的水平面同样与山有交线,将这些交线都投影到水平面 H 上,这样就得到了用等高线表示的山的形状。

2. 等高距和等高线平距

相邻两条等高线的高差称为等高距,用“h”表示,图 4-1-1、图 4-1-2 中等高距都为 1 m,相邻两条等高线之间的水平距离称为等高线平距,用“d”表示,等高距和等高线平距之间的关系表示地面坡度。用“i”表示。

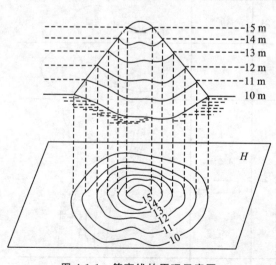

图 4-1-1　等高线的原理示意图

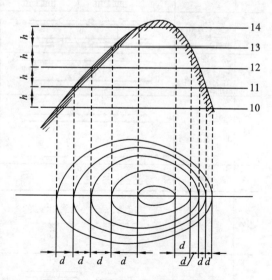

图 4-1-2　等高距与等高线平距的关系

则

$$i = \frac{h}{d}$$

(4-1-1)

表 4-1-1　1∶500、1∶1000、1∶2000 地形图图例

编号	符号名称	1∶500　1∶1000	1∶2000	编号	符号名称	1∶500　1∶1000	1∶2000
1	一般房屋 混——房屋结构 3——房屋层数	混3	1.6	19	旱地		
2	简单房屋			20	花圃		
3	建筑中的房屋	建		21	有林地	松6	
4	破坏房屋	破		22	人工草地		
5	棚房	45° 1.6		23	稻田		
6	架空房屋	砼4　砼4　砼4	1.0	24	常年湖	青湖	
7	廊房	混3		25	池塘	塘	塘
8	台阶	0.6　1.0		26	常年河 a.水崖线 b.高水界 c.流向 d.潮流向 涨潮 落潮		
9	无看台的露天体育场	体育场					
10	游泳池	泳					
11	过街天桥						
12	高速公路 a——收费站 0——技术等级代码	a　0	0.4				
13	等级公路 2——技术等级代码 (G325)——国道路线编码	2（G325）	0.2 0.4				
14	乡村路 a——依比例尺的 b——不依比例尺的	4.0　1.0 8.0　2.0	0.2 0.3				
15	小路	1.0　4.0	0.3				
16	内部道路	1.0		27	喷水池	3.6 1.0	
17	阶梯路	1.0		28	GPS控制点	B 14 495.267 3.0	
18	打谷场、球场	球					

续表

编号	符号名称	1:500	1:1000	1:2000	编号	符号名称	1:500	1:1000	1:2000
29	三角点 凤凰山——点名 394.468——高程		△ 凤凰山 394.468 3.0		47	挡土墙		1.0 0.3 6.0	
30	导线点 116——等级、点号 84.46——高程		2.0 ⊡ 116 84.46		48	栅栏、栏杆		10.0　　1.0	
31	埋石图根点 16——点号 84.46——高程		1.6 ⊙ 16 84.46 2.6		49	篱笆		10.0　　1.0 +　　+　　+	
32	不埋石图根点 25——点号 62.74——高程		1.6 ○ 25 62.74		50	活树篱笆		6.0　　1.0 0.6	
33	水准点 Ⅱ京石5——等级、点名、点号 32.804——高程		2.0 ⊗ Ⅱ京石5 32.804		51	铁丝网		10.0　　1.0 ×　　×　　×	
34	加油站		1.6 ⊌ 3.6 1.0		52	通讯线 地面上的		4.0	
35	路灯		2.0 1.6 ⊶ 4.0 1.0		53	电线架		←–○–→	
					54	配电线 地面上的		4.0 ←––●––→	
36	独立树 a——阔叶 b——针叶 c——果树 d——棕榈、椰子、槟榔	a 2.0 ⊙ 3.0 1.6 1.0 b 3.0 1.6 1.0 c 1.6 ⊙ 1.0 d 2.0 ⊀ 1.0			55	陡坎 a——加固的 b——未加固的	a 2.0 b		
					56	散树、行树 a——散树 b——行树	a ○ 1.6 b ○　○　10.0　○　1.0　○		
					57	一般高程点及注记 a——一般高程点 b——独立性地物的高程	a　　　b 0.5 ·163.2　↑75.4		
37	上水检修井		⊌ 2.0		58	名称说明注记	**友谊路** 中等线体4.0(18 k) **团结路** 中等线体3.5(15 k) **胜利路** 中等线体2.75(12 k)		
38	下水(污水)、雨水检修井		⊕ 2.0						
39	下水暗井		⊘ 2.0		59	等高线 a——首曲线 b——计曲线 c——间曲线	a 0.15 b 0.3 c 1.0　6.0　0.15		
40	煤气、天然气检修井		⊘ 2.0						
41	热力检修井		⊕ 2.0						
42	电信检修井 a——电信人孔 b——电信手孔	a 2.0 ⊘ 2.0 b ⊠ 2.0			60	等高线注记	25		
43	电力检修井		⊙ 2.0		61	示坡线	0.8		
44	污水篦子	2.0 ⊟　⊡ 1.0							
45	地面下的管道		4.0 ––––污–––– 1.0						
46	围墙 a——依比例尺的 b——不依比例尺的	a 10.0 b 10.0 0.3 0.6			62	梯田坎	.56.4　　1.2		

等高距的确定是根据地形图比例尺和地面起伏情况确定,测图规范对大比例尺测图的基本等高距进行了明确规定。基本等高距的选择见表 4-1-2,同一测区或同一幅图中只能采用一种基本等高距。

表 4-1-2　大比例尺地形图的基本等高距

比例尺	基本等高距/m			
	平地	丘陵地	山地	高山地
1∶500	0.5	0.5	0.5 或 1.0	1.0
1∶1000	0.5	0.5 或 1.0	1.0	1.0
1∶2000	0.5 或 1.0	1.0	1.0 或 2.0	2.0
1∶5000	0.5 或 1.0	1.0 或 2.0	2.0 或 5.0	5.0

如图 4-1-2 所示,该幅图的基本等高距是 1 m,而等高线平距的大小,从图中可看出,因地面的起伏状况不同,等高线平距有大有小,平距越大,坡度越小;平距越小,坡度越大。也就是等高线越密集的地方,坡度越陡;等高线越稀疏的地方,坡度越缓。

3. 等高线的分类

为了更好地表示地貌特征,便于识图用图,地形图上主要采用下列四种等高线,如图 4-1-3 所示。

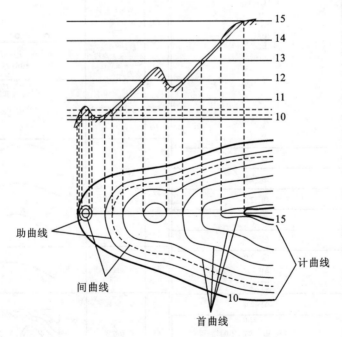

图 4-1-3　等高线的分类

1)首曲线

按基本等高距绘制的等高线称为首曲线。首曲线一般用细实线表示。

2)计曲线

为了图面清晰和读图方便,每隔四条首曲线加粗描绘一条,这条加粗的等高线称为计曲线。计曲线的高程均是基本等高距的 5 倍,一般在计曲线上注记高程,字头指向上坡方向,计曲线一般用粗实线表示。

3）间曲线

按 1/2 基本等高距绘制的等高线称为间曲线,其目的是为了显示首曲线不能显示的地貌特征。在平地当基本等高线间距过大时,可加绘间曲线。间曲线可不闭合。间曲线一般用长虚线表示。

4）助曲线

当间曲线仍不足以显示地貌特征时,还可加绘 1/4 基本等高距的等高线,称为助曲线。助曲线可不闭合。助曲线一般用短虚线表示。

4. 几种典型地貌的等高线

1）山头和洼地

如图 4-1-4 所示,山头和洼地的等高线都是封闭的一组曲线,可根据注记进行区别,也可根据示坡线进行区别,如图中垂直于等高线的小短线就是示坡线,示坡线指示下坡方向。

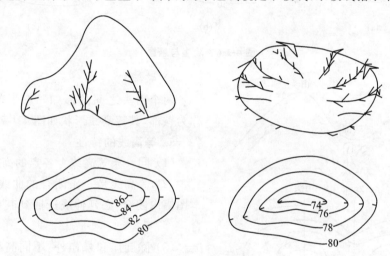

图 4-1-4　山头和洼地的等高线

2）山脊和山谷

如图 4-1-5 所示,沿着一个方向延伸的高地称为山脊,山脊上最高点的连线称为山脊线,它是雨水分流的界限,也称为分水线;两山脊之间沿着一个方向延伸的洼地称为山谷线,雨水汇合在此下泻,故称为合水线,或集水线。

3）陡崖和悬崖

如图 4-1-6 所示,近于垂直的陡坡称为陡崖,陡崖的等高线将重合在一起,重合部分用陡崖符号代替,图 4-1-6（a）为石质陡崖,图 4-1-6（b）为土质陡崖。山头上部突出,中间凹进的陡崖称为悬崖,悬崖凹进部分的等高线会与上部的等高线相交,凹进被山头遮挡的部分等高线用虚线表示,如图 4-1-6（c）所示。

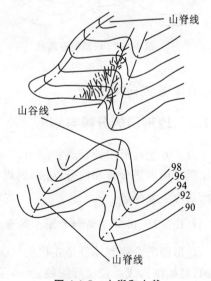

图 4-1-5　山脊和山谷

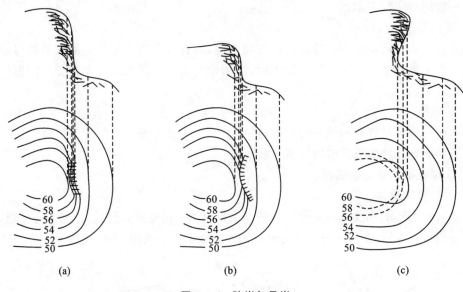

图 4-1-6 陡崖与悬崖

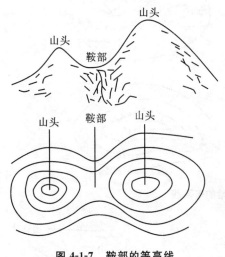

图 4-1-7 鞍部的等高线

4）鞍部

两个山头之间的形如马鞍形的低凹部分称为鞍部，其等高线形状如图 4-1-7 所示。

5. 等高线的特性

（1）同一条等高线上各点的高程都相等。

（2）等高线是一条闭合的曲线，它若不在本图幅内闭合，必延伸或迂回到其他图幅内闭合。

（3）除陡崖和悬崖外，不同高程的等高线不能相交和重合。

（4）在同一幅图中，等高线越密集，表示坡度越陡，等高线越稀疏，表示坡度越缓。

（5）等高线通过分水线时，与分水线垂直相交，凸向低处；等高线通过合水线时，与合水线垂直相交，凸向高处。

4.1.2 地形图的分幅与编号

为了方便地形图的管理和使用，需将各种比例尺地形图统一分幅及编号。根据《国家基本比例尺地形图分幅和编号方法》的规定，地形图的分幅与编号有两种方法：分别是国际分幅法及矩形分幅法。

4.1.2.1 国际分幅和老图号编号方法

地形图的分幅和编号是在比例尺为 1∶100 万地形图的基础上按一定经差和纬差来划分的，每幅图构成一张梯形图幅。

1. 1∶100 万地形图的分幅与编号

1∶100 万的地形图国际上实行统一的分幅和编号。自赤道向北或向南分别按纬差 4°分成横行,各行依次以字母 A、B、…、V 表示。自经度 180°开始起算,自西向东按经差 6°分成纵列,各列依次用 1、2、…、60 表示,如图 4-1-8 所示。

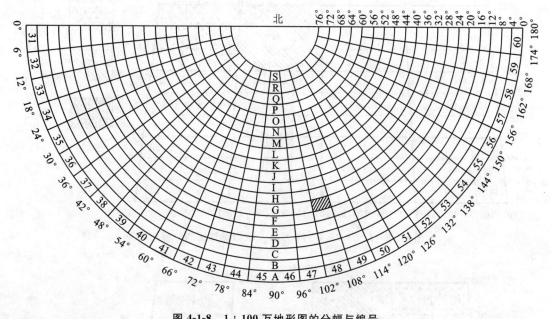

图 4-1-8　1∶100 万地形图的分幅与编号

每一幅图的编号由其所在的"横行-纵列"的代号组成。例如东经 106°09′20″,北纬 26°56′30″,其所在的 1∶100 万比例尺图的图号为 G-48。

由于南北半球的经度相同而纬度对称,为了区别南北半球对应图幅的编号,规定在南半球的图号前加一个 S。如 SG-48 表示南半球的图幅,而 G-48 表示北半球的图幅。

2. 1∶50 万、1∶25 万、1∶10 万地形图的分幅与编号

这三种比例尺的地形图都是在 1∶100 万图幅的基础上进行分幅的,将一副 1∶100 万地形图按经差 3°、纬差 2°分成 2 行 2 列,形成 4 幅 1∶50 万地形图,在 1∶100 万的图号后写上各自的代号 A、B、C、D 进行编号。将一副 1∶100 万地形图按经差 1°30′、纬差 1°分成 4 行 4 列,形成 16 幅 1∶25 万地形图,在 1∶100 万的图号后写上各自的代号(1)～(16)进行编号。将一副 1∶100 万地形图按经差 30′、纬差 20′分成 12 行 12 列,形成 144 幅 1∶10 万地形图,在 1∶100 万的图号后写上各自的代号 1～144 进行编号。

例如:东经 106°09′20″,北纬 26°56′30″,其所在的 1∶50 万、1∶25 万、1∶10 万图幅的编号分别为 G-48-B、G-48-(7)、G-48-45,如图 4-1-9 所示。

3. 1∶5 万、1∶2.5 万、1∶1 万地形图的分幅与编号

这三种比例尺的地形图是在 1∶10 万图幅的基础上分幅与编号的。一幅 1∶10 万的图幅,划分成 4 幅 1∶5 万的地形图,在 1∶10 万的图号后写上各自的代号 A、B、C、D。每幅 1∶5 万的地形图又可分为 4 幅 1∶2.5 万的地形图,在 1∶5 万的图号后写上各自的代号 1、2、3、4 进行编号。每幅 1∶10 万地形图分为 64 幅 1∶1 万的地形图,在 1∶10 万的图号后写上各自的代号(1)、(2)、…、(64)进行编号,如图 4-1-10 所示。

例如:东经 106°09′20″,北纬 26°56′30″,其所在的 1∶5 万、1∶2.5 万、1∶1 万图幅的编

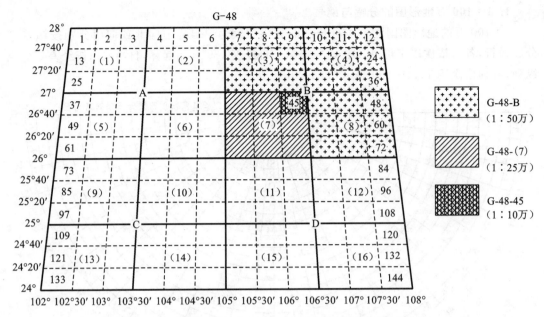

图 4-1-9 1:50 万、1:25 万、1:10 万地形图的分幅与编号

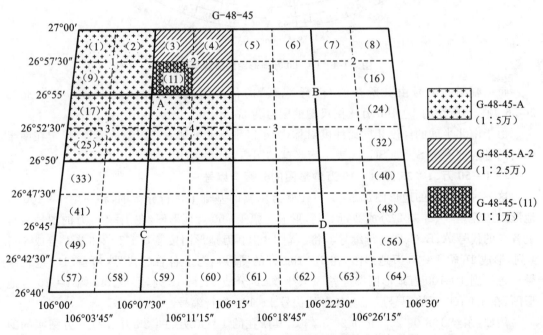

图 4-1-10 1:5 万、1:2.5 万、1:1 万地形图的分幅与编号

号分别为 G-48-45-A、G-48-45-A-2、G-48-45-(11),如图 4-1-10 所示。

4. 1:5000、1:2000 地形图的分幅与编号

这两种比例尺是以 1:1 万地形图的分幅与编号为基础的。每幅 1:1 万的图幅分为 4 幅 1:5000 的地形图,分别在 1:1 万的图幅号后面写上各自的代号 a、b、c、d。每幅 1:5000 的图幅又分成 9 幅 1:2000 的地形图,分别在 1:5000 的图幅号后面写上各自的代号 1、2、…、9 进行编号。

例如:东经 106°09′20″,北纬 26°56′30″,其所在的 1:5000、1:2000 图幅的编号分别为

G-48-45-(11)-a、G-48-45-(11)-a-9,如图 4-1-11 所示。

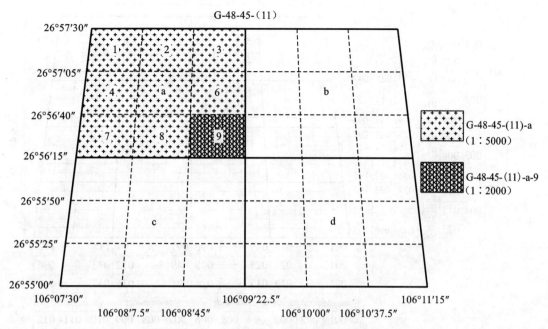

图 4-1-11　1∶5000、1∶2000 地形图的分幅与编号

各种比例尺地形图的分幅与编号列于表 4-1-3 中。

表 4-1-3　各种比例尺地形图分幅与编号表

比例尺	图 幅 大 小		分 幅 方 法		分幅编号
	经差	纬差	分幅基础	分幅数	
1∶100 万	6°	4°	全球		纵 A~V
					横 1~60
1∶50 万	3°	2°	1∶100 万	4	A、B、C、D
1∶25 万	1°30′	1°	1∶100 万	16	[1]~[16]
1∶10 万	30′	20′	1∶100 万	144	1~144
1∶5 万	15′	10′	1∶10 万	4	A、B、C、D
1∶2.5 万	7′30″	5′	1∶5 万	4	1、2、3、4
1∶1 万	3′45″	2′30″	1∶10 万	64	(1)~(64)
1∶5000	1′52.5″	1′15″	1∶1 万	4	a、b、c、d
1∶2000	37.5″	25″	1∶5000	9	1~9

4.1.2.2　国际分幅新图号编号方法

1. 编号方法概述

20 世纪 90 年代以后,国家测绘总局审查通过了国家基本比例尺地形图分幅编号的新方法。1∶50 万~1∶5000 地形图的分幅与编号,是在 1∶100 万地形图的基础上,采用行列编号方法,如图 4-1-12 所示,其编号由所在 1∶100 万地形图的图号、比例尺代码和图幅的行列号共 10 位码组成,如图 4-1-13 所示。基本比例尺的代码及行列数见表 4-1-4。

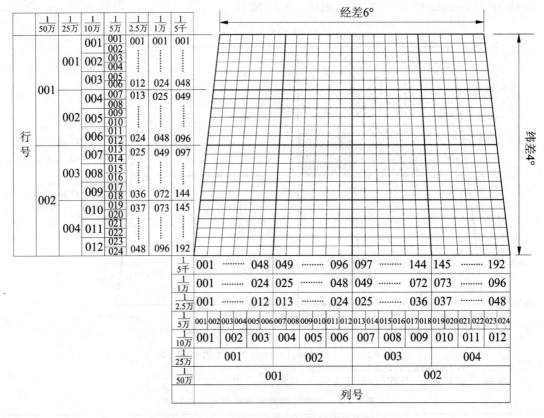

图 4-1-12 1:100 万图幅行列划分示意图

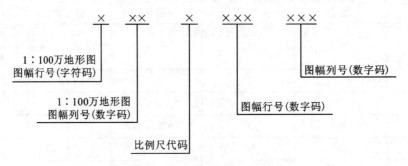

图 4-1-13 地形图编号示意图

表 4-1-4 国家基本比例尺地形图的比例尺代码及行列数

比例尺	1:50万	1:25万	1:10万	1:5万	1:2.5万	1:1万	1:5000
代码	B	C	D	E	F	G	H
每幅 1:100 万 划分行列数	2行× 2列	4行× 4列	12行× 12列	24行× 24列	48行× 48列	96行× 96列	192行× 192列

2. 编号应用实例

已知图幅内某点的经、纬度或西南图廓点的经、纬度计算编号。

（1）首先求其在 1:100 万图幅的行号和列号。

$$a = [\varphi/4°] + 1$$
$$b = [\lambda/6°] + 31 \qquad\qquad (4\text{-}1\text{-}2)$$

式中　[ ]——表示商取整;

　　　a——1:100 万地形图图幅所在纬度带字符码所对应的数字码;

　　　b——1:100 万地形图图幅所在经度带的数字码;

　　　λ——图幅内某点的经度或图幅西南图廓点的经度;

　　　φ——图幅内某点的纬度或图幅西南图廓点的纬度。

（2）再按下式计算所求比例尺地形图在 1:100 万地形图图号图号后的行、列号:

$$c = 4°/\Delta\varphi - [(\varphi/4°)\Delta\varphi]$$
$$d = [(\lambda/6°)/\Delta\lambda] + 1 \qquad\qquad (4\text{-}1\text{-}3)$$

式中　( )——表示商取余;

　　　[ ]——表示商取整;

　　　c——所求比例尺地形图在 1:100 万地形图图号后的行号;

　　　d——所求比例尺地形图在 1:100 万地形图图号后的列号;

　　　λ——图幅内某点的经度或图幅西南图廓点的经度;

　　　φ——图幅内某点的纬度或图幅西南图廓点的纬度;

　　　$\Delta\lambda$——所求比例尺地形图分幅的经差;

　　　$\Delta\varphi$——所求比例尺地形图分幅的纬差。

【例】　求东经 $106°09'20''$,北纬 $26°56'30''$ 所在的 1:5 万的新图幅编号。

【解】

首先求其在 1:100 万图幅的行号和列号。

$$a = [\varphi/4°] + 1 = [26°56'30''/4°] + 1 = 7(\text{对应字符码}:G)$$
$$b = [\lambda/6°] + 31 = [106°09'20''/6°] + 31 = 48$$

然后求其在 1:100 万地形图图号图号后的行、列号。

$$c = 4°/\Delta\varphi - [(\varphi/4°)\wedge\varphi] = 4°/10' - [(26°56'30''/4°) \times 10'] = 24 - [2°56'30'' \times 10'] - 7$$
$$d = [(\lambda/6°)/\Delta\lambda] + 1 = [(106°09'20''/6°)/15'] + 1 = [4°09'20''/15'] + 1 = 17$$

所以该图幅的编号为:G48E007017。

4.1.2.3　矩形分幅法

国际分幅法主要应用于国家基本图,工程建设中使用的大比例尺地形图,一般采用矩形分幅法。

矩形图幅的大小及尺寸如表 4-1-5 所示。

表 4-1-5　矩形图幅的大小及尺寸

比例尺	正方形分幅		矩形分幅	
	图幅尺寸(cm×cm)	实地面积(km²)	图幅尺寸(cm×cm)	实地面积(km²)
1:5000	40×40	4	50×40	5
1:2000	50×50	1	50×40	0.8
1:1000	50×50	0.25	50×40	0.2
1:500	50×50	0.0625	50×40	0.05

采用矩形分幅时,大比例尺地形图的编号,一般采用图幅西南角的纵横坐标千米数来表示,即"x-y"。1∶2000 比例尺地形图图号的坐标值取位至整千米数;1∶1000 取位至 0.1 千米数;1∶500 取位至 0.01 km。

如图 4-1-14 所示,该幅 1∶5000 的图幅编号为"50-20",画晕线的 1∶2000 的图幅编号为"51-20",画晕线的 1∶1000 的图幅编号为"50.5-21.0",画晕线的 1∶500 的图幅编号为"50.00-21.75"。

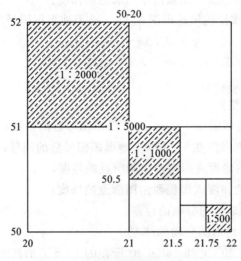

图 4-1-14　矩形图幅的分幅与编号

任务 4.2　地形图的测绘

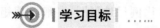 **任务介绍** ......

测区控制网建立后,就可以根据控制点进行碎部测量。就是将测区里的地物、地貌如实反映到图纸上,从而得到地形图。本任务主要学习地形图测绘的基本方法。掌握地形图测绘技能。

本任务分两个子任务,分别是经纬仪测图及数字测图。

学习目标 ......

掌握地形图测绘方法和要求。

任务实施的知识点 ......

4.2.1　大比例尺地形图测绘原理

地物和地貌的形状和大小总是可以通过一系列的点、线表示出来,这些能够表示出地物及地貌轮廓及特征的点或线称为地形特征点或特征线。

大比例尺地形图的测绘,是在控制测量的基础上,测量每个控制点周围的地物及地貌特征点、特征线的平面位置和高程,并将其绘制到图纸上。

如图 4-2-1 所示,在地面上布设了 A、B、C、D、E 控制点,组成闭合导线进行控制测量,然后进行碎部测量。碎部测量是在控制点上安置仪器,测量其周围的地物和地貌,如图中所示,在控制点 A 上安置仪器,在地物和地貌的特征点上安置照准标志,仪器测出特征点的位置,通过测定出来的特征点的位置元素在图纸上将其确定出来从而勾绘出地物和地貌,可见,要测定地物和地貌的形状,其特征点的选择很重要,下面介绍地物及地貌特征点的选择。

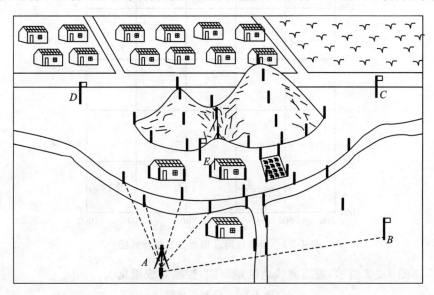

图 4-2-1 地物及地貌特征点示意图

1. 地物特征点的选择

地物特征点主要指的是地物轮廓的转折点,比如房屋的屋角,道路或河流的转弯点、交叉点,植被边界点、转折点等。测量时如果正确的测出这些点的点位,通过其内在关系连接这些点位,就可得到相似的地物形状。

2. 地貌特征点的选择

地貌特征点主要包括山顶、鞍部、山脊和山谷的地形变换处、山坡的坡度变换处等,而山脊线和山谷线是表示地貌重要的特征线,这些点、线组成了地貌的基本骨架。为了能真实地表示实地情况,在地面平坦或坡度无明显变化的地区,碎部点的间距和最大视距应符合规范规定。

4.2.2 大比例尺地形图测绘

大比例尺地形图测绘方法有传统地形图测绘及数字测图两种方式,传统地形图测绘主要指大平板仪测图法和经纬仪配合量角器测图法。目前,随着全站仪在测量中的应用,数字测图已越来越广泛,随着全球卫星定位系统的普及,野外数据采集已从过去的繁杂的作业方式中解脱出来,全站仪测图及卫星定位 RTK 成图已成为当前地测测图的主要方式。

4.2.2.1 经纬仪测图

1. 经纬仪测图前的准备工作

测图前的准备工作主要包括图纸的选择,一种是优质绘图纸,另一种是打毛的半透明聚酯薄膜图纸。然后在图纸上绘制坐标格网,坐标格网根据分幅的大小进行绘制。如图4-2-2

所示,该图为 50 cm×50 cm 的正方形分幅图幅,每一格为 10 cm×10 cm。然后将控制点的位置根据其坐标展绘到图纸上。

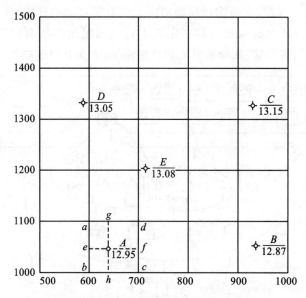

图 4-2-2 坐标格网及控制点展绘示意图

例如:如图 4-2-2 所示,需施测该地区地形图,控制点成果见表 4-2-1。

表 4-2-1 控制点成果

点号	x/m	y/m	H/m
A	1046.879	638.838	12.95
B	1054.641	950.514	12.87
C	1327.357	928.159	13.15
D	1332.338	587.530	13.05
E	1203.023	716.220	13.08

该图比例尺 1∶1000,实地大小 500 m×500 m,西南角纵坐标为 1000 m,横坐标为 500 m,现需在图上展绘出控制点 A、B、C、D、E 点,现以 A 点为例来说明。

从 A 点的坐标可判断出 A 点位于 $abcd$ 方格里。

计算 A 点相对于方格角顶 b 点的坐标增量为

$$\Delta x_{bA} = 1046.879 - 1000 = 46.879(m)$$
$$\Delta y_{bA} = 638.838 - 600 = 38.838(m)$$

然后,使用三棱尺从角顶 b 点向上量取 46.879 m 得 e 点,从角顶 c 点向上量取 46.879 m 得 f 点,然后从角顶 a 点向右量取 38.838 m 得 g 点,从角顶 b 点向右量取 38.838 m 得 h 点,连接 ef、gh,其交点就是 A 点。同法可展绘其他控制点。

控制点展绘完成之后,应检查展点精度,规定点与点之间的长度与实际长度应小于图上 0.3 mm,若超限应重新展绘。

2. 碎部测量

经纬仪测绘法就是将经纬仪安置在一个控制点上,以另外一个已知方向为起始方向(零方向),测量出地物、地貌特征点相对于零方向的水平夹角和与测站点间的水平距离,如图4-2-3、图4-2-4所示。

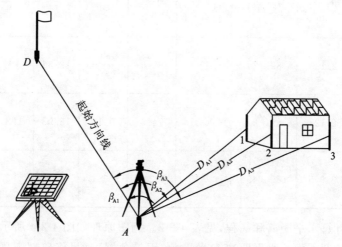

图 4-2-3 碎部测量示意图

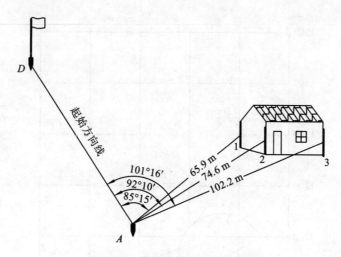

图 4-2-4 碎部点观测原理示意图

经纬仪测绘法一个测站的观测程序如下,以 A 点为例来说明:

(1)在 A 点安置经纬仪,量取仪器高为 1.45 m,记录于手簿表 4-2-2 中,盘左照准另一个控制点 D 点,置盘 0°00′00″,将图板架于经纬仪旁,用直线连接图上 AD 并适当延长作为图上的起始方向,如图 4-2-5 所示,用小针通过量角器的圆心小孔将量角器固定在 A 点。

(2)在房屋的屋角点 1、2、3 处立尺。

(3)观测。观测数据包括尺间隔、水平度盘读数、竖直度盘读数、中丝读数,记录于表 4-2-2。

表 4-2-2　碎部测量手簿

測站点:A　　　　　　　　　　　　　　　　定向点:D　　　　　　　　　　　　　　　　仪器高:1.45 m

測站高程:12.95 m　　　　　　　　　　　　指标差:0″　　　　　　　　　　　　　　　仪器:DJ₆

观测点号	上丝读数下丝读数/m	中丝读数/m	竖盘读数/(°　′)	竖直角/(°　′)	水平距离/m	高差/m	高程/m	水平角/(°　′)	备注
1	2.460 1.801	2.130	89　29	0　31	65.9	−0.09	12.86	101　16	屋角
2	2.496 1.750	2.123	89　23	0　37	74.6	0.13	13.08	92　10	屋角
3	2.576 1.554	2.065	89　45	0　15	102.2	−0.17	12.78	85　15	屋角

(4) 计算。计算水平距离和高程,见表 4-2-2。测图原理如图 4-2-4 所示。

(5) 展点及绘图。根据水平距离和水平角,用量角器、直尺将碎部点展绘到图纸上,并将碎部点通过其内在关系连接起来,绘制成图,如图 4-2-5 所示。房屋通过 1、2、3 点即可绘出。

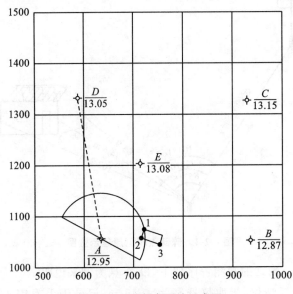

图 4-2-5　碎部点展绘示意图

3. 等高线的勾绘

地貌主要用等高线进行表示,等高线是根据地貌特征点的高程,按照规定的等高距勾绘的,勾绘等高线之前,应先将山脊线和山谷线用虚线绘出,然后在相邻碎部点间按比例插绘等高线。

等高线的绘制原理是高程内插,如图 4-2-6 所示,A 点高程为 8.4 m。B 点高程为 11.3 m,

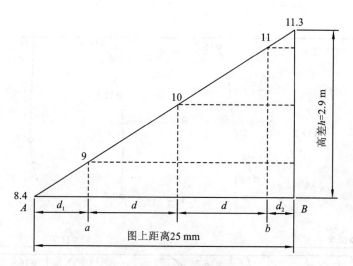

图 4-2-6 等高线内插原理

它们在图上的水平投影长度为 25 mm,若采用 1 m 等高距绘制等高线,那么,有 9 m、10 m、11 m 三条等高线通过 A、B 两点之间,从图中可看出,距离和高差时成正比的,所以 9 m、10 m、11 m 等高线的通过点按下式计算。

$$d_1 = \frac{25}{2.9} \times (9 - 8.4) \approx 5.2 (\text{mm})$$

$$d_2 = \frac{25}{2.9} \times (11.3 - 11) \approx 2.6 (\text{mm})$$

$$d = \frac{25}{2.9} \times 1 \approx 8.6 (\text{mm})$$

所以,按计算出的 d_1、d_2、d 即可在 AB 两点之间内插出 9 m、10 m、11 m 三条等高线的通过点。但实际绘制等高线时,一般采用目估内插进行绘制。

如图 4-2-7 所示为测量的地形特征点及地性线,采用目估法内插绘制等高线,等高距 1 m。

4. 地形图的拼接

分幅测绘的地形图为了互相拼接成一个整体,每幅图的四边均需测出图廓线外 5 mm,拼接时,将需要拼接的边按坐标格网叠合在一起,如图 4-2-8 所示,其接图误差对于地物来说,偏差应小于 2 mm,等高线相差不大于相邻等高线的平距时,可取平均位置进行修改。超过限差时,应到现场检查并修改。

5. 地形图的检查与整饰

地形图的检查分为室内检查和室外检查。室内检查主要是检查观测和计算资料是否正确、齐全,地物、地貌是否清晰易读,注记是否合理。等高线是否光滑及勾绘合理,与高程注记是否有矛盾,图幅拼接情况等。室外检查主要进行实地对照检查,携原图到实地巡查,看地物与实地是否相符,符号、名称是否正确,取舍是否合理,有无遗漏,等高线与实地是否相符,必要时设站检查,发现误差必须进行修正。

原图经过拼接和检查后,还应按规定的图式符号对地物、地貌进行整饰,使图面更加清晰、美观,最后还要进行图廓整饰,并注记图名、图号、比例尺、坐标及高程系统、测绘单位、测绘人员及测绘时间等。如图 4-2-9 所示。

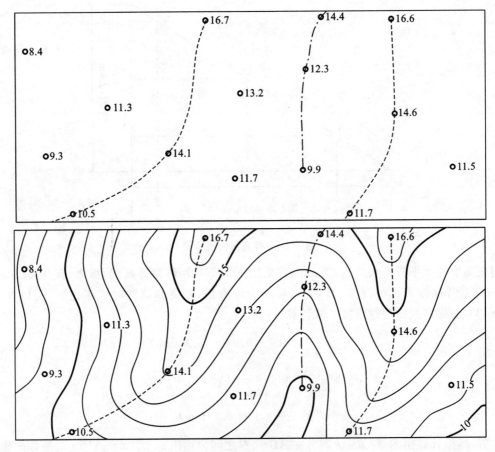

图 4-2-7 等高线的勾绘示意图

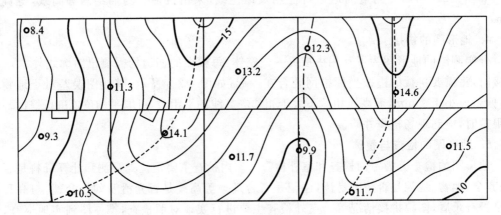

图 4-2-8 地形图的拼接

4.2.2.2 数字测图的外业数据采集

野外数据采集实际上是采集地形特征点的三维坐标,其图根控制与碎部测量可同时进行。采集时可不受图幅限制,而是划分测绘区域分组进行。

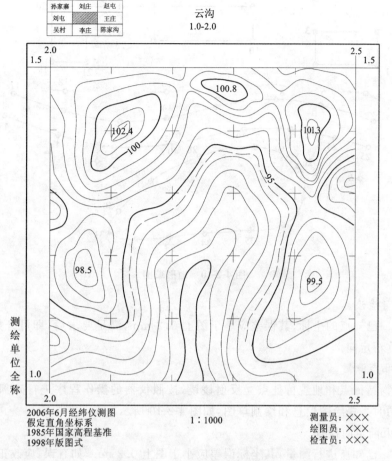

图 4-2-9　地形图的检查与整饰

1. 全站仪数据采集

全站仪数据测记模式为日前最常用的测记式数字测图作业模式,为绝大多数软件所支持,测记法按工作方式的不同可分为草图法和简码法。本任务主要基于 CASS 9.0 测图软件的全站仪数字测图技术。

1)草图法

当地物较为凌乱时,采用草图法数据采集模式,也就是在数据采集时根据实地绘制草图,室内采用"点号定位""坐标定位""编码引导"三种方式成图。在测量过程中立尺员需要和观测员及时联系,使草图上标注的碎部点点号要和全站仪里记录的点号一致,而在测量每一个碎部点时不用在电子手簿或全站仪里输入地物编码,故又称为"无码方式"。其一个测站操作程序如下。

(1)绘草图。

立尺员根据地形情况绘制草图,如图 4-2-10 所示。

(2)建立测站。

在测站点上安置全站仪,量取仪器高,输入测站点三维坐标和仪器高。然后照准定向点,输入定向点的坐标或定向边的方位角。

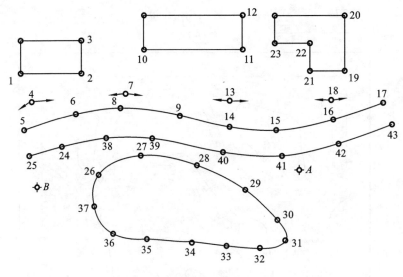

图 4-2-10　地形草图

（3）定向检核。

测量某一已知点的坐标，其误差应小于图上 0.2 mm，满足要求后，即可开始数据采集，如超限，应重新定向。

（4）碎部点测量。

选择地物特征点和地貌特征点立反射棱镜，按照仪器的操作程序进行碎部点三维坐标数据采集，同时采集绘图信息和绘制草图，如图 4-2-10 所示。

（5）结束前定向检查。

照准某一已知点进行测量，其坐标误差应小于图上 0.2 mm，如有误，应改正或重新进行测量。

2）简码法

当现场比较规整时，可使用简码法进行数据采集，其与草图法在野外测量时不同的是，每测一个地物点时都要在电子手簿或全站仪上输入地物点的简编码。

CASS 9.0 的野外操作码由描述实体属性的野外地物码和一些描述连接关系的野外连接码组成。CASS 9.0 专门有一个野外操作码定义文件 JCODE. DEF，该文件是用来描述野外操作码与 CASS 9.0 内部编码的对应关系的，用户可编辑此文件使之符合自己的要求。

野外操作码的定义有以下规则：

① 野外操作码有 1～3 位，第一位是英文字母，大小写等价，后面是范围为 0～99 的数字，无意义的 0 可以省略，例如，A 和 A00 等价，F1 和 F01 等价。

② 野外操作码后面可跟参数，如野外操作码不到 3 位，与参数间应有连接符"-"，如有 3 位，后面可紧跟参数，参数有下面几种：控制点的点名；房屋的层数；陡坎的坎高等。

③ 野外操作码第一个字母不能是"P"，该字母只代表平行信息。

④ Y0、Y1、Y2 三个野外操作码固定表示圆，以便和老版本兼容。

⑤ 可旋转独立地物要测两个点以便确定旋转角。

⑥ 野外操作码如以"U""Q""B"开头，将被认为是拟合的，所以如果某地物有的拟合，有

的不拟合,就需要两种野外操作码。

⑦ 房屋类和填充类地物将自动被认为是闭合的。

⑧ 房屋类和符号定义文件第 14 类别地物如只测三个点,系统会自动给出第四个点。

⑨ 对于查不到 CASS 编码的地物以及没有测够点数的地物,如只测一个点,自动绘图时不做处理,如测两点以上按线性地物处理。

CASS 9.0 系统预先定义了一个 JCODE. DEF 文件,用户可以编辑 JCODE. DEF 文件以满足自己的需要,但要注意不能重复。

例如:K0——直折线型的陡坎;U0——曲线型的陡坎;W1——土围墙;

T0——标准铁路(大比例尺);Y012.5——以该点为圆心半径为 12.5 m 的圆。

表 4-2-6 为草图 4-2-10 对应的简码。对于地物的第一点,操作码＝地物代码。如图 4-2-10 中的 1 点赋予简码"F2",代表普通房的第一点,2 点赋予简码"＋",代表与上一点 1 点连接,连线依测点顺序进行,3 点赋予简码"＋",代表与上一点 2 点连接,连线依测点顺序进行。4 点赋予简码"D1"代表高压电力线的第一点。5 点赋予简码"X0"代表实线的第一点。6 点赋予简码"＋"代表与上一点 5 点连接,7 点赋予简码"2＋"代表与上两点 4 点连接,也就是跳过 5、6 点。依此类推,简码的编号方式参见表 4-2-3、表 4-2-4、表 4-2-5。

表 4-2-3　线面状地物符号代码表

坎类(曲):K(U)＋数(0—陡坎,1—加固陡坎,2—斜坡,3—加固斜坡,4—垄,5—陡崖,6—干沟)

线类(曲):X(Q)＋数(0—实线,1—内部道路,2—小路,3—大车路,4—建筑公路,5—地类界,6—乡.镇界,7—县.县级市界,8—地区.地级市界,9—省界线)

垣栅类:W＋数(0,1—宽为 0.5 米的围墙,2—栅栏,3—铁丝网,4—篱笆,5—活树篱笆,6—不依比例围墙,不拟合,7—不依比例围墙,拟合)

铁路类:T＋数(0—标准铁路(大比例尺),1—标(小),2—窄轨铁路(大),3—窄(小),4—轻轨铁路(大),5—轻(小),6—缆车道(大),7—缆车道(小),8—架空索道,9—过河电缆)

电力线类:D＋数(0—电线塔,1—高压线,2—低压线,3—通讯线)

房屋类:F＋数(0—坚固房,1—普通房,2—一般房屋,3—建筑中房,4—破坏房,5—棚房,6—简单房)

管线类:G＋数(0—架空(大),1—架空(小),2—地面上的,3—地下的,4—有管堤的)

植被土质:拟合边界:B—数(0—旱地,1—水稻,2—菜地,3—天然草地,4—有林地,5—行树,6—狭长灌木林,7—盐碱地,8—沙地,9—花圃)

不拟合边界:H—数(0—旱地,1—水稻,2—菜地,3—天然草地,4—有林地,5—行树,6—狭长灌木林,7—盐碱地,8—沙地,9—花圃)

圆形物:Y＋数(0—半径,1—直径两端点,2—圆周三点)

平行体:P＋(X(0-9),Q(0-9),K(0-6),U(0-6)…)

控制点:C＋数(0—图根点,1—埋石图根点,2—导线点,3—小三角点,4—三角点,5—土堆上的三角点,6—土堆上的小三角点,7—天文点,8—水准点,9—界址点)

表 4-2-4 点状地物符号代码表

符号类别	编码及符号名称				
水系设施	A00 水文站	A01 停泊场	A02 航行灯塔	A03 航行灯桩	A04 航行灯船
	A05 左航行浮标	A06 右航行浮标	A07 系船浮筒	A08 急流	A09 过江管线标
	A10 信号标	A11 露出的沉船	A12 淹没的沉船	A13 泉	A14 水井
土质	A15 石堆				
居民地	A16 学校	A17 肥气池	A18 卫生所	A19 地上窑洞	A20 电视发射塔
	A21 地下窑洞	A22 窑	A23 蒙古包		
管线设施	A24 上水检修井	A25 下水雨水检修井	A26 圆形污水篦子	A27 下水暗井	A28 煤气天然气检修井
	A29 热力检修井	A30 电信入孔	A31 电信手孔	A32 电力检修井	A33 工业、石油检修井
	A34 液体气体储存设备	A35 不明用途检修井	A36 消火栓	A37 阀门	A38 水龙头
	A39 长形污水篦子				
电力设施	A40 变电室	A41 无线电杆.塔	A42 电杆		
军事设施	A43 旧碉堡	A44 雷达站			
道路设施	A45 里程碑	A46 坡度表	A47 路标	A48 汽车站	A49 臂板信号机
独立树	A50 阔叶独立树	A51 针叶独立树	A52 果树独立树	A53 椰子独立树	
工矿设施	A54 烟囱	A55 露天设备	A56 地磅	A57 起重机	A58 探井
	A59 钻孔	A60 石油.天然气井	A61 盐井	A62 废弃的小矿井	A63 废弃的平峒洞
	A64 废弃的竖井井口	A65 开采的小矿井	A66 开采的平峒洞口	A67 开采的竖井井口	

符号类别	编码及符号名称				
公共设施	A68 加油站	A69 气象站	A70 路灯	A71 照射灯	A72 喷水池
	A73 垃圾台	A74 旗杆	A75 亭	A76 岗亭.岗楼	A77 钟楼.鼓楼.城楼
	A78 水塔	A79 水塔烟囱	A80 环保监测点	A81 粮仓	A82 风车
	A83 水磨房.水车	A84 避雷针	A85 抽水机站	A86 地下建筑物天窗	
宗教设施	A87 纪念像碑	A88 碑.柱.墩	A89 塑像	A90 庙宇	A91 土地庙
	A92 教堂	A93 清真寺	A94 敖包.经堆	A95 宝塔.经塔	A96 假石山
	A97 塔形建筑物	A98 独立坟	A99 坟地		

表 4-2-5　描述连接关系的符号的含义

符　　号	含　　义
＋	本点与上一点相连,连线依测点顺序进行
－	本点与下一点相连,连线依测点顺序相反方向进行
n＋	本点与上 n 点相连,连线依测点顺序进行
n－	本点与下 n 点相连,连线依测点顺序相反方向进行
p	本点与上一点所在地物平行
np	本点与上 n 点所在地物平行
＋A＄	断点标识符,本点与上点连
－A＄	断点标识符,本点与下点连

表 4-2-6　与图 4-24 对应的各测点简码表

点号	简码	点号	简码	点号	简码	点号	简码	点号	简码
1	F2	10	F2	19	F2	28	＋	37	＋
2	＋	11	＋	20	＋	29	＋	38	13＋
3	＋	12	＋	21	1－	30	＋	39	＋
4	D1	13	5＋	22	－	31	＋	40	＋
5	X0	14	4＋	23	＋	32	＋	41	＋
6	＋	15	＋	24	X0	33	＋	42	＋
7	2＋	16	＋	25	－	34	＋	43	＋
8	1＋	17	＋	26	B9	35	＋		
9	＋	18	4＋	27		36			

2. RTK 数据采集

RTK 测量技术,是以载波相位观测量为基础的实时差分 GPS 测量技术。如图 4-2-11 所示为常规 RTK 作业方式,在作业区域适当位置设置基准站,该基准站对所有可见 GPS 卫星进行连续地观测,并将其观测数据,通过无线电传输设备,实时地发送给用户观测站。在用户站上,GPS 接收机在接收 GPS 卫星信号的同时,接收基准站传输的观测数据,根据相对定位的原理,实时地计算并显示用户站的三维坐标及其精度。

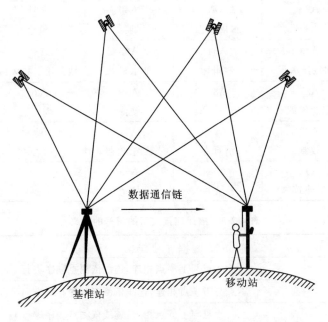

图 4-2-11　RTK 测量原理

由于常规 RTK 作业工作距离短,定位精度随距离的增加而显著降低,目前利用多基站网络 RTK 技术取代 RTK 单独设站的应用已越来越广泛,所谓网络 RTK 也就是在某一区域内建立多个 CORS 基准站,对该地区构成网络覆盖,并以这些基准站中的一个或多个为基准,计算和播发 GNSS 改正信息,对该地区的定位及导航用户进行实时改正的定位方式,称为网络 RTK。也称为多基站 RTK 技术。相对于传统 RTK 来说,网络 RTK 具有覆盖范围广、成本低、精度和可靠性高、应用范围广、初始化时间短等优点。

下面介绍采用中海达 V30 GNSS RTK 常规系统进行数据采集的作业步骤。

1)架设基准站

(1)基准站位置的选择要求:交通方便,地势较高的点位;基准站 GPS 天线 15°高度角以上不能有成片的障碍物;基准站应远离高层建筑及成片水域;在基准站 200 m 范围内不能有强电磁干扰源。

(2)基准站架设的方式:根据自身配置情况选择内置网络(GSM)模式、内置电台模式、外挂电台模式基准站架设。

基站架设好后,在相距 120°的三个位置量取仪器高,并记录。

(3)基准站设置:启动接收机,设置工作方式为基准站,使用 Hi-RTK 手簿连接基准站;设置基准站和移动站之间的通讯模式及参数;设置差分模式、差分电文格式、高度截止角、天线高;设置项目文件;设置基准站位置,如果基准站架设在已知点上,且知道转换参数,可输入已知点的当地平面坐标,任意位置设站时,务必进行平滑采集,获得相对准确的 WGS-84 坐标进行设站。

2）移动站设置

如采用内置电台作业,需安装 UHF 差分接收天线。

启动接收机,设置工作方式为移动站,使用 Hi-RTK 手簿连接移动站,设置基准站和移动站之间的通讯模式及参数,设置差分模式、差分电文格式、高度截止角、天线高等参数。

由于 RTK 施测的坐标是 WGS-84 坐标,但我们常用的是北京 54 坐标或国家 80 坐标,当测区只有一个北京 54 坐标或国家 80 坐标或只有一个和 WGS-84 坐标系旋转很小的坐标系的坐标,基准站架设好后,移动站可以直接到已知点进行点校验,采集当前点的 WGS-84 坐标,同时输入已知点的当地坐标,就可得到校验参数,应用后所采集的点的坐标将自动通过校验参数改正为和已知点同一坐标系统的坐标。工程测量中,希望采集后直接得到当地的独立工程坐标系的 x、y、h,可通过点平移参数的计算直接得到独立工程坐标系的 x、y、h。

3）测量

以上设置完成之后,即可进行碎部点的采集、点位的放样等工作。

4.2.2.3 数字成图数据处理

1. 数据导入计算机

将全站仪或 RTK 接收机手簿通过通讯电缆与计算机连接。根据不同仪器的数据传输方法将坐标数据文件导入计算机,并将数据转换成 CASS 坐标数据文件。

CASS 坐标数据文件扩展名是"DAT",其格式为:

1 点点名,1 点编码,1 点 Y（东）坐标,1 点 X（北）坐标,1 点高程

······

N 点点名,N 点编码,N 点 Y（东）坐标,N 点 X（北）坐标,N 点高程

说明:

① 文件内每一行代表一个点;

② 每个点 Y（东）坐标、X（北）坐标、高程的单位均是"米";

③ 编码内不能含有逗号,即使编码为空,其后的逗号也不能省略;

④ 所有的逗号不能在全角方式下输入。

2. 草图法绘制平面图

草图法在内业工作时,根据作业方式的不同,分为点号定位法、坐标定位法、编码引导法几种方法。

1）点号定位法

（1）定显示区。

定显示区的作用是根据输入坐标数据文件的数据大小定义屏幕显示区域的大小,以保证所有点可见。

首先选择"绘图处理"项,然后选择"定显示区"项,如图 4-2-12 所示,在出现的对话窗输入碎部点坐标数据文件名。可直接通过键盘输入,也可参考 WINDOWS 选择打开文件的操作方法操作。这时,命令区显示:

最小坐标（米）X＝23.897,Y＝45.120

最大坐标（米）X＝324.260,Y＝524.988

图 4-2-12 定显示区对话框

（2）选择测点点号定位成图法。

单击屏幕右侧菜单区之"坐标定位/点号定位"项，按左键，即出现图 4-2-13 所示的对话框。

图 4-2-13 测点点号定位成图法的对话框

输入点号坐标点数据文件名，命令区提示：

读点完成！共读入 43 点。

（3）地物绘制。

根据草图绘制相应的地物，如图 4-2-10 所示，要将 1、2、3 号点连成普通房屋。操作步骤为：单击界面右侧菜单"居民地/一般房屋"，系统便弹出如图 4-2-14 所示的对话框。单击"四点房屋"。

这时命令区提示：

绘图比例尺：输入 1∶1000，回车。

① 已知三点/② 已知两点及宽度/③ 已知四点＜1＞：输入 1，回车（或直接回车默认选1）。

说明：已知三点是指测矩形房子时测了三个点；已知两点及宽度则是指测矩形房子时测了两个点及房子的一条边；已知四点则是测了房子的四个角点。

点 P/＜点号＞输入 1，回车。点 P 是指根据实际情况在屏幕上指定一个点；点号是指绘地物符号定位点的点号（与草图的点号对应）。

点 P/＜点号＞输入 2，回车。

点 P/＜点号＞输入 3，回车。

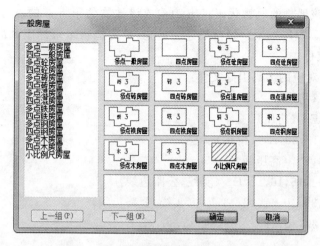

图 4-2-14　"居民地/一般房屋"图层图例

这样,即将 1、2、3 号点连成一间普通房屋。如图 4-2-15 所示。

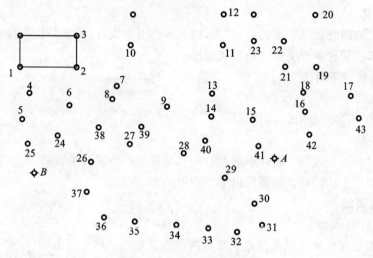

图 4-2-15　四点一般房屋

注意:

绘房屋时,输入的点号必须按顺时针或逆时针的顺序输入,否则绘出来的房屋就不对。

重复上述操作,将 10、11、12 号点绘一般房屋;23、22、21、19、20 号点绘成多点一般房屋。

同法绘制电力线、公路、池塘。

2) 坐标定位法

其成图方法与测点定位法成图基本相同。区别在于在绘制图式符号时采用屏幕捕捉功能或直接输入待绘制点的坐标。

3) 编码引导法

(1) 编辑引导文件。

单击绘图屏幕的顶部菜单,选择"编辑"的"编辑文本文件"项,屏幕上弹出记事本,根据野外作业草图,编辑编码引导文件。

编码引导文件是根据"草图"编辑生成的,文件的每一行描绘一个地物:

$$Code, N1, N2, \cdots, Nn, E$$

其中：Code 为该地物的地物代码；Nn 为构成该地物的第 n 点的点号。N1、N2、…、Nn 的排列顺序应与实际顺序一致。每行描述一地物，E 为地物结束标志。最后一行只有一个字母 E，为文件结束标志。

与草图 4-2-10 对应的编码引导文件：

F2,1,2,3,E （房屋）

F2,10,11,12,E （房屋）

F3,23,22,21,19,20,E （房屋）

D1,4,7,13,18,E （高压线）

X0,5,6,8,9,14,15,16,17,E （实线，公路边线）

X0,25,24,38,39,40,41,42,43,E （实线，公路边线）

B9,26,27,28,29,30,31,32,33,34,35,36,37,E （花圃边界）

E

（2）定显示区。

此操作与"点号定位"法作业流程的"定显示区"的操作相同。

（3）编码引导。

单击选择"绘图处理"的"编码引导"项，输入编码引导文件，按屏幕提示接着输入坐标数据文件名，屏幕按照这两个文件自动生成图形。

3. 简码法绘制平面图

1）定显示区

与"草图法"的"定显示区"操作相同。

2）简码识别

选择菜单"绘图处理"的"简码识别"项，输入带简编码格式的坐标数据文件名，当提示区显示"简码识别完毕！"同时在屏幕绘出平面图形。

4. 绘制等高线

1）建立 DTM 模型

DTM 模型是在一定区域范围内规则格网点或三角网点的平面坐标(x,y)和其地物性质的数据集合，在使用 CASS 9.0 自动生成等高线时，应先建立数字地面模型。

其基本操作程序为"定显示区→展点→建立 DTM"。

2）编辑修改 DTM 模型

一般情况下，由于地形条件的限制在外业采集的碎部点很难一次性生成理想的等高线，可以通过修改三角网来修改这些局部不合理的地方，修改的方法主要有：删除三角形，如果在某局部内没有等高线通过的，则可将其局部内相关的三角形删除；过滤三角形，可根据需要输入符合三角形中最小角度或三角形中最大边长最多大于最小边长的倍数等条件的三角形；增加三角形，可选择"等高线"菜单中的"增加三角形"项，依照屏幕的提示在要增加三角形的地方用鼠标点取，如果点取的地方没有高程点，系统会提示输入高程；三角形内插点，根据提示输入要插入的点；删三角形顶点，可将所有用此功能将整个三角网全部删除。通过以上命令修改了三角网后，选择"等高线"菜单中的"修改结果存盘"项，把修改后的数字地面模型存盘。这样，绘制的等高线不会内插到修改前的三角形内。

注意：修改了三角网后一定要进行"修改结果存盘"操作，否则修改无效！

3）绘制等高线

选择下拉菜单"等高线"的"绘制等高线"项。自动绘出等高线。

4）等高线的修饰

首先是注记等高线，选择"等高线"下拉菜单"等高线注记"的"单个高程注记"项。根据提示进行高程注记；其次是等高线修剪，点击"等高线/等高线修剪/批量修剪等高线"根据提示及要求修剪等高线；另外等高线穿过地物必须中断，所以需切除指定二线间等高线或切除指定区域内等高线；最后，需要进行等值线滤波。

5. 编辑与整饰

编辑和核对地物属性、画法、填充是否正确，编码、图层、线性、线宽、注记等是否符合要求。并根据图形数据文件中的最小坐标和最大坐标。进行批量分幅/建方格网、图幅整饰等。

4.2.2.4 数据输出

地形数据的存储与输出可以采用图形和数字两种方式进行。图形输出与 CAD 基本相同。

任务 4.3 地形图的识读与应用

》➡ ▌任务介绍▌ ......

各种工程建设的初期都要通过各种不同比例尺的地形图来进行规划设计，所以对地形图的识读是工程技术人员的一项基本技能，本任务主要使学生掌握地形图的基本组成及基本应用的内容。

》➡ ▌学习目标▌ ......

1. 掌握地形图的基本组成及阅读方法；
2. 掌握地形图基本应用方法和要求；
3. 能通过地形图绘制断面图及平整场地的土方计算。

》➡ ▌任务实施的知识点▌ ......

4.3.1 地形图阅读的基本内容

1. 比例尺

如图 4-2-9 所示，地形图标有数字比例尺，位于地形图的南图廓正中，为了消除传统纸质图图纸伸缩对距离量算的影响，有些图还绘有直线比例尺。

2. 图名、图号和邻接图表

地形图的图名位于北图廓线正中，一般采用图幅内主要的地名（村庄、单位等）或物名（河流、山川等）。

对于国家基本图幅来说，图号采用统一编号的国际新图号，对于大比例尺图来说，一般采用该图幅的西南坐标的千米数作为图号。

邻接图表位于图幅左上方,它反映了本幅图与相邻图幅的位置关系,为图幅的拼接使用提供方便。

3. 坐标系统与高程系统

地形图的左下方注有该图所采用的坐标系统和高程系统,我国地形图的坐标系统有1954 北京坐标系、1980 西安坐标系、2000 大地坐标系及独立坐标系,高程系统有 1956 年黄海高程系、1985 国家高程基准及假定高程系统。当使用的图纸属于不同的坐标系统和高程系统时,需注意将其换算至同一系统进行使用。

4. 图廓

图廓有内图廓、外图廓,内图廓为坐标方格网线,外图廓是专门用来装饰及美化图幅,采用较粗的实现绘制,内图廓及外图廓之间标注有坐标值,以"km"为单位。

5. 地形图图式

地形图上的所有地物、地貌都是按照国家统一规定的地形图图式进行表示的。所以用图者必须了解相应比例尺的图式及某些专业应用部门的专用表示图式。

4.3.2 地形图的基本应用

1. 在地形图上确定点的坐标

如图 4-3-1(a)所示,该幅图比例尺为 1∶1000,图廓边线上注记了其坐标格网的坐标值,现求图幅上 A、B 两点的坐标,下面以 A 点为例来说明。

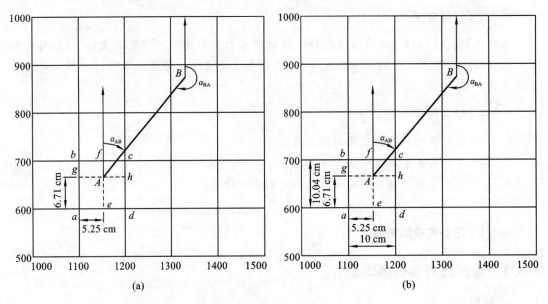

图 4-3-1 地形图上确定点的坐标

过 A 点作平行于纵、横坐标线的平行线 ef、gh,然后用直尺量取 ag、ae 的图上长度分别为:$ag=6.71$ cm,$ae=5.25$ cm,则 A 点的坐标为

$$x_A = x_a + ag \cdot M = 600 + 0.0671 \times 1000 = 667.1(\text{m})$$

$$y_A = y_a + ae \cdot M = 1100 + 0.0525 \times 1000 = 1152.5(\text{m})$$

式中 M——比例尺分母。

用同样方法求得 B 点的坐标。

为了校核量测的结果,并考虑图纸伸缩的影响,可用下式计算。

$$x_A = x_a + ag \cdot M \cdot \frac{l}{ab}$$

$$y_A = y_a + ae \cdot M \cdot \frac{l}{ad}$$

$$(4\text{-}3\text{-}1)$$

式中　l——方格 $abcd$ 边长理论长度,一般为 10 cm;

　　ab、ad——直尺量取的方格边长。

如图 4-3-1(b)所示,用直尺量取 ab、ad 的图上长度分别为:$ab=10.04$ cm,$ad=10.00$ cm,则 A 点的坐标为

$$x_A = x_a + ag \cdot M \cdot \frac{l}{ab} = 600 + 0.0671 \times 1000 \times \frac{10}{10.04} = 666.8(\text{m})$$

$$y_A = y_a + ae \cdot M \cdot \frac{l}{ad} = 1100 + 0.0525 \times 1000 \times \frac{10}{10} = 1152.5(\text{m})$$

2. 在地形图上确定直线的距离

1)根据坐标计算直线的距离

如图 4-3-1 所示,需求得 A、B 两点的距离,可先求得 A、B 两点的坐标,然后根据下式计算两点间的距离。

$$D_{AB} = \sqrt{(x_B - x_A)^2 + (y_B - y_A)^2} \qquad (4\text{-}3\text{-}2)$$

2)在地形图上直接量取距离

用两脚规直接在图上卡出线段长度,再与图示比例尺比量,即可得线段 AB 的水平距离。也可以用刻有毫米的直尺量取图上长度 d_{AB},并按比例尺(M 为比例尺分母)换算为实地水平距离,即

$$D_{AB} = d_{AB} \cdot M \qquad (4\text{-}3\text{-}3)$$

3. 在地形图上确定直线的方位角

1)根据坐标计算直线的方位角

如图 4-3-1 所示,需求得 AB 直线的方位角,可先求得 A、B 两点的坐标,然后根据下式计算直线的方位角。

$$\tan\alpha_{AB} = \frac{\Delta y_{AB}}{\Delta x_{AB}} = \frac{y_B - y_A}{x_B - x_A} \qquad (4\text{-}3\text{-}4)$$

上式计算时,需根据 Δx_{AB}、Δy_{AB} 的符号,确定 α_{AB} 所在的象限。

2)在地形图上直接量取方位角

在图上过 A、B 点分别作出平行于纵坐标轴的直线,然后用量角器分别量出直线 AB 的正反坐标方位角 α'_{AB} 和 α'_{BA},取这两个量测值的平均值作为直线 AB 的坐标方位角,即

$$\alpha_{AB} = \frac{1}{2}(\alpha'_{AB} + \alpha'_{BA} \pm 180°) \qquad (4\text{-}3\text{-}5)$$

式中　若 $\alpha'_{BA} > 180°$,取"$-180°$";若 $\alpha'_{BA} < 180°$,取"$+180°$"。

4. 在地形图上确定点的高程

地形图上某点的高程可以根据等高线来确定。凡是位于等高线上的点,其高程均等于等高线所注的高程。如图 4-3-2 所示,图中 A 点位于 47 m 的等高线上,所以 $H_A = 47$ m,C 点位于 48 m 等高线上,则 $H_C = 48$ m。

当某点位于两等高线之间时,则可用内插法求得。如图 4-3-2 所示,B 点位于高程为 46

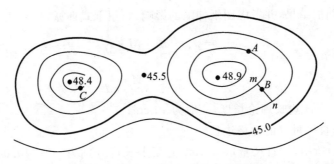

图 4-3-2 在地形图上确定点的高程

m、47 m 的等高线之间,欲求 B 点的高程,首先过 B 点作基本垂直于这两条等高线的一直线,得交点 m、n,则 B 点的高程为:

$$H_B = H_m - \frac{d_{mB}}{d_{mn}} \cdot h \tag{4-3-6}$$

或

$$H_B = H_n + \frac{d_{nB}}{d_{mn}} \cdot h \tag{4-3-7}$$

式中 H_B——B 点高程;

    h——等高距;

    d_{mB}、d_{nB}、d_{mn}——图 4-3-2 中 mB、nB、mn 的长度。

5. 在地形图上确定直线的坡度

A、B 两点间的高差 h_{AB} 与水平距离 D_{AB} 之比,就是 A、B 间的平均坡度 i_{AB},即

$$i_{AB} = \tan\alpha = \frac{h_{AB}}{D_{AB}} \tag{4-3-8}$$

例如,如图 4-3-3 所示,A 点的高程为 48.9 m,B 点的高程为 44.4 m,在图上量得 AB 的图上距离为 6.59 cm,地形图比例尺为 1:500,则 AB 直线的坡度为:

$$i_{AB} = \tan\alpha = \frac{h_{AB}}{D_{AB}} = \frac{44.4 - 48.9}{0.0659 \times 500} = -13.7\%$$

坡度一般用百分数或千分数表示,$i_{AB} > 0$ 表示上坡;$i_{AB} < 0$ 表示下坡。

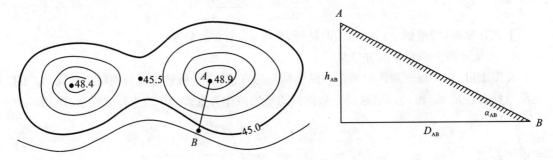

图 4-3-3 在地形图上确定直线的坡度

4.3.3 在地形图上量测图形的面积

在规划设计和工程建设中,常常需要在地形图上测算某一区域范围的面积,如平整土地时的填挖面积,规划设计城镇某一区域的面积,渠道和道路工程的填挖断面的面积,汇水面

积等。

1. 解析法求算面积

当要求测定面积具有较高精度,且图形为多边形,各顶点的坐标值为已知值时,可采用解析法计算面积。

如图 4-3-3(a)所示任意 n 边形,其面积计算公式的一般式为

$$S = \frac{1}{2} \sum_{i=1}^{n} x_i (y_{i+1} - y_{i-1}) \tag{4-3-9}$$

$$S = \frac{1}{2} \sum_{i=1}^{n} y_i (x_{i-1} - x_{i+1}) \tag{4-3-10}$$

式中　i——多边形各顶点的序号。当 i 取 1 时,$i-1$ 就为 n,当 i 为 n 时,$i+1$ 就为 1。式(4-3-9)和式(4-3-10)的运算结果应相等,可作校核。

例如,如图 4-3-4(b)所示,现需求五边形 12345 的面积,顶点的坐标已知,下面使用Excel表格进行计算(见表 4-3-1)。

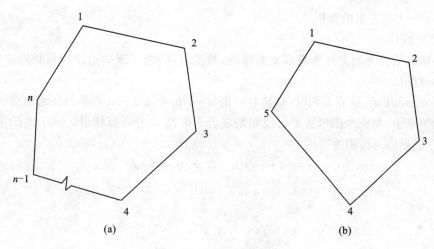

图 4-3-4　解析法求算面积

表 4-3-1　解析法面积计算

点号	坐标值/m		坐标差/m		乘积/m²	
	x_i	y_i	$x_{i-1} - x_{i+1}$	$y_{i+1} - y_{i-1}$	$x_i(y_{i+1} - y_{i-1})$	$y_i(x_{i-1} - x_{i+1})$
1	3712.57	4318.84	−57.84	165.48	614353.03	−249801.47
2	3689.44	4433.24	114.32	127.34	469824.10	506799.24
3	3598.26	4446.18	167.39	−70.14	−252385.27	744263.69
4	3522.04	4363.10	−33.34	−178.42	−628392.52	−145474.48
5	3631.60	4267.76	−190.53	−44.26	−160749.05	−813136.69
$\sum$			0.00	0.00	42650.28	42650.28
S					21325.14	21325.14

2. 图解法量测面积

1）几何图形法

若图形是由直线连接的多边形,可将图形划分为若干个简单的几何图形,如图 4-3-5 所示的三角形、矩形、梯形等。然后用比例尺量取计算所需的元素(长、宽、高),应用面积计算公式求出各个简单几何图形的面积,最后取代数和,即为多边形的面积。图形边界为曲线时,可近似地用直线连接成多边形,再计算面积。

2）透明方格法

对于不规则曲线围成的图形,可采用透明方格法进行面积量算。

如图 4-3-6 所示,将透明方格纸覆盖在图形上,先数整数格数,然后将不够一整格的用目估法折合成整数格数,两者相加得总格数,已知每一个小方格的面积,可用下式计算其面积。

$$S = n \cdot S_0 \tag{4-3-11}$$

式中　S——所量的图形面积;

　　　n——总方格数;

　　　S_0——1 个方格的面积。

3）平行线法

方格法的量算受到方格凑整误差的影响,精度不高,为了减少边缘因目估产生的误差,可采用平行线法。

如图 4-3-7 所示,量算面积时,将绘有间距 $d=1$ mm 或 2 mm 的平行线组的透明纸覆盖在待算的图形上,则整个图形被平行线切割成若干等高 d 的近似梯形,上、下底的平均值用 L_i 表示,则图形的总面积为

$$S = d \cdot l_1 + d \cdot l_2 + \cdots + d \cdot l_n \tag{4-3-12}$$

则

$$S = d \cdot \sum_{i=1}^{n} l_i \tag{4-3-13}$$

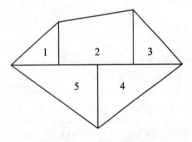

图 4-3-5　几何图形法

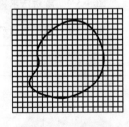

图 4-3-6　透明方格法

图 4-3-7　平行线法

项目五 工 程 测 量

▶▶ **项目描述** ......

    工程测量主要服务于各项建设工程,为各项建设项目的勘测、设计、施工、安装、竣工、监测以及营运管理等一系列工程工序服务。通过本项目的学习,培养学生从事工程建设规划设计阶段、施工阶段、运行和管理阶段测量工作的职业能力。

▶▶ **能力培养要求** ......

    具有采用相应测量仪器和方法进行断面测量、施工放样、变形测量等工作的能力。

任务 5.1 工程测量基础

▶▶ **任务介绍** ......

    本任务主要学习施工控制网的布设,施工测量的基本方法。

▶▶ **学习目标** ......

    掌握施工网布设的基本理论和方法。施工放样的基本工作(边长、角度和高程测设);点位放样的方法;坡度测设方法。

▶▶ **任务实施的知识点** ......

5.1.1 施工测量概述

    工程建设在设计工作完成之后,需要将设计图纸上的建(构)筑物的平面和高程位置,按一定的精度和设计要求,用测量仪器测设在地面上,作为施工的依据,这就是施工测量。

    施工测量的内容主要包括场地平整、施工控制网的建立、建(构)筑物的定位和基础放线、构件与设备安装的测设。工程竣工后,为了便于管理、维修和扩建,还需进行竣工测量,绘制竣工平面图;高大和特殊的建(构)筑物在施工期间和建成后还要定期进行变形观测,以便积累资料,掌握变形规律,为工程设计、维护和使用提供资料。

    在施工现场,为了保证各个建(构)筑物在平面位置和高程上的精度都能符合设计要求,互相连成统一的整体,施工测量和测绘地形图一样,也要遵循"从整体到局部,先控制后碎部"的原则。即先在施工现场建立统一的平面控制网和高程控制网,然后以此为基础,测设出各个建(构)筑物的细部。

    施工测量精度要求较高。其误差大小,将直接影响建(构)筑物的尺寸和形状,它贯穿于施工的全过程,直接为施工服务的。施工测量人员应充分了解设计内容及对测设的精度要求、熟悉图上设计建筑物的尺寸、数据,与施工单位密切配合,随时掌握工程进度及现场变动情况,使测设精度和速度能满足施工的需要。

施工现场工种多,交叉作业、干扰大,地面变动较大并有机械的振动,易使测量标志被毁。因此,测量标志从形式、选点到埋设均应考虑便于使用、保管和检查,如有损坏,应及时恢复。在高空或危险地段施测时,应采取安全措施,防止事故发生。

5.1.2 施工控制网的布设

为工程施工所建立的控制网称为施工控制网。施工控制网分平面控制网和高程控制网,施工控制网具有控制范围较小、精度要求高、控制点密度大、使用频繁及受施工干扰大等特点,所以在建立时必须结合工程施工的需要及建筑场地的地形条件,综合考虑控制网网形、点位分布、密度等,最终形成合理的布网方案。

施工平面控制网的布设应根据总平面设计图和施工地区的地形条件而定,对于起伏较大地区的工程(如水利枢纽、桥梁等),一般可采用三角网(或边角网)的方法建网;对于地形平坦的建设场地,则可采用任意形式的导线网;对于建筑物布置密集而且规则的工业建设场地可采用矩形控制网。有时布网形式可以混合使用,如首级网采用三角网,在其下加密的控制网则可以采用矩形控制网。

高程控制网一般也分为两级。一级水准网与施工区域附近的国家水准点联测,布设成闭合(或附合)形式,称为基本网。基本网的水准点应布设在施工爆破区外,作为整个施工期间高程测量的依据。另一级是由基本水准点引测的临时性作业水准点,它应尽可能靠近建筑物,以便做到安置一次或两次仪器就能进行高程放样。

在地形起伏较大地区,平面控制网和高程控制网通常是单独布设,在平坦区域(如工业建筑场地),常常将平面控制网点同时作为高程控制点,组成水准网进行高程观测,使两种控制网点合为一体。但作高程起算的水准基点,则要按照专门的设计单独进行埋设。

5.1.3 施工坐标系的坐标换算

施工控制网是根据施工的要求进行建立的,通常采用独立坐标系,这种独立坐标系通常以建筑物的主轴线或平行于主轴线的直线为坐标轴而建立起来,为了避免整个测区出现坐标负值,施工坐标系的原点一般设在施工总平面图西南角外。

在工程施工中,当施工控制网与测图控制网发生联系时,就可能要进行坐标换算。即需要将点位的施工坐标系的坐标换算成测图坐标系的坐标,或是将点位的测图坐标系的坐标换算成施工坐标系中的坐标。

如图 5-1-1 所示,xOy 为测图坐标系,$x'O'y'$ 为施工坐标系。设 A 点在测图坐标系中的坐标为 x_A、y_A,在施工坐标系的坐标为 x'_A、y'_A。另设施工坐标系原点 O' 在测图坐标系的坐标为 $(x_0、y_0)$,则

$$\left.\begin{array}{l} x_A = x_0 + x'_A\cos\alpha - y'_A\sin\alpha \\ y_A = y_0 + x'_A\sin\alpha + y'_A\cos\alpha \end{array}\right\} \tag{5-1-1}$$

$$\left.\begin{array}{l} x'_A = (y_A - y_0)\sin\alpha + (x_A - x_0)\cos\alpha \\ y'_A = (y_A - y_0)\cos\alpha - (x_A - x_0)\sin\alpha \end{array}\right\} \tag{5-1-2}$$

式中　x_0——施工坐标系的坐标原点 O' 在测图坐标系中的纵坐标,m;

y_0——施工坐标系的坐标原点 O' 在测图坐标系中的横坐标,m;

α——两坐标系纵坐标轴的夹角。

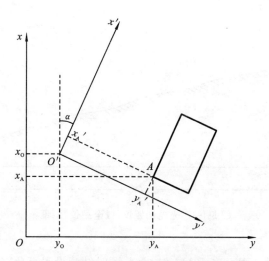

图 5-1-1 施工坐标系和测图坐标系的关系

x_O、y_O 和 α 总称为坐标换算元素，一般由设计文件明确给定。在进行坐标换算时要特别注意 α 角的正、负值。规定施工坐标纵轴 $O'x'$ 在测图坐标系纵轴 Ox 的右侧时 α 角为正值；若 $O'x'$ 轴在 Ox 轴的左侧，α 角值为负。

5.1.4 基本测设工作

5.1.4.1 已知水平距离的测设

已知水平距离的测设是根据已知的起点，沿给定的方向，测设直线另外一点。其测设方法主要有钢尺测设和光电测距仪(或全站仪)测设。

1. 钢尺测设水平距离

如图 5-1-2 所示，A 为地面上一已知点，现需在给定的方向上测设 B 点，测设距离为 D。

具体测设步骤为：将钢尺零点对准 A 点，沿给定方向拉平钢尺，在尺上读数为 D 的位置插上测钎或挂垂球，在地面上定出 B' 点，将钢尺零端移动 10～20 cm，同理定出 B''，精确量出 ΔD 值，计算相对误差，如在容许误差 1/5000～1/3000 内时，取其中点作为 B 点位置。

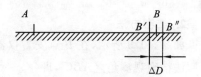

图 5-1-2 钢尺测设

2. 光电测距仪(或全站仪)测设水平距离

如图 5-1-3 所示，将仪器安置在 A 点，瞄准已知方向，观测人员指挥拿棱镜人员在指定方向上前后移动棱镜，当仪器显示的水平距离等于待测设距离 D 时，在地面上标定出 B'，然后，实测 AB' 的水平距离，与 D 值比较，如符合要求，则 B' 即为 B 点，若不符合要求，应沿指定方向向前或向后改正。

5.1.4.2 已知水平角的测设

测设已知水平角就是根据一个已知方向和水平角的已知数据，把该角的另一个方向测设到实地上。

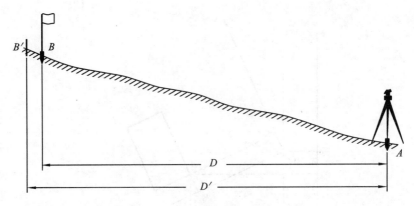

图 5-1-3　光电测距仪(或全站仪)测设

1. 一般方法

如图 5-1-4 所示,设地面上有 BA 方向,需要顺时针测设水平角$\angle ABC$ 等于已知角值β。测设时将仪器安置在 B 点,盘左照准 A 点,置数 $0°00'00''$,松开水平制动螺旋,旋转照准部,当度盘读数为β 角时,在视线方向上定出 C'。然后用盘右重复上述步骤,测设得另一点 C'',取 C' 和 C'' 的中点 C,则$\angle ABC$ 就是要测设的β 角,BC 方向就是需要测设的方向。这种测设角度的方法称为正倒镜分中法。

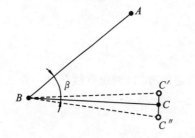

图 5-1-4　角度测设的一般方法

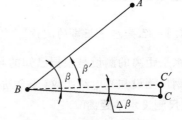

图 5-1-5　角度测设的精密方法

2. 精密方法

如图 5-1-5 所示,在 B 点安置仪器,先用一般方法测设β 角值,在地面上定出 C' 点,再用测回法精确观测角$\angle ABC'$,即

$$\angle ABC' = \beta'$$

当β 和β' 的差值 $\Delta\beta$ 超过限差时,需进行改正。其改正值 CC' 为

$$CC' = \frac{BC' \times \Delta\beta'}{\rho''} \tag{5-1-3}$$

过 C' 点作 BC' 的垂线,从 C' 点沿垂线方向量取 CC',定出 C 点。则$\angle ABC$ 就是要测设的β 角。当$\Delta\beta = \beta - \beta' > 0$ 时,说明$\angle ABC'$ 偏小,应从 BC' 垂线方向向外改正;反之,应向内改正。

5.1.4.3　已知高程的测设

已知高程的测设根据附近水准点,用水准测量的方法将已知的高程测设到实地上。

如图 5-1-6 所示,已知水准点 $BM. A$ 的高程为 H_A,需要测设 B 点,其设计高程为 H_B,将水准仪安置在 AB 两点中间,照准 A 点水准尺,中丝读数为 a,计算视线高为

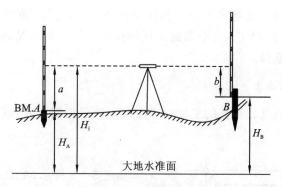

图 5-1-6　高程测设

$$H_i = H_A + a$$

则 B 点水准尺的中丝读数应为

$$b = H_i - H_B \qquad (5\text{-}1\text{-}4)$$

将水准尺贴靠在 B 点的木桩一侧，上下移动水准尺，直到水准尺上读数为 b 时，这时紧靠尺底在木桩上划红线或钉一个小钉，其高程即为 B 点的设计高程。

当需测设的点位与已知水准点的高差相差较大时，可通过高程传递的方法进行，操作时，可用钢卷尺代替水准尺进行测设，具体施测方法如图 5-1-7 所示。

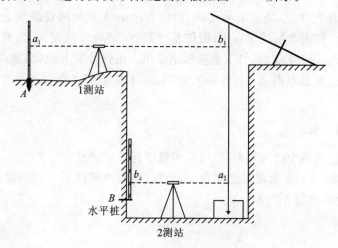

图 5-1-7　深基坑高程放样

某基坑开挖平整基坑底部，需在底部测设设计高程为 H_B 的水平桩，设有已知水准点 A，高程为 H_A。在坑边架设吊杆，杆顶悬挂一根零点向下的钢尺，尺的下端挂上重锤，为保持悬挂钢尺稳定，可把重锤浸与液体中。然后在地面和坑内各安置一台水准仪，安置在地面上的水准仪读得 A 点后视读数 a_1 和钢尺上的前视读数 b_1；安置在坑底的水准仪读得钢尺上的后视读数 a_2，则水平桩 B 点应有的前视读数为

$$b_2 = H_A + a_1 - b_1 + a_2 - H_B \qquad (5\text{-}1\text{-}5)$$

在坑内需要设置水平桩的位置竖立水准尺，上下移动水准尺，直到水准尺上读数为 b 时，这时紧靠尺底打上水平桩即可。

5.1.5　测设点位的基本方法

建(构)筑物的测设，实质上是将建(构)筑物的特征点的平面位置和高程标定于实地施

工现场。测设点的平面位置基本方法有直角坐标法、极坐标法、角度交会法和距离交会法等。测设时究竟选用哪种方法,应根据施工现场控制点的分布情况、建筑物的大小、测设精度及施工现场情况来选择。

5.1.5.1　直角坐标法

如果施工场地上有互相垂直的主轴线或布置了矩形控制网时,就可以用直角坐标法进行点位测设。

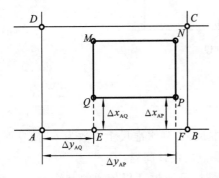

图 5-1-8　直角坐标法

如图 5-1-8 所示,A、B、C、D 为矩形控制网的四个角点,坐标已知,现场点位已知,现需测设一建筑物轴线点 M、N、P、Q,以 Q、P 点为例说明测设方法:

Q 点的设计坐标为 (x_Q, y_Q)、P 点的设计坐标为 (x_P, y_P)、计算 Q、P 相对于 A 点的坐标增量为:

$$\begin{cases} \Delta x_{AQ} = x_Q - x_A \\ \Delta y_{AQ} = y_Q - y_A \end{cases} \quad \begin{cases} \Delta x_{AP} = x_P - x_A \\ \Delta y_{AP} = y_P - y_A \end{cases}$$

然后安置仪器于 A 点,瞄准 B 点定向,沿该方向由 A 点起测设距离 Δy_{AQ} 得 E 点,测设距离 Δy_{AP} 得 F 点,打下木桩标定点位;搬仪器至 E 点,瞄准 A 点定向,向右测设 $90°$角,沿此方向测设距离 Δx_{AQ},即得 Q 点,打下木桩标定点位。搬仪器至 F 点,瞄准 A 点定向,向右测设 $90°$角,沿此方向测设距离 Δx_{AP},即得 P 点,打下木桩标定点位。同样方法可以测设其他点位。

5.1.5.2　极坐标法

如果施工现场有两个已知控制点,可采用极坐标法测设点位。

如图 5-1-9 所示,A、B 为现场已知点位,坐标已知,现需测设一建筑物轴线点 M、N、P、Q,以 Q 点为例说明测设方法:

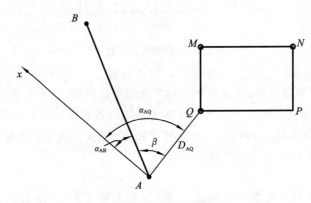

图 5-1-9　极坐标法

Q 点的设计坐标为 (x_Q, y_Q),首先计算 AB、AQ 的坐标方位角 α_{AB}、α_{AQ} 和 A、Q 的距离 D_{AQ}。

$$\alpha_{AB} = \arctan \frac{y_B - y_A}{x_B - x_A}$$

$$\alpha_{AQ} = \arctan \frac{y_Q - y_A}{x_Q - x_A}$$

$$D_{AQ} = \sqrt{(x_Q - x_A)^2 + (y_Q - y_A)^2}$$

$$\beta = \alpha_{AQ} - \alpha_{AB}$$

则

将经纬仪安置在 A 点,精确照准 B 点,顺时针测设角度 β,得到 AQ 方向线,沿该方向线测设距离 D_{AQ},即得 Q 点,同理可测设该建筑物的其他点位。

5.1.5.3　角度交会法

当测设的点位与已知点相距较远或不便于测距时,可采用角度交会法。如图 5-1-10(a) 所示,A、B 为已知控制点,需测设 P 点,首先根据 A、B、P 的坐标求算夹角 β_A、β_B。然后将经纬仪安置在 A 点,照准 B 点,按角度测设方法测设出 AP 方向,在接近 P 点的位置确定 A_1、A_2 点,打桩标定,再将经纬仪安置在 B 点,照准 A 方向,按角度测设方法测设出 BP 方向,在接近 P 点的位置确定 B_1、B_2 点,打桩标定,在 A_1A_2 与 B_1B_2 之间各拉一根细线,两细线的交点即为 P 点。

为了提高交会精度,还可采用三个控制点从三个方向进行交会,如图 5-1-10(b) 所示。若三个方向交会不在一点上,而形成一个三角形,称为示误三角形,若示误三角形的最大边长满足精度要求,则取三角形的重心作为 P 点位置。

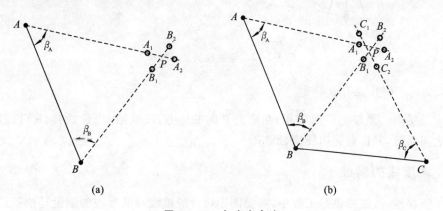

(a)　　　　　　　　　　　　　　　(b)

图 5-1-10　角度交会法

5.1.5.4　距离交会法

当需要测设的点位与已知控制点相距较近,在钢尺一尺段以内并且场地地面平坦时,采用距离交会法。

如图 5-1-11 所示,A、B 为已知控制点,需测设 P 点,首先需根据 A、B、P 的坐标求算距离 D_{AP}、D_{BP},测设时,以 A 点为圆心,以 D_{AP} 为半径,用钢尺在地面上接近 P 点的位置画圆弧,再以 B 点为圆心,以 D_{BP} 为半径,用钢尺在地面上接近 P 点的位置画圆弧,两个圆弧的交点即为 P 点。

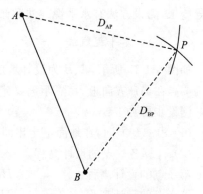

图 5-1-11　距离交会法

5.1.5.5　全站仪坐标放样法

全站仪坐标放样法由于操作简单,不受地形条件限制,只需要知道已知控制点和放样点的坐标,不需计算放样元素,只要通视情况良好,非常方便。

如图 5-1-12 所示,A、B 为已知控制点,需测设 P、Q 点,将全站仪安置于测站点 A 点,在后视点(定向点)B 点安置照准标志或棱镜,照准后视点,输入测站点、后视点坐标,按放样程序提示完成建站工作,建站工作完成之后,即开始放样,输入放样点 P 点坐标,全站仪自动计算出 AP 的方位和距离,采用望远镜制动和微动螺旋精确调整视准轴于 AP 方向上,观测人员指挥棱镜精确照准仪器竖丝,并根据距离显示前后移动,直到放样出设计的距离,放样过程中,此项调整须反复进行。若需要放样下一个 Q 点,输入 Q 点坐标,与放样 P 点程序相同。

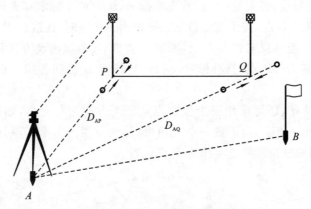

图 5-1-12　全站仪的坐标放样

5.1.5.6　RTK 坐标放样法

由于卫星定位系统的广泛应用,在地面开阔的地方,可采用 RTK 放样,RTK 放样不需要点位之间通视,其作业更加便捷、迅速。

5.1.6　坡度线的测设

在平整场地、道路修建等工程中,需要测设设计坡度线。坡度线的测设是根据已知水准点的高程、设计坡度,采用水准仪或经纬仪将坡度线上各点的设计高程,标定在地面上。以指导施工,测设方法有水平视线法和倾斜视线法两种。

5.1.6.1　水平视线法

如图 5-1-13 所示,A、B 为设计坡度线的两端点,其设计高程分别为 H_A 和 H_B,其设计坡度为 i_{AB},在 AB 方向上,每隔距离 d 定一木桩,要求在木桩上标定出坡度为 i 的坡度线。

测设步骤如下:

(1) 沿 AB 方向,在地面上定出间距为 d 的 1、2、3 点。

(2) 计算各桩点的设计高程。

第 2 点的设计高程: $\qquad H_2 = H_A + i_{AB} \cdot d$

第 3 点的设计高程: $\qquad H_3 = H_2 + i_{AB} \cdot d$

第 4 点的设计高程: $\qquad H_4 = H_3 + i_{AB} \cdot d$

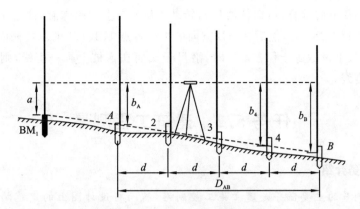

图 5-1-13 水平视线测设坡度线

B 点的设计高程：$H_B = H_4 + i_{AB} \cdot d$ 或 $H_B = H_A + i_{AB} \cdot D_{AB}$

此两式计算结果应相等,以此作为检核。

坡度 i 有正有负,计算设计高程时,坡度应连同其符号一并运算。

(3) 安置水准仪于水准点 BM_1 附近,得后视读数 a,计算仪器视线高。

$$H_i = H_{BM1} + a$$

(4) 根据 A、2、3、4、B 点的设计高程计算测设时的前视读数。

$$b_A = H_i - H_A, \quad b_2 = H_i - H_2, \quad b_3 = H_i - H_3$$
$$b_4 = H_i - H_4, \quad b_B = H_i - H_B$$

(5) 将水准尺分别贴靠在 A、2、3、4、B 木桩的侧面,上、下移动尺子,直至尺读数为计算出的各自应有的前视读数为止,紧靠尺底在木桩上画一横线,该线即在 AB 的坡度线上。

5.1.6.2 倾斜视线法

如图 5-1-14 所示,AB 为坡度线的两端点,其水平距离为 D_{AB},A 点的设计高程为 H_A,要沿 AB 方向测设一条坡度为 i_{AB} 的坡度线。

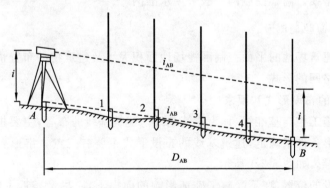

图 5-1-14 倾斜视线测设坡度线

测设步骤如下:

(1) 计算 B 点的设计高程。

$$H_B = H_A + i_{AB} \cdot D_{AB}$$

(2) 将 A、B 两点的高程测设在相应的木桩上。

(3) 将水准仪(或经纬仪)安置于 A 点,使基座上一个脚螺旋在 AB 方向上,其余两个脚螺旋的连线与AB方向垂直,量取仪器高i,转动AB方向上的脚螺旋,使十字丝横丝对准B点水准尺上等于仪器高i处,然后在AB方向的中间各点1、2、3、4的木桩侧面立尺,上、下移动水准尺,直至尺上读数等于仪器高i时,沿尺子底面在木桩上画一横线,则各桩横线的连线就是设计坡度线。

任务 5.2 建筑工程测量

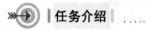 **任务介绍**

建筑工程测量的主要任务是建立施工控制网,从而将设计图上的建筑物按其平面位置和高程标定到实地上,以指导施工。

学习目标

掌握工业与民用建筑施工控制网的建立、放线、基础工程施工测量、墙体工程施工测量、轴线投测和高程传递等。

任务实施的知识点

5.2.1 建筑场地施工控制测量

规划设计阶段所建立的测图控制网,主要为测图服务,控制点的密度、精度及分布都不能满足施工测量的需要,所以,需建立专用的建筑场地施工控制网。

施工控制网可分为平面控制网和高程控制网,平面控制网可布设成三角网、导线网、建筑方格网、建筑基线四种,地形起伏较大、通视良好可布设三角网,隐蔽、通视困难地区可布设导线网,平坦、建筑物较多、布置规则、密集的施工场地可布设建筑方格网,平坦小型施工场地可布设建筑基线。高程控制网一般采用水准网。

5.2.1.1 平面控制测量

工业与民用建筑场地的平面控制网视场地面积大小及建筑物的布置情况通常布设成建筑基线或建筑方格网的形式。

1. 建筑基线的布设形式和要求

建筑场地的施工控制基准线,称为建筑基线。建筑基线的布置,主要根据建筑物总体布置情况和现场地形条件来确定,建筑基线的布设形式主要有三点一字形、三点直角形、四点T字形、五点十字形,如图5-2-1所示。

建筑基线布设的位置,在不受施工破坏影响的前提下,应尽量靠近主要建筑物,且与其主要建筑物轴线平行或垂直。基线点不得少于三个,以便检查和校核基线的位置。相邻基线点应通视。为能使点位长期保存,要建立永久性标志。

2. 建筑基线的测设方法

根据建筑场地的实际情况,测设建筑基线的方法主要有下述两种。

1)平行推移法

当拟建的主要建筑物的主轴线与建筑红线或与原有建筑物的轴线平行时,采用平行推

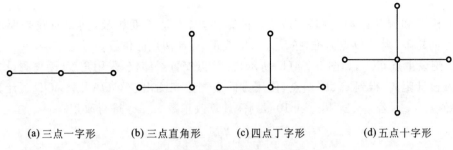

(a)三点一字形　　　(b)三点直角形　　　(c)四点丁字形　　　(d)五点十字形

图 5-2-1　建筑基线的布设形式

移法。

如图 5-2-2 所示,具体操作步骤如下:

AB、AC 为建筑红线,1、2、3 点建筑基线点,测设时,首先从 A 点开始沿 AB 方向量取 d_2 定出 M 点,沿 AC 方向量取 d_1 定出 N 点,在 B 点上作 AB 的垂线,沿垂线量取 d_1 定出 2 点,在 C 点上作 AC 的垂线,沿垂线量取 d_2 定出 3 点,用细线拉出 $M3$、$N2$ 直线,其交点即为 1 点。然后再 1 点安置经纬仪,精确测量 $\angle 213$,当观测值与 90°之差超过 ±10″ 时,应进行改正或重新测定。

2)极坐标放样法

下面以十字形基线的测设为例来说明测设步骤,如图 5-2-3 所示,现需测设十字形基线 AOB-COD,现场有已知控制点 M、N。

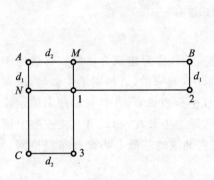

图 5-2-2　平行推移法测设直角形基线

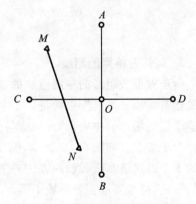

图 5-2-3　十字形基线放样示意图

(1)应用 M、N 两点采用极坐标放样三个主点 A、O、B,实际测设出的点位为 A'、O'、B',如图 5-2-4(a)所示。

(2)检查三点是否在一条直线上,检查方法是将仪器安置在 O' 点,观测 $\angle A'O'B'$ 是否等于 180°,如果与 180°的差值超过 ±10″,应进行调整。

(3)计算归直改正数 δ 并进行点位调整。

$$\delta = \frac{ab}{a+b}\left(90° - \frac{\beta}{2}\right)\frac{1}{\rho} \tag{5-2-1}$$

式中　ρ——弧度换算成秒的常数,取 206265″;

　　　　β——$\angle A'O'B'$ 的观测角。

将 A'、O'、B' 沿与基线垂直的方向各移动距离 δ,注意 O' 与 A'、B' 移动的方向相反,如图中 A、O、B 的位置,归直后应再次观测 $\angle AOB$,与 180°比较,如差值还是超限,应再次调整点位。

（4）检查和调整距离，测量 AO、OB 的距离，与设计长度比较，其相对较差要求小于 $1/10000$，如超限，则以 O 点为准，按设计长度改正 A、B 两点的位置。

（5）测设主点 C、D，如图 5-2-4(b)所示，在 O 点安置经纬仪，采用角度、距离测设方法测设直角及设计距离，得到 C'、D' 两点，使用方向观测法观测出 $\angle C'OA$、$\angle AOD'$，计算其与 $90°$ 的差值 ε_1、ε_2，若 ε_1、ε_2 超过 $\pm10''$，则需计算改正数 e_1、e_2 进行改正。

$$e_1 = \frac{\varepsilon}{\rho}c, \quad e_2 = \frac{\varepsilon}{\rho}d \tag{5-2-2}$$

然后将 C'、D' 分别沿 OC'、OD' 的垂直方向移动距离 ε_1、ε_2，注意移动的方向，即定出 C、D 点，然后检测 $\angle COD$ 与 $180°$ 的差值，其差值不能超过 $\pm10''$。

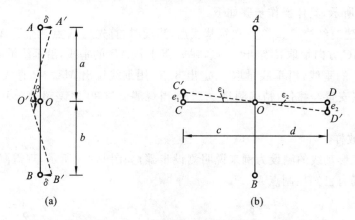

图 5-2-4 测设误差调整示意图

3. 建筑方格网的测设

由正方形或矩形的格网组成的建筑场地的施工控制网，称为建筑方格网。其适用于大型的建筑场地。建筑方格网是以十字形主轴线为基础建立起来的，方格网的主轴线，应布设在整个建筑场地的中央，其方向应与主要建筑物的轴线平行或垂直，并且长轴线上的定位点不得少于 3 个。如图 5-2-5 所示，图中的 AOB 和 COD 即为主轴线，布设可首先按照上面所述的十字形建筑基线布设的方法首先布设主轴线，在主轴线的基础上再全面布设格网。格网的形式，可布置成正方形或矩形。

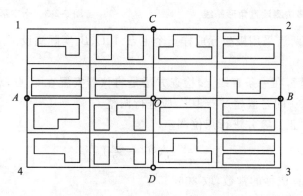

图 5-2-5 建筑方格网

方格网的边长应根据建筑物的位置、大小来确定，一般在 $100\sim300$ m 之间，最好是 50 m

的整倍数,方格网的边应保证通视,便于测角测距。

建筑方格网的精度要求是根据建筑场地大小、建筑物性质和地形情况而定,主要技术要求可参见表 5-2-1。

表 5-2-1 建筑方格网的主要技术要求

等级	边长/m	测角中误差/(″)	边长相对中误差	测角检测限差	边长检测限差
Ⅰ	100~300	5	≤1/30000	10″	1/15000
Ⅱ	100~300	8	≤1/20000	16″	1/10000

建筑方格网的具体测设步骤如下:

(1)如图 5-2-5 所示,首先测设主轴线 *AOB* 和 *COD*,施测方法与十字形建筑基线测设相同。

(2)测设角点,用两台经纬仪分别安置在 *A*、*C* 两点上,均以 *O* 点为起始方向,精确测设出 90°角,在测设方向上交会出 1 点,交点 1 的位置确定后,进行交角的检测和调整,同法测设出主方格网点 2、3、4,这样就构成了"田"字形的主方格网。

(3)主方格网确定之后,然后在主方格网内进行方格网的加密。

方格网测设时,其角度观测应符合表 5-2-2 中的规定。

表 5-2-2 方格网测设中水平角观测主要技术要求

方格网等级	仪器精度等级	测角中误差/(″)	测回数	半测回归零差/(″)	一测回 2C 值互差/(″)	各测回方向互差/(″)
Ⅰ 级	1″	5	2	≤6	≤9	≤6
	2″	5	3	≤6	≤13	≤9
Ⅱ 级	2″	8	2	≤12	≤18	≤12
	6″	8	4	≤18	—	≤24

5.2.1.2 高程控制测量

建筑场地的高程控制测量一般采用水准测量方法,布设成闭合或附合路线,大中型施工项目的场区高程测量,可分两级布设,即首级网和加密网。首级网的精度,不应低于三等水准,并且应与国家或城市高等级水准点相联测,组成首级网的水准点称为基本水准点,基本水准点的间距,宜小于 1 km。距离建筑物、构筑物不宜小于 25 m;距离振动影响范围以外不宜小于 5 m;距离回填土边线不宜小于 15 m,并建立永久性标志。加密网是在首级网的基础上进一步加密而得,组成加密网的水准点称为施工水准点,一般不单独埋设,与建筑方格网合并,即在各格网点的标志上加设一突出的半球状标志,各点间距宜在 200 m 左右,以便施工时安置一次仪器即可测出所需高程。加密网,应按四等水准测量进行观测,附合在基本水准点上。

此外,由于设计建筑物常用底层室内地坪高±0.000 标高作为高程起算面,为了施工引测方便,通常在建筑物墙与柱的侧面设置±0.000 标高水准点,用红色油漆绘成上顶为水平线的倒三角形,如"▼",其底端表示±0.000 位置。

施工中,当少数高程控制点标石不能保存时,应将其高程引测至稳固的建筑物上,引测的精度,不能低于原高程点的精度等级。

5.2.2 建筑场地平整测量

在各种工程建设中,往往需要进行场地平整工作,将原始地貌平整成水平面或倾斜面,以便布置各类建筑物,排除地面水以及满足交通运输和敷设地下管道等。

在平整土地的工作中,为使填、挖土石方量基本平衡,常要利用地形图确定填、挖边界和进行填、挖土石方量的概算。计算土石方量的方法有方格网法、断面法和等高线法,下面以常用的地形图方格网法为例来说明。

5.2.2.1 平整成水平场地

1. 在地形图上绘制方格网

在地形图上施工场地范围内绘制坐标方格网,方格网的大小取决于地形复杂程度、地形图比例尺大小,以及土方概算的精度要求。一般边长为 10 m 或 20 m。方格网绘制完后,根据地形图上的等高线,用内插法求出每一方格顶点的地面高程,并注记在相应方格顶点的右上方,如图 5-2-6 所示。

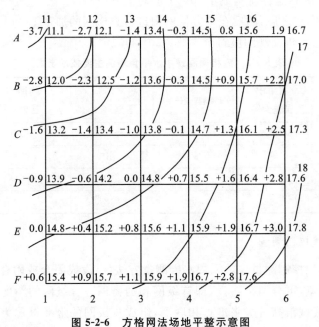

图 5-2-6 方格网法场地平整示意图

2. 计算设计高程

将每一方格 4 个角顶高程相加除以 4,求得每一个方格的平均高程,再把每个方格的平均高程相加除以方格总数,即得到设计高程 H_0。

$$H_0 = \frac{H_1 + H_2 + \cdots + H_n}{n} \tag{5-2-3}$$

式中 H_1、H_2、$\cdots$、H_n——每一方格的平均高程;

n——方格总数。

在计算设计高程的过程中,每个方格角顶参与计算的次数是不同的,一般有四种情况,角点用一次,如图 5-2-6 中 $A1$、$A6$ 等,边点用两次,如图中 $A2$、$A3$ 等,拐点三次,如图中 $E4$ 点,中点用四次,如图中 $B2$、$B3$ 等,(5-2-3)式可写成如下形式

$$H_0 = \left(\sum H_角 + 2\sum H_边 + 3\sum H_拐 + 4\sum H_中\right)/4n \qquad (5\text{-}2\text{-}4)$$

由(5-2-4)式可计算出设计高程为 15.0 m。15.0 m 的等高线即为填挖边界线。

3. 计算挖填高度

$$填挖高度＝地面高程－设计高程 \qquad (5\text{-}2\text{-}5)$$

将图中各方格顶点的挖、填高度写于相应方格顶点的左上方。正号为挖深,负号为填高。

4. 计算挖、填土方量

$$\left.\begin{array}{l}角点:挖(填)高 \times \dfrac{1}{4} 方格面积\\[1mm]边点:挖(填)高 \times \dfrac{1}{2} 方格面积\\[1mm]拐点:挖(填)高 \times \dfrac{3}{4} 方格面积\\[1mm]中点:挖(填)高 \times 1 方格面积\end{array}\right\} \qquad (5\text{-}2\text{-}6)$$

设每一方格面积为 100 m²,计算的设计高程是 14.8 m。如图 5-2-7 所示,该图为采用 Excel 表格进行土方量计算截图,采用 Excel 表格可以方便、快速地计算出设计高程、挖填高

	A	B	C	D	F	G	H	I	J	K
1					挖填方量计算					
2	点号	点号属性	高程使用次数	地面高程	设计高程	挖深	填高	所占面积	挖方量	填方量
3	A1	角点	1	11.1	15.0		-3.9	25.0	0.0	-96.4
4	A2	边点	2	12.1	15.0		-2.9	50.0	0.0	-142.8
5	A3	边点	2	13.4	15.0		-1.6	50.0	0.0	-77.8
6	A4	边点	2	14.5	15.0		-0.5	50.0	0.0	-22.8
7	A5	边点	2	15.6	15.0	0.6		50.0	32.2	0.0
8	A6	角点	1	16.7	15.0	1.7		25.0	43.6	0.0
9	B1	边点	2	12	15.0		-3.0	50.0	0.0	-147.8
10	B2	中点	4	12.5	15.0		-2.5	100.0	0.0	-245.5
11	B3	中点	4	13.6	15.0		-1.4	100.0	0.0	-135.5
12	B4	中点	4	14.5	15.0		-0.5	100.0	0.0	-45.5
13	B5	中点	4	15.7	15.0	0.7		100.0	74.5	0.0
14	B6	边点	2	17	15.0	2.0		50.0	102.2	0.0
15	C1	边点	2	13.2	15.0		-1.8	50.0	0.0	-87.8
16	C2	中点	4	13.4	15.0		-1.6	100.0	0.0	-155.5
17	C3	中点	4	13.8	15.0		-1.2	100.0	0.0	-115.5
18	C4	中点	4	14.7	15.0		-0.3	100.0	0.0	-25.5
19	C5	中点	4	16.1	15.0	1.1		100.0	114.5	0.0
20	C6	边点	2	17.3	15.0	2.3		50.0	117.2	0.0
21	D1	边点	2	13.9	15.0		-1.1	50.0	0.0	-52.8
22	D2	中点	4	14.2	15.0		-0.8	100.0	0.0	-75.5
23	D3	中点	4	14.8	15.0		-0.2	100.0	0.0	-15.5
24	D4	中点	4	15.5	15.0	0.5		100.0	54.5	0.0
25	D5	中点	4	16.4	15.0	1.4		100.0	144.5	0.0
26	D6	边点	2	17.6	15.0	2.6		50.0	132.2	0.0
27	E1	边点	2	14.8	15.0		-0.2	50.0	0.0	-7.8
28	E2	中点	4	15.2	15.0	0.2		100.0	24.5	0.0
29	E3	中点	4	15.6	15.0	0.6		100.0	64.5	0.0
30	E4	中点	4	15.9	15.0	0.9		100.0	94.5	0.0
31	E5	拐点	3	16.7	15.0	1.7		75.0	130.9	0.0
32	E6	角点	1	17.8	15.0	2.8		25.0	71.1	0.0
33	F1	角点	1	15.4	15.0	0.4		25.0	11.1	0.0
34	F2	边点	2	15.7	15.0	0.7		50.0	37.2	0.0
35	F3	边点	2	15.9	15.0	0.9		50.0	47.2	0.0
36	F4	边点	2	16.7	15.0	1.7		50.0	87.2	0.0
37	F5	角点	1	17.6	15.0	2.6		25.0	66.1	0.0
38	求和		96.0		448.7	26.3	-22.8	2400.0	1449.9	-1449.9

图 5-2-7 Excel 表格土方量计算截图

度、挖填土方量,并且挖填方量平衡。

每一个方格角顶挖深或填高数据已注记在方格顶点的左上方。

5.2.2.2 平整成倾斜场地

如图 5-2-8 所示的自然地面,根据地面自然坡降,需要将其平整成 5% 的倾斜场地,平整中要求填挖方量基本平衡。

1. 在地形图上绘制方格网

根据场地自然地面的主坡倾斜方向绘制方格网,如图 5-2-8 所示。横格线为匀坡的坡面水平线,其中一条通过场地中心,纵格线即为设计坡度线。

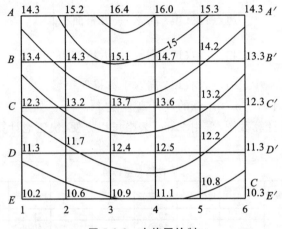

图 5-2-8 方格网绘制

2. 计算场地设计高程

若需要使填挖方量平衡,应首先确定重心(中心)的设计高程,对于对称图形,中心线为图形中心,可按水平场地平整计算设计高程的方法进行计算,该例中重心线的设计高程为 13.2 m。

3. 确定场地横格线的设计高程

最高格网线 AD,最低格网线 BC,已知 AB 边长为 80 m,则

AA' 格网线的高程为:$H_A = H_重 + i \cdot \dfrac{D_{AB}}{2} = 13.2 + 0.05 \times \dfrac{80}{2} = 15.2(m)$

BB' 格网线的高程为:$H_B = H_重 + i \cdot \dfrac{D_{AB}}{2} = 13.2 + 0.05 \times \dfrac{80}{4} = 14.2(m)$

DD' 格网线的高程为:$H_D = H_重 - i \cdot \dfrac{D_{AB}}{2} = 13.2 - 0.05 \times \dfrac{80}{4} = 12.2(m)$

EE' 格网线的高程为:$H_E = H_重 - i \cdot \dfrac{D_{AB}}{2} = 13.2 - 0.05 \times \dfrac{80}{2} = 11.2(m)$

横格线的设计高程标注在每个角顶的右下角。

4. 确定填挖分界线

如图 5-2-9 所示,采用横格线的设计高程内插确定与地面等高线高程相等的匀坡坡面水平线的位置,采用虚线绘制,它们与地面相应等高线的交点的连线即为填挖分界线。图中用粗实线绘制。

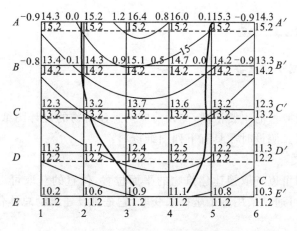

图 5-2-9　设计高程及填挖分界线

5. 确定填挖高度

根据横格线的设计高程与角顶的设计高程即可计算填挖高度,其方法与水平场地平整计算方法相同。

6. 计算填挖方量

与水平场地平整计算方法相同。

设每一方格面积为 $400~m^2$,如图 5-2-10 所示,该图为采用 Excel 表格进行土方量计算截图,采用 Excel 表格可以方便、快速地计算出设计高程、挖填高度、挖填土方量,并且挖填方量平衡。

	A	B	C	D	F	G	H	I	J	K	L
1						挖填方量计算					
2	点号	点号属性	高程使用次数	地面高程/m	重心线高程/m	设计高程/m	挖深/m	填高/m	所占面积/m²	挖方量/m³	填方量/m³
3	A1	角点	1	14.3	13.2	15.2		-0.9	100.0	0.0	-85.9
4	A2	边点	2	15.2	13.2	15.2	0.0		200.0	8.2	0.0
5	A3	边点	2	16.4	13.2	15.2	1.2		200.0	248.2	0.0
6	A4	边点	2	16.0	13.2	15.2	0.8		200.0	168.3	0.0
7	A5	边点	2	15.3	13.2	15.2	0.1		200.0	28.2	0.0
8	A6	角点	1	14.3	13.2	15.2		-0.9	100.0	0.0	-85.9
9	B1	边点	2	13.4	13.2	14.2		-0.8	200.0	0.0	-151.8
10	B2	中点	4	14.3	13.2	14.2	0.1		400.0	56.5	0.0
11	B3	中点	4	15.1	13.2	14.2	0.9		400.0	378.5	0.0
12	B4	中点	4	14.7	13.2	14.2	0.5		400.0	216.5	0.0
13	B5	中点	4	14.2	13.2	14.2	0.0		400.0	16.5	0.0
14	B6	边点	2	13.3	13.2	14.2		-0.9	200.0	0.0	-171.8
15	C1	边点	2	12.3	13.2	13.2		-0.9	200.0	0.0	-171.8
16	C2	中点	4	13.2	13.2	13.2	0.0		400.0	16.5	0.0
17	C3	中点	4	13.7	13.2	13.2	0.5		400.0	216.5	0.0
18	C4	中点	4	13.6	13.2	13.2	0.4		400.0	176.5	0.0
19	C5	中点	4	13.2	13.2	13.2	0.0		400.0	16.5	0.0
20	C6	边点	2	12.3	13.2	13.2		-0.9	200.0	0.0	-171.8
21	D1	边点	2	11.3	13.2	12.2		-0.9	200.0	0.0	-171.8
22	D2	中点	4	11.7	13.2	12.2		-0.5	400.0	0.0	-183.5
23	D3	中点	4	12.4	13.2	12.2	0.2		400.0	96.5	0.0
24	D4	中点	4	12.5	13.2	12.2	0.3		400.0	136.5	0.0
25	D5	中点	4	12.2	13.2	12.2	0.0		400.0	16.5	0.0
26	D6	边点	2	11.3	13.2	12.2		-0.9	200.0	0.0	-171.8
27	E1	角点	1	10.2	13.2	11.2		-1.0	100.0	0.0	-95.9
28	E2	边点	2	10.6	13.2	11.2		-0.6	200.0	0.0	-111.8
29	E3	边点	2	10.9	13.2	11.2	-0.3		200.0	-51.8	0.0
30	E4	边点	2	11.1	13.2	11.2	-0.1		200.0	-11.8	0.0
31	E5	边点	2	10.8	13.2	11.2		-0.4	200.0	0.0	-71.8
32	E6	角点	1	10.3	13.2	11.2		-0.9	100.0	0.0	-85.9
33	求和		80.0			394.8	5.3	-10.0	8000.0	1731.0	-1731.0

图 5-2-10　Excel 表格土方量计算截图

5.2.3　民用建筑施工测量

5.2.3.1　施工测量前准备工作

1. 熟悉图纸

设计图纸是施工测量的主要依据,测设前应熟悉建筑物的设计图纸,正确获取测设中所需要的各种定位数据。测设时需具有下列图纸资料:

1）建筑总平面图

从建筑总平面图可以查取拟建建筑物的平面位置,位置的获取可以通过与原有建筑物的相对关系获取,也可通过采用施工坐标来获取,它是测设建筑物总体位置和高程的重要依据,如图 5-2-11 所示。

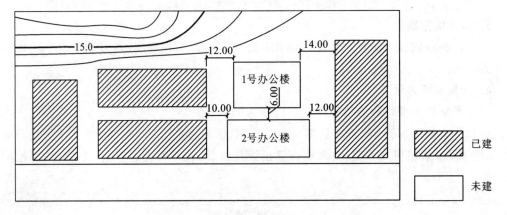

图 5-2-11　建筑总平面图

2）建筑平面图

从建筑平面图可获取建筑物首层、标准层等各楼层的总尺寸,以及内部定位轴线之间的尺寸关系,如图 5-2-12 所示。

3）基础平面图及基础详图

基础平面图及基础详图标明了基础形式、基础平面布置、基础中心或中线的位置、基础边线与定位轴线之间的尺寸关系、基础横断面的形状和大小以及基础不同部位的设计标高等,它是测设基槽(坑)开挖边线和开挖深度的依据,也是基础定位及细部放样的依据如图5-2-13所示。

4）立面图和剖面图

立面图和剖面图标明了室内地坪、门窗、楼梯平台、楼板、屋面及屋架等的设计高程,这些高程通常是以±0.000 标高为起算点的相对高程,它是测设建筑物各部位高程的依据。

2. 现场踏勘

全面了解现场地物、地貌以及已有测量控制点的分布情况,对施工现场的平面控制点及水准点进行检核。

3. 制定测设方案

在熟悉设计图纸、掌握施工计划和施工进度的基础上,结合现场条件和实际情况,拟定测设方案。测设方案包括测设方法、测设步骤、采用的仪器工具、精度要求、时间安排等。

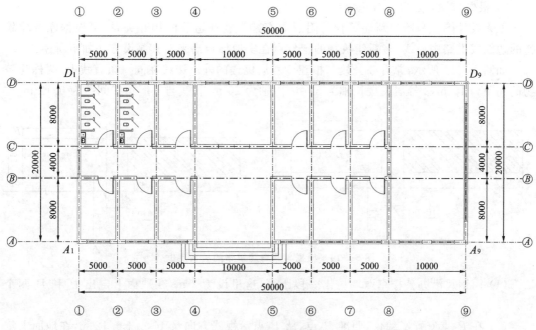

图 5-2-12 建筑平面图

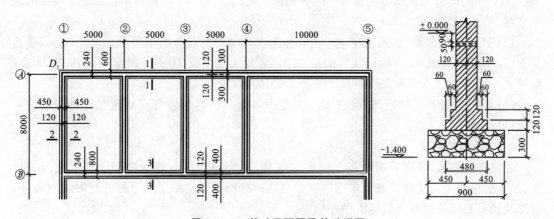

图 5-2-13 基础平面图及基础详图

5.2.3.2 建筑物的定位和放线

1. 建筑物的定位

建筑物的定位,就是将建筑物外墙轴线角点(简称角桩),测设到实地上,作为基础放样和细部放样的依据。由于设计条件和现场条件的区别,建筑物的定位方法常见的有以下三种。

1) 根据控制点定位

若拟建建筑物定位点的设计坐标已知,且附近有高级控制点可供利用,可根据实际情况选用极坐标法、角度交会法或距离交会法来测设定位点。

2) 根据建筑方格网和建筑基线定位

若拟建建筑物定位点的设计坐标已知,且建筑场地一侧设有建筑方格网或建筑基线,可利用直角坐标法进行定位。

3）根据与原有建筑物或道路定位

如果设计图上只给出新建筑物与附近原有建筑物或道路的相互关系,可根据原有建筑物的边线或道路中心线,将新建筑物的定位点在实地标定出来。其测设方法如下所述:

如图 5-2-14 所示,原有办公楼与拟建 2 号居民楼的外墙边线在同一条直线上,两栋建筑物的间距为 10 m,2 号居民楼长轴为 50 m,短轴为 20 m,轴线与外墙边线间距为 0.12 m。

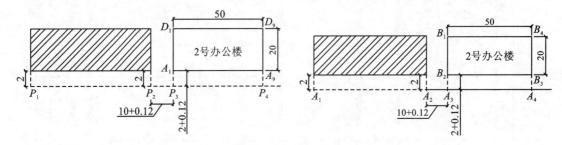

图 5-2-14　根据与原有建筑物的关系定位

（1）用钢尺沿办公楼东西墙拉出一段距离,这里设为 2 m,在地面上定出 P_1 和 P_2 两个点。

（2）在 P_1 点安置经纬仪,照准 P_2 点,从 P_2 点沿视线方向量 10 m+0.12 m,在地面上定出 P_3 点,再从 P_3 点沿视线方向量 50 m,在地面上定出 P_4 点,P_3P_4 即为测设拟建建筑物的建筑基线。

（3）P_3 点安置经纬仪,照准 P_4 点,逆时针测设 90°,在视线方向上量 2 m+0.12 m,在地面上定出 A_1 点,再从 A_1 点沿视线方向量 20 m,在地面上定出 D_1 点。同理测设 A_9 及 D_9 点,则 A_1、A_9、D_1 和 D_9 点即为拟建建筑物的四个定位轴线点。

（4）检核长轴和短轴距离,检核 D_1、D_9 是否等于 90°,其误差应在规范允许范围内。否则应进行调整。

2．建筑物的放线

建筑物的放线,是指根据现场上已定位的建筑物角桩,详细测设细部轴线的交点桩位置,然后根据基础宽度和放坡要求用白灰撒出基础开挖边线。由于交点桩开挖时会被破坏,细部轴线需要延长到安全的地方做好标志。

1）测设细部轴线交点

如图 5-2-15 所示,纵轴 A、D 轴,横轴①、⑨轴是建筑物的外墙主轴线,其交点 A_1、A_9、D_1 和 D_9,是建筑物的角点,角点已测设完毕并打桩,主次轴线相对位置见图 5-2-15,现欲测设次要轴线与主轴线的交点。

在 A_1 点安置经纬仪,照准 A_9 点,钢尺零端对准 A_1 点,沿视线方向拉钢尺,在 50 m 处打下木桩,然后用经纬仪视线指挥在桩顶确定视线上的两点,用直尺正确连接该两点,然后拉好钢尺,在读数等于 5 m 处画一条横线,两线交点就是 A 轴与②轴的交点 A_2。然后测设 A_3,方法同上,但要注意钢尺读数应为①轴和③轴间距 10 m,依次测设 A_4、A_5、…、A_9,注意测设各点时,一直将钢尺的零端对准 A_1 点进行测量距离,这样可以减小钢尺对点误差,避免轴线总长度增长或减短。测设完成完,用钢尺检查各相邻轴线桩的间距是否等于设计值,误差应小于 1/3000。

A 轴上的交点测设完后,同法测设 D 轴,①轴和⑦轴上的轴线点,也可同样方法进行测设,另外如果建筑物横断面尺寸较小时,可拉细线绳的方法代替经纬仪定线,然后沿细线绳

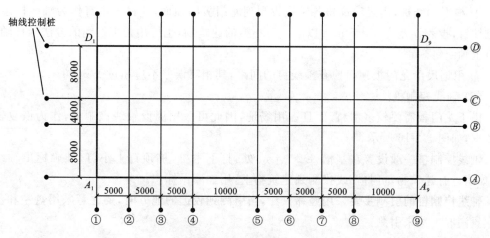

图 5-2-15 测设细部轴线交点

采用钢尺量距。

2）引测轴线

基槽或基坑开挖时，角桩和中心桩均会被挖掉，为了在施工中，准确地恢复各轴线位置，应把各轴线延长到开挖范围以外的地方并作好标志，这个工作称为引测轴线，具体有设置龙门板和轴线控制桩两种形式。

（1）龙门板法。

① 如图 5-2-16 所示，在建筑物四周和中间隔墙的两端，距基槽开挖边线以外 1.5～2 m处，设置竖直、牢固的龙门桩，桩的一侧平行于基槽。

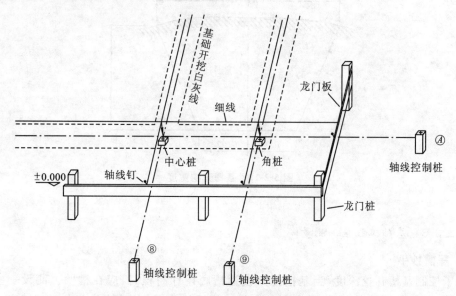

图 5-2-16 龙门板与轴线控制桩

② 根据附近水准点，用水准仪将±0.000 标高测设在每个龙门桩的外侧上，并画出横线标志。

③ 沿龙门桩上±0.000 标高线钉设龙门板，龙门板顶面标高±0.000，标高的误差应在±5 mm 以内。

④ 根据轴线桩,用经纬仪将各轴线投测到龙门板的顶面,并钉上小钉作为轴线标志,称为轴线钉,投测误差应在±5 mm以内。对小型的建筑物,也可用拉细线绳的方法延长轴线,再钉上轴线钉。

⑤ 用钢尺沿龙门板顶面检查轴线钉的间距,其相对误差不应超过1/3000。

（2）轴线控制桩法。

由于龙门板需要较多木料,而且占用场地,因此可采用测设轴线控制桩,作为恢复轴线的依据,如图5-2-16所示。

轴线控制桩一般设置在基槽外2～4 m处,打下木桩,桩顶钉上小钉,准确标出轴线位置,如附近有建筑物,可将轴线投测到建筑物上,用红漆做标志。

轴线控制桩的引测主要采用经纬仪法,当引测到较远的地方时,要注意采用盘左和盘右两次投测取中法来引测。

3. 确定开挖边线

如图5-2-17所示,按基础剖面图给出的设计尺寸,计算基槽的开挖宽度 d。

$$d = B + 2mh \tag{5-2-7}$$

式中　B——基底宽度,可由基础剖面图查取;

　　　h——基槽深度;

　　　m——边坡坡度的分母。

由式(5-2-7)计算基槽开挖宽度,然后以轴线起往两边各量出 $d/2$,拉线并撒上白灰,即为开挖边线,如图5-2-17所示。

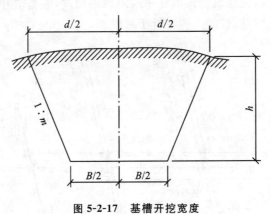

图 5-2-17　基槽开挖宽度

5.2.3.3　基础工程施工测量

1. 基槽抄平

为了控制基槽开挖深度,当基槽挖到接近槽底设计高程时,应在槽壁上测设一些水平桩,水平桩可作为挖槽深度、修平槽底和打基础垫层的依据,水平桩的上表面离槽底设计高程为某一整分米数(例如0.5 m)。如图5-2-18所示,一般在基槽各拐角处、深度变化处、直槽处则每隔10 m左右打一个水平桩。

例如,如图5-2-18所示,采用±0.000高程点测设基槽水平桩,槽底设计标高为－1.8 m,水平桩高于槽底0.5 m,即水平桩上表面高程为－1.3 m,采用水准仪高程放样方法,安置水准仪在基槽边,观测±0.000高程点上的标尺读数为0.987 m,则水平桩上标尺的

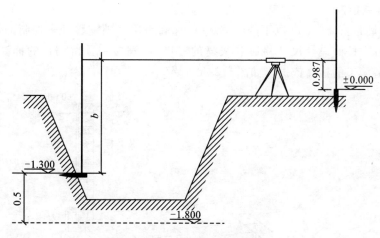

图 5-2-18 基槽水平桩测设

应有读数为

$$b = 0 + 0.987 - (-1.30) = 2.287(\text{m})$$

测设时沿槽壁上下移动水准尺,当读数为 2.287 m 时沿尺底水平地将桩打进槽壁,然后检核该桩的标高,水平桩上的高程误差应在 ±10 mm 以内。如超限便进行调整,直至误差在规定范围以内。

2. 在垫层上投测基础中心线

如图 5-2-19 所示,垫层打好后,根据龙门板上的轴线钉或轴线控制桩,用经纬仪或用拉线挂垂球的方法,把轴线投测到垫层面上,并用墨线弹出基础中心线和边线,以便砌筑基础或安装基础模板。

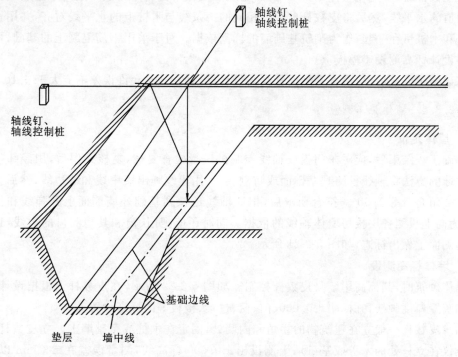

图 5-2-19 垫层中线投测

3．基础标高控制

房屋基础墙是指±0.000以下的墙体,它的标高是用基础皮数杆来控制的,皮数杆是用木杆做成,在杆上按照设计尺寸将砖和灰缝的厚度、防潮层和预留洞口的标高位置绘制出来,作为基础墙施工的标高依据。如图5-2-20所示。

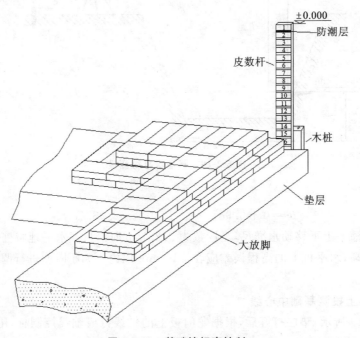

图 5-2-20　基础墙标高控制

立皮数杆时,可先在立杆处打一木桩,用水准仪在木桩侧面测设一条高于垫层设计标高某一数值的水平线,然后将皮数杆上标高相同的一条线与木桩上的水平线对齐,并用铁钉把皮数杆和木桩钉在一起,作为砌筑基础墙的标高依据。对于采用钢筋混凝土的基础,可用水准仪将设计标高测设于模板上。

基础施工完成后,应检查基础面标高与设计标高的差距,允许误差不能大于±10 mm。

5.2.3.4　墙体施工测量

1．墙体定位

基础工程结束后,应对龙门板或轴线控制桩进行检查复核,复核无误后,用经纬仪或拉线挂垂球的方法将轴线投测到基础面或防潮层上,用墨线弹出墙中线和墙边线,然后检查外墙轴线交角是否等于90°。符合要求后,把墙轴线延长到基础外墙侧面上并弹线和做出标志,作为向上投测各层楼房墙体轴线的依据。同时还应把门、窗和其他洞口的边线,也在基础外墙侧面上做出标志,如图5-2-21所示。

2．墙体标高测设

墙体砌筑时,其标高用墙身皮数杆控制。如图5-2-22所示,在皮数杆上根据设计尺寸,按砖和灰缝厚度画线,并标明±0.000、门、窗、过梁、楼板等的标高位置。

墙身皮数杆一般立在建筑物的拐角和内墙处,固定在木桩或基础墙上。立皮数杆时,先用水准仪在立杆处的木桩或基础墙上测设出±0.000标高线,测量误差在±3 mm以内,然后把皮数杆上的±0.000线与该线对齐,用吊锤校正并用钉钉牢。

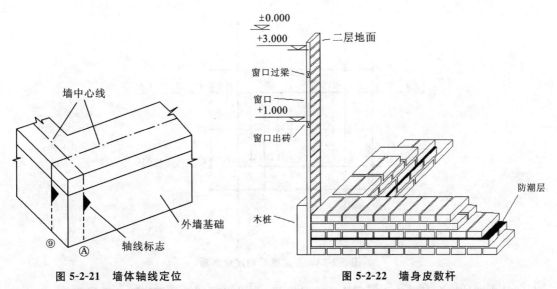

图 5-2-21　墙体轴线定位　　　　　　　图 5-2-22　墙身皮数杆

墙体砌筑到 1 m 以后,应在内外墙面上测设出 ＋0.50 m 标高的水平墨线,称为"＋50线"。外墙的 ＋50 线作为向上传递各楼层标高的依据,内墙的 ＋50 线作为室内地面施工及室内装修的标高依据。

5.2.4　高层建筑施工测量

高层建筑由于体形大、高度高、造型多样化、建筑结构复杂、设备和装修标准高,因此,在施工过程中对建筑物各部位的水平位置、轴线尺寸、垂直度和标高的要求都十分严格,对施工测量的精度要求也高。下面主要介绍高层建筑物定位、基础施工、轴线投测和高程传递等几方面的测量工作。

1. 高层建筑定位测量

首先测设施工方格网,施工方格网是平行于建筑物主要轴线的矩形控制网,施工方格网一般在总平面布置图上进行设计,根据施工现场实际情况确定出方格网与建筑物轴线的距离关系,要求测设在基坑开挖范围以外一定距离,然后确定四个角点的施工坐标系坐标,按施工坐标系的已知采用极坐标法或直角坐标法进行测设。测设后应检测方格网的四个内角和四条边长,并按设计角度和尺寸进行相应的调整。

如图 5-2-23 所示,E、F、G、H 为拟建高层建筑的四个角点,E'、F'、G'、H' 是施工方格网的四个角点。

在施工方格网 $E'F'G'H'$ 的四边上,还需测设轴线的控制桩。如图 $11'$、$22'$、$33'$、$44'$、$55'$、AA'、BB'、CC' 即为建筑物的主轴线、中轴线及其他重要轴线,测设时以施工方格网各边的两端控制点为准,用经纬仪定线,用钢尺量距来打桩定点。施工方格网控制线的测距精度不低于 1/10000,测角精度不低于 ±10″。

如果高层建筑准备采用经纬仪法进行轴线投测,还应把投测轴线的控制桩往更远处引测,如图 5-39 中,四条主轴线 $11'$、$55'$、AA'、CC' 往远处引测,得到 $K1$、$K1'$、$K5$、$K5'$、KA、KA'、KC、KC' 八个轴线控制桩,这些桩与建筑物的距离应大于建筑物的高度,以免经纬仪投测时仰角太大。

2. 高层建筑基础施工测量

高层建筑的基坑开挖。应根据建筑物的轴线控制桩确定角桩,如图 5-2-23 的 E、F、G、

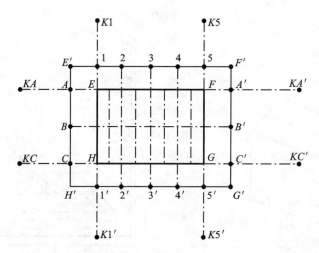

图 5-2-23　高层建筑物定位测量

H,顾及边坡坡度和基础施工所需工作面的宽度,测设出基坑的开挖边线并撒出灰线。

高层建筑的基坑一般都很深,需要放坡并进行边坡支护加固,开挖过程中,除了控制开挖深度外,还应检查边坡的位置。

基坑开挖完成后,需要根据基础类型进行基础放线。如果是箱形基础或筏板基础,首先打垫层,然后在垫层上测设基础的各条边界线、梁轴线、墙宽线等;如果是桩基础,需要测设各条轴线和桩孔的定位线,桩施工完成后,还要测设桩承台和承重梁的中心线。实际上,基础放线时,需要测设各种轴线及定位线,测设方法基本相同。

测设轴线时,有时由于通视和量距的限制,还有某些基础桩、梁、柱、墙的中线与建筑轴线偏移,所以某些时候并不测设真正的轴线,而是测设其平行线,这时一定要在现场标注清楚,以免用错。

从地面往下投测轴线时,由于俯角较大,为了减小误差,每个轴线点均应盘左、盘右各投测一次,然后取中数。

基坑完成后,应用水准仪根据地面上的±0.000水平线,将高程引测到坑底,并在基坑护坡的钢板或混凝土桩上做好标高为负的整米数的标高线。

3. 高层建筑的轴线投测

高层建筑施工时,随着楼层的升高,需要将轴线逐层往上投测,作为施工的依据。高层建筑物越高,施工中对竖向偏差的控制要求就越高,表 5-2-3 为轴线竖向投测的精度要求。

表 5-2-3　高层建筑轴线竖向投测精度要求

项　目	内　容		允许偏差/mm
各施工层上放线	外廊主轴线长度 L/m	$L \leqslant 30$	±5
		$30 < L \leqslant 60$	±10
		$60 < L \leqslant 90$	±15
		$90 < L$	±20
	细部轴线		±2
	承重墙、梁、柱边线		±3
	非承重墙边线		±3
	门窗洞口线		±3

续表

项　　目	内　　　容		允许偏差/mm
轴线竖向投测	每层		±3
	总高 H/m	$H \leqslant 30$	±5
		$30 < H \leqslant 60$	±10
		$60 < H \leqslant 90$	±15
		$90 < H \leqslant 120$	±20
		$120 < H \leqslant 150$	±25
		$150 < H$	±30

下面介绍几种常见的竖向投测方法。

1）经纬仪法

如图 5-2-24 所示，安置经纬仪于轴线控制桩上，对中整平，盘左照准建筑物底部的轴线标志，往上转动望远镜，用其竖丝指挥在施工层楼面边缘上画一点，然后盘右再次照准建筑物底部的轴线标志，同法在该处楼面边缘上画出另一点，取两点的中间点作为轴线的端点。依次投测其他各点。

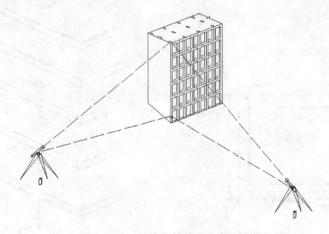

图 5-2-24　经纬仪轴线竖向投测图

当楼层的建设越来越高，而轴线控制桩离建筑物较近时，这时经纬仪投测时的仰角较大，操作不方便，投测精度较低，此时应将轴线控制桩引测到远处，与建筑物的距离要求至少大于建筑物高度，如果周围场地有限，也可引测到附近建筑物的房顶上。如图 5-2-25 所示，先在轴线控制桩 A' 上安置经纬仪，照准建筑物底部的轴线标志，将轴线投测到楼面上 $A1'$ 点处，然后在 $A1'$ 上安置经纬仪，照准 A' 点，将轴线投测到附近建筑物屋面上 $A2'$ 点处，以后就可在 $A2'$ 点安置经纬仪，投测更高楼层的轴线。注意上述投测工作均应采用盘左盘右取中法进行，以减少投测误差。

2）垂球投测

该方法一般用于高度在 $50 \sim 100$ m 的高层建筑施工中，垂球重量为 $10 \sim 20$ kg，挂垂球的钢丝直径为 $0.5 \sim 0.8$ mm。

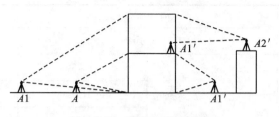

图 5-2-25 经纬仪引桩投测

如图 5-2-26 所示,基础施工结束后,在建筑物 ±0.000 平面设置轴线控制点,轴线点之间应构成矩形或十字形等,作为整个高层建筑的轴线控制网。如图 5-2-27 所示,各标志的上方每层楼板都预留 200×200 mm 的孔洞,该预留孔供垂球线通过。投测时,在施工层楼面上的预留孔上安置挂有垂球线的十字架,慢慢移动十字架,当垂球尖静止地对准地面标志时,十字架的中心就是应投测的点,在预留孔四周做上标志即可,标志连线交点,即为从首层投上来的轴线点。同理测设其他轴线点。

使用吊线坠法进行轴线投测,经济、简单又直观,精度也比较可靠,但投测费时费力,正逐渐被下面所述的垂准仪法所替代。

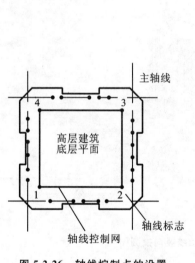

图 5-2-26 轴线控制点的设置

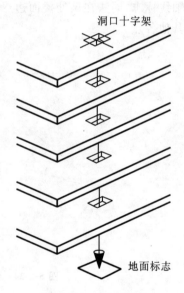

图 5-2-27 垂球投测

3）激光铅垂仪法

激光铅垂仪是一种能提供铅直视线的专用测量仪器,用该仪器进行高层建筑的轴线投测,具有精度高、速度快的优点,在高层建筑施工中,用得越来越多。

该方法与垂球线法基本相同,需要事先在建筑底层设置轴线控制网,建立稳固的轴线标志,在标志上方每层楼板都预留孔洞,供视线通过。

4. 高层建筑的高程传递

高层建筑各施工层的标高,是由底层 ±0.000 标高线传递上来的。高层建筑施工的标高竖向传递精度要求见表 5-2-4。

表 5-2-4　高层建筑标高竖向传递精度要求

项　目	内　容		允许偏差/mm
标高竖向传递	每层		±3
	总高 H/m	$H \leqslant 30$	±5
		$30 < H \leqslant 60$	±10
		$60 < H \leqslant 90$	±15
		$90 < H \leqslant 120$	±20
		$120 < H \leqslant 150$	±25
		$150 < H$	±30

传递高程一般用钢尺丈量,由底层±0.000标高线向上竖直量取,传递高程时,应至少由三处底层标高线向上传递,以便于相互校核。由底层传递到上面同一施工层的几个标高点,必须用水准仪进行校核,检查各标高点是否在同一水平面上,其误差应满足表 5-2-4 的要求。合格后以其平均标高为准,作为该层的地面标高,依此逐层向上传递。也可以采用悬挂钢尺代替水准尺,通过水准仪读数传递高程,普通建筑物还可采用皮数杆传递高程。

5.2.5　工业建筑物施工测量

5.2.5.1　厂房矩形控制网的测设

工业建筑主要以厂房为主,其定位一般根据现场建筑基线或建筑方格网,采用由柱轴线控制桩组成的矩形方格网作为厂房的基本控制网,如图 5-2-28 所示。建筑场地具有建筑方格网,某厂房 $EFGH$ 位于建筑方格网 $3A$、$4A$ 及 $2B$、$4B$ 格网中,从平面设计图上可查取 E、G 点坐标,厂房矩形控制网应布置在基坑开挖范围线以外 1.5～4 m 处,该处矩形控制网的边线与厂房轴线的距离设计为 4 m,其边线与厂房主轴线平行。

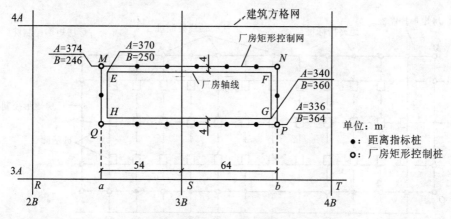

图 5-2-28　矩形控制网示意图

矩形控制网具体测设方法,如图 5-2-28 所示,将经纬仪安置在建筑方格网点 S 上,照准 R 点,测设距离 54 m 定出 a 点,照准 T 点,测设距离 64 m 定出 b 点,将经纬仪安置于 a 点,测设直角得 aM 方向,在 aM 方向上测设距离 36 m 得 Q 点,在该方向上继续测设 38 m 得 M 点,然后将经纬仪安置于 b 点,测设直角得 bN 方向,在 bN 方向上测设距离 36 m 得 G 点,在该方向上继续测设 38 m 得 N 点,在 M、N、P、Q 四点上钉立木桩,做好标志。并检查 ∠M、∠N 是否等于 90°,其误差不得超过 ±10″,各边长度相对误差不应超过 1/10000。

矩形控制桩测设完成之后,还需要在矩形控制网各边每隔若干柱间距埋设距离控制桩,其间距一般为厂房柱距的倍数,但不要超过所用钢尺的整尺长。然后,在控制网各边上按一定距离测设距离指示桩,以便对厂房进行细部放样。如图中黑色小点即是距离控制桩。

5.2.5.2 厂房柱列轴线与柱基测设

图 5-2-29 是某厂房平面示意图,横向轴线 A、B、C,表示厂房的柱列间距,纵向轴线 1、2、3、…、12,表示厂房的跨距,纵、横轴线也称为定位轴线,在进行柱基测设时,应注意定位轴线不一定是柱的中心线,一个厂房的柱基类型很多,尺寸不一,放样时应特别注意。

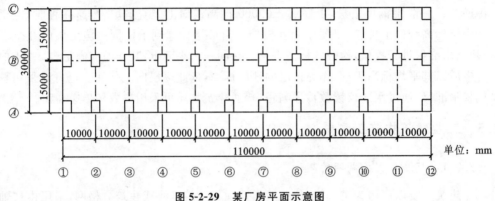

图 5-2-29 某厂房平面示意图

1. 厂房柱列轴线的测设

在厂房控制网建立以后,即可按柱列间距和跨距用钢尺从靠近的距离指标桩量起,沿矩形控制网各边定出各柱列轴线控制桩的位置,并在桩顶上钉入小钉,作为桩基放线和构件安装的依据,如图 5-2-30 所示。

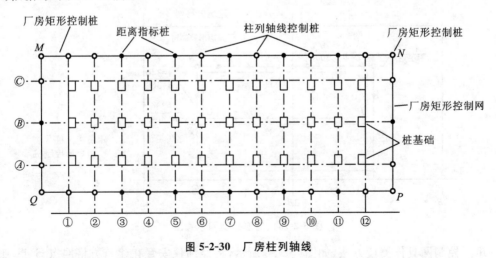

图 5-2-30 厂房柱列轴线

2. 柱基测设

柱基的测设应以柱列轴线为基线,按基础施工图中基础与柱列轴线的关系尺寸进行。如图 5-2-31 所示,现以 B 轴、2 轴交点柱基的基础详图为例,说明柱基的测设方法。

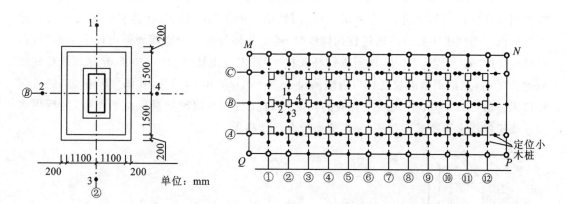

图 5-2-31 基础详图及测设示意图

在 B 轴和 2 轴的一端轴线控制桩上分别安置两台经纬仪,照准各自轴线另一端的轴线控制桩,交会定出轴线交点,该点即是该基础的定位点。然后在轴线上,打入四个定位小木桩 1、2、3、4,小木桩的位置应在基础开挖边线以外,是基础深度的 1.5 倍以上,作为修坑和立模的依据。再根据基础详图的尺寸和放坡宽度,量出基坑开挖的边线,并撒上白灰线以便开挖,此为柱基测设,即基础放线。

柱基测设时,应注意柱列轴线不一定都是柱基的中心线。

3. 柱基施工测量

当基坑挖到一定深度后,应在坑壁四周离坑底设计标高 0.5 m 处测设水平桩,作为检查坑底标高和打垫层的依据。

基础垫层做好后,根据基坑旁的定位小木桩,用拉线吊垂球法将基础轴线投测到垫层上,弹出墨线,作为柱基础立模和布置钢筋的依据。立模板时,将模板底线对准垫层上的定位线,并用垂球检查模板是否垂直。最后将柱基顶面设计高程测设在模板内壁。

5.2.5.3 厂房预制构件安装测量

1. 柱的安装测量

柱的安装就位及校正,是利用柱身的中心线、标高线和相应的基础顶面中心定位线、基础内侧标高线进行对位来实现的,所以,安装前需要进行柱身弹线及投测柱列轴线。

1) 柱子安装测量的基本要求

(1) 柱子中心线应与相应的柱列轴线一致,其允许偏差为 ±5 mm。

(2) 牛腿顶面及柱顶面的实际标高应与设计标高一致,其允许偏差为:当柱高 ≤5 m 时,为 ±5 mm;柱高 >5 m 时,为 ±8 mm。

(3) 柱身垂直允许误差:当柱高 ≤5 m 时,为 ±5 mm,当柱高在 5~10 m 时,为 ±10 mm,当柱高超过 10 m 时,限差为柱高的 1/1000,且不超过 ±20 mm。

2) 柱子安装前的准备工作

如图 5-2-32 所示,在柱子安装之前,应将柱子按轴线编号,在柱身三个侧面弹出柱子的中心线,并且在每条中心线的上端和靠近杯口处画上"▲"标志。并根据牛腿面设计标高,向下用钢尺量出 -0.006 m 的标高线,并画出"▼"标志。

如图 5-2-33 所示,柱基拆模后,在杯形基础上,根据柱列轴线控制桩用经纬仪把柱列轴线投测到杯口顶面和立面上,并弹出墨线,用红油漆画上"▲"标志,作为柱子吊装时确定轴线的依据。当柱子中心线不通过柱列轴线时,还应在杯形基础顶面四周弹出柱子中心线,仍用红油漆画"▲"标志。另外,还需进行杯底找平,首先量出柱子的 -0.006 m 标高线至柱底面的长度 h_1,然后用水准仪在杯口内壁测设一条 -0.006 m 标高线,并画"▼"标志,然后在杯口内量出 -0.006 m 标高线至杯底的高度 h_2,比较 h_1、h_2 以确定杯底找平厚度,然后用水泥砂浆根据找平厚度进行找平,使牛腿面符合设计高程。

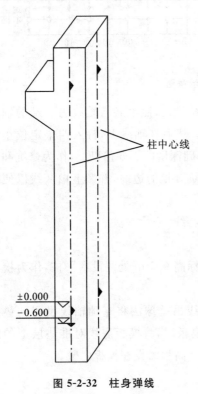

柱中心线

± 0.000
-0.600

图 5-2-32 柱身弹线

基础顶面中心定位线
-0.600标高线

图 5-2-33 杯型基础

3）柱子安装测量

预制的柱子吊装进入杯口后,应使柱子三面的中心线与杯口中心线对齐,如图 5-2-34(a)所示,用木楔或钢楔暂时进行固定,并用水准仪检测柱身上的 ± 0.000 m 标高线,容许误差为 ± 3 mm,然后用两台经纬仪,分别安置在纵横柱列轴线上,离柱子的距离不小于 1.5 倍柱高,经纬仪首先照准柱子底部中心线,固定照准部,逐渐向上仰望远镜,通过校正使柱身中心线与十字丝竖丝相重合为止。

校正使用的经纬仪必须进行严格的仪器校正,操作时特别注意照准部水准管气泡严格居中。在进行柱子垂直度的校正时,还需随时检查柱子中心线是否对准杯口柱列轴线,以防产生水平位移。

在实际安装时,常常是一次可以校正几根柱子,如图 5-2-34(b)所示,将经纬仪安置在轴线的一侧,与轴线成 15°以内夹角的方向线上进行校正。但校正变截面柱子时,经纬仪必须安置在柱列轴线上进行校正,以免出现差错。为避免日照使柱顶向阴面弯曲,校正宜在早晨或阴天进行。

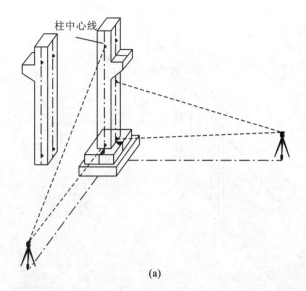

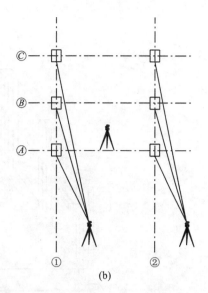

(a)   (b)

图 5-2-34　柱子安装和校正

2. 吊车梁安装测量

1）准备工作

首先在吊车梁顶面和两端面上弹出中心线,如图 5-2-35 所示。然后在牛腿面上投测吊车梁中心线,如图 5-2-36 所示,牛腿面上吊车梁中心线的投影有两种方式,一种是利用厂房中心线 OO,根据设计轨道间距 d,在地面上测设出吊车梁中心线 A_1A_1、B_1B_1,然后在吊车梁中心线的一个端点 $A_1(B_1)$ 上安置经纬仪,照准另一个端点 $A_1(B_1)$,固定照准部,抬高望远镜,即可将吊车梁中心线投测到每根柱子的牛腿面上,弹出墨线。牛腿面上吊车梁中心线的投影的另一种方式是利用柱列轴线 AA、BB,先计算出吊车梁中心线到厂房纵向柱列轴线的距离 d_1,在地面上测设出吊车梁中心线 A_1A_1、B_1B_1,其他的与前一种方式相同。

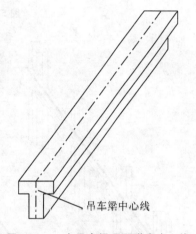

图 5-2-35　在吊车梁顶面弹出中心线

另外,还需要根据据柱子上的 ± 0.000 m 标高线,用钢尺沿柱面量出吊车梁顶面设计标高线,做出标志,作为调整吊车梁顶面标高的依据。

2）吊车梁的安装

吊装吊车梁应使其两个端面上的中心线分别与牛腿面上的梁中心线初步对齐,再用经纬仪进行校正。校正方法是在地面上,从吊车梁中心线向厂房中心线量出长度 $a(1\ \text{m})$,得到平行线 A_2A_2、B_2B_2,如图 5-2-37(a)所示,此为校正轴线,在校正轴线一端点处安置经纬仪,如图 5-2-37(b)所示,固定照准部,上仰望远镜,照准放置在吊车梁顶面的横放直尺,对吊车梁进行平移调整,使吊车梁中心线上任一点距校正轴线水平距离均为 a。在吊车梁就位后,先根据柱面上定出的吊车梁设计标高线检查梁面的标高,并进行调整,再把水准仪安置在吊车梁上,每隔 3 m 测一点高程,与设计高程比较,其误差应在 ± 3 mm 以内。

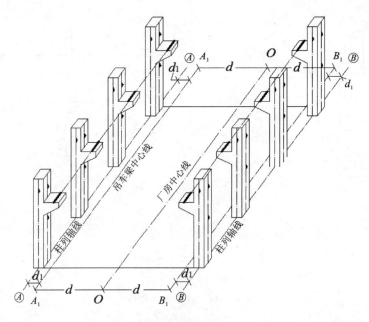

图 5-2-36　吊车梁的中心线投影

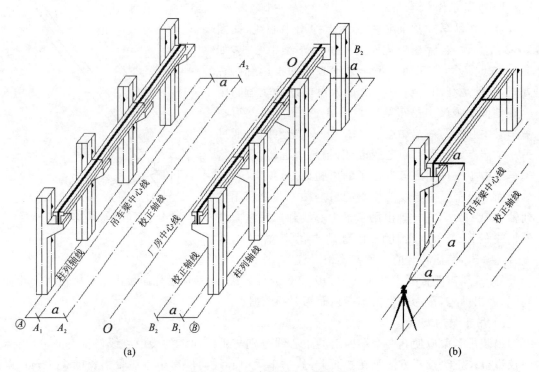

（a）　　　　　　　　　　　　　　　　　　　　　（b）

图 5-2-37　吊车梁的中心线校正

3. 屋架的安装测量

屋架的安装测量与吊车梁安装测量的方法基本相似，在此不再详述。

5.2.6　烟囱、水塔施工测量

烟囱和水塔都是高耸构筑物，其特点是基础小，筒身高。施工测量的工作主要是严格控制其中心位置,确保主体竖直。

1. 烟囱基础施工测量

按照施工平面图的要求,利用场地已知控制点或与原有建筑物的位置关系,在施工场地上测设出基础中心位置 O 点。如图 5-2-38 所示,在 O 点上安置经纬仪,任选一点 A 作为后视点,同时在此方向上定出 a 点,然后,顺时针旋转照准部依次测设 $90°$ 直角,测出 OC、OB、OD 方向上的 C、c、B、b、D、d 各点,并转回 OA 方向归零校核。其中 A、B、C、D 各控制桩至烟囱中心的距离应大于其高度的 $1\sim1.5$ 倍,a、b、c、d 四个定位桩,应尽量靠近所建构筑物但又不影响桩位的稳固,用于修坡和确定基础中心。

然后,以中心点 O 为圆心,以 $R+L$ 为半径(R 为烟囱基础的外侧半径,L 为基坑的放坡宽度)在场地上画圆,撒上白灰线,作为基础开挖的边线。

当基坑开挖快到设计标高时,可在基坑内壁测设水平桩,作为检查基础深度和浇筑混凝土垫层的依据。

浇筑混凝土基础时,应在基础中心位置埋设钢筋作为标志,并在浇筑完毕后把中心点 O 精确地引测到钢筋标志上,刻上"＋"线,作为筒体施工时控制筒体中心位置的依据。

2. 烟囱筒身施工测量

筒体施工时,应随时将烟囱中心引测到施工作业面上,通常是砌一步架或每升模板一次,应引测一次中心线,以检核作业面中心与基础中心是否在一条铅垂线上。具体方法是在施工作业面上横向设置一根控制木枋和一根带有刻度的旋转尺杆,如图 5-2-39 所示,尺杆零端铰接于木枋中心。木枋的中心悬挂质量为 $8\sim12$ kg 的垂球。移动木枋,直到垂球对准基础中心。筒体每升高 10 m 左右,还应用经纬仪引测中心线,检查时,把经纬仪安置在各轴线控制桩 A、B、C、D 上,照准各轴线相应一侧的定位小木桩 a、b、c、d,将轴线投测到施工面边上,并做标记;然后将标记拉线,两线交点即为烟囱中心位置,并与垂球引测的中心位置比较,以作校核,烟囱的中心偏差一般不应超过砌筑高度的 $1/1000$。

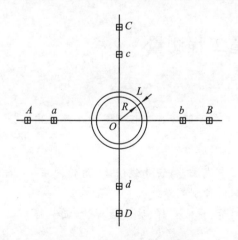

图 5-2-38　烟囱的定位和放线

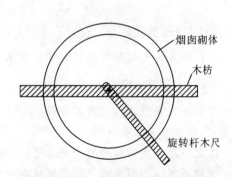

图 5-2-39　作业面中心及烟囱筒体检测

对高度较高的混凝土烟囱,模板每滑升一次,为保证精度要求,应采用激光铅垂仪进行烟囱铅直定位。

在检查中心点的同时,以引测的中心点为圆心,以当前施工作业面的设计半径为半径,用旋转木尺旋转画圆,如图 5-2-39,以检查烟囱壁的位置。

为了保证筒身收坡符合设计要求,除了用尺杆画圆控制外,还应随时用靠尺板来检查。靠尺板形状如图 5-2-40 所示,两侧的斜边是严格按照设计的筒壁斜度制作的。使用时,把斜边紧靠在筒体外侧,如筒体的收坡符合要求,则垂球线正好通过下端的缺口。

在筒体施工的同时,还应检查筒体砌筑到某一高度时的设计半径。如图 5-2-41 所示,某烟囱底部外侧设计半径为 R,顶部外侧设计半径为 r,总高为 H,求高度 H_i 的外侧设计半径 r_i。

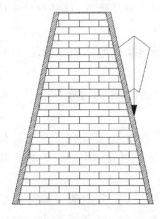

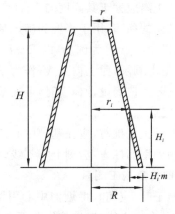

图 5-2-40　坡度靠尺　　　　　图 5-2-41　筒身设计半径计算

筒体收坡系数 m 为

$$m = (R - r)/H \tag{5-2-8}$$

则

$$r_i = R - H_i \cdot m \tag{5-2-9}$$

筒体的标高控制一般是用水准仪在筒壁上测出 $+0.500$ m(或任一整分米数)的标高线,然后以此线为准用钢尺量取筒体的高度。

任务5.3　隧道工程测量

▶ 任务介绍

本任务主要介绍隧道工程测量的基本知识。要求了解隧道工程测量的工序及内容。

▶ 学习目标

掌握并完成施工控制网的布设(平面控制采用中线法、精密导线法、三角锁网法、GPS 测量等;高程控制采用水准测量),掌握并完成隧道洞内控制测量。

掌握隧道开挖过程中的测量工作(隧道进洞测量、中线放样、坡度放样、断面放样)。

掌握隧道工程测量贯通误差预计与分析。

▶ 任务实施的知识点

5.3.1　隧道工程测量概述

隧道工程测量是在隧道工程的规划、勘测设计、施工建造和运营管理的各个阶段进行的测量。

为保证隧道能按规定的精度正确贯通及相关的建筑物与构筑物的位置正确，从而要求：

在勘测设计阶段，在隧道沿线布设测图控制网，测绘带状地形图，实地进行隧道的洞口点、中线控制桩和中线转折点的测设，绘制隧道线路平面图、纵断面图、洞身工程地质横断面图、正洞口和辅助洞口的纵断面图等工程设计图。

在施工建造阶段，根据隧道施工要求的精度和施工顺序进行相应的测量，首先根据隧道线路的形状和主洞口、辅助洞口、转折点的位置进行洞外施工控制网和洞口控制网的布设及施测，再进行中线进洞关系的计算及测量，随隧道向前延伸而阶段性地将洞内基本控制网向前延伸，并不断进行施工控制导线的布设和中线的施工放样，指导并保证不同工作面之间以预定的精度贯通，贯通后进行实际贯通误差的测定和线路中线的调整，施工过程中进行隧道纵横断面测量和相关建筑物的放样，以及进行竣工测量。

在运营管理阶段，定期进行地表、隧道洞身各部位及其相关建筑物的沉降观测和位移观测。

5.3.2　隧道洞外控制测量

5.3.2.1　洞外控制点的设置

洞外控制点是进行洞内施工测量的主要依据，主要包括平面控制点和高程控制点。

（1）在每个洞口应测设不少于3个平面控制点（包括洞口投点及其相联系的三角点或导线点）和2个高程控制点。

（2）直线隧道上，两端洞口应各确定一个中线控制桩，以两桩连线作为隧道的中线。

（3）在曲线隧道上，应在两端洞口的切线上各确定两个间距不小于200 m的中线控制桩，以两条切线的交角和曲线要素为依据，来确定隧道中线的位置。

（4）平面控制网应尽可能包括隧道各洞口的中线控制点，这样既可以在施工测量时提高贯通精度，又可减少工作量。

（5）同时进行高程控制测量，联测各洞口水准点的高程，以便引测进洞，保证隧道在高程方向准确贯通。

5.3.2.2　洞外平面控制测量

洞外平面控制测量应结合隧道长度、平面形状、线路通过地区的地形和环境等条件进行，可采用的方法有中线法、精密导线法、三角锁网法、GPS测量。

1. 中线法

中线法适用于简单、直观的平面控制，精度不高，用于长度较短或贯通精度要求不高的隧道。

方法：将隧道中线的平面位置，测设在地表上，经反复核对改正误差后，把洞口控制点确定下来，施工时就以这些控制点为准，将中线引入洞内。在直线隧道，于地表沿勘测设计阶段标定的隧道中线，用经纬仪正倒镜延伸直线法测设中线；在曲线隧道，则按曲线测设方法，首先精确标出两端切线方向，然后测出转向角，将切线长度正确地标定在地表上，再把线路中线测设到地面上。经反复校核，与两端线路正确衔接后，再以切线上的控制点（或曲线主点及转点等）为准，将中线引入洞内。

2. 精密导线法

在隧道进、出口之间，沿勘测设计阶段所标定的中线或离开中线一定距离布设导线，采用精密测量的方法测定各导线点和隧道两端控制点的点位，导线测量的主要技术要求见表5-3-1。

在进行导线点的布设时，除应满足上面要求外，导线点还要根据隧道长度和辅助坑道的数量及位置分布情况布设。导线宜采用长边，且尽量以直伸形式布设，这样可以减少转折角的个数，以减弱边长误差和测角误差对隧道横向贯通误差的影响。为了增加检核条件和提高测角精度评定的可行性，导线应组成多边形导线闭合环或具有多个闭合环的闭合导线网，在一个控制网中，导线环的个数不宜少于4个；每个环的边数宜为4~6条。

导线可以是独立的，也可以与国家高等级控制点相连。

导线水平角的观测，宜采用方向观测法，测回数需符合规定。

表 5-3-1　导线测量主要技术要求

等级	导线长度/km	平均边长/km	测角中误差/(″)	测距中误差/mm	测距相对中误差	测回数			方位角闭合差/(″)	导线全长相对闭合差
						1″级仪器	2″级仪器	6″级仪器		
三等	14	3	1.8	20	1/150000	6	10	—	$3.6\sqrt{n}$	≤1/55000
四等	9	1.5	2.5	18	1/80000	4	6	—	$5\sqrt{n}$	≤1/35000
一级	4	0.5	5	15	1/30000		2	4	$10\sqrt{n}$	≤1/15000
二级	2.4	0.25	8	15	1/14000			3	$16\sqrt{n}$	≤1/10000
三级	1.2	0.1	12	15	1/7000		1	2	$24\sqrt{n}$	≤1/5000

当水平角为两方向时，则以总测回数的奇数测回和偶数测回分别观测导线的左角和右角，左角、右角均取中数，并按式5-3-1计算圆周角闭合差 Δ，其值应符合表5-3-2的规定。再将它们统一换算为左角或右角后取平均值作为最后结果，这样可以提高测角精度。

$$\Delta = [左角]_{中} + [右角]_{中} - 360° \tag{5-3-1}$$

表 5-3-2　测站圆周角闭合差的限差

导线等级	二	三	四	五
Δ/(″)	2.0	3.6	5.0	8.0

导线环角度闭合差的限差 $f_{\beta限}$，按式(5-3-2)计算。

$$f_{\beta限} = 2m\sqrt{n} \tag{5-3-2}$$

式中　m——设计所需的测角中误差(″)；

　　　n——导线环内角的个数。

导线的实际测角中误差 m_β 按式(5-3-3)计算，并应符合控制测量设计等级的精度要求。

$$m_\beta = \sqrt{\frac{[f_\beta^2/n]}{N}} \tag{5-3-3}$$

式中　f_β——导线环角度闭合差；

　　　n——导线环内角的个数；

　　　N——角度观测次数。

导线环(网)的平差计算，一般采用条件平差或间接平差。当导线精度要求不高时，亦可采用近似平差。

采用导线进行隧道平面控制网的建立比较灵活、方便,对地形的适应性强。

3. 三角锁网法

将测角三角锁布置在隧道进出口之间,以一条高精度的基线作为起始边,并在三角锁的另一端增设一条基线,以增加检核和平差的条件。三角测量的方向控制较中线法、导线法都高,如果仅从提高横向贯通精度的观点考虑,它是最理想的隧道平面控制方法。由于光电测距仪和全站仪的普遍应用,三角测量除采用测角三角锁外,还可采用边角网和三边网作为隧道洞外控制。但从其精度、工作量等方面综合考虑,以测角单三角形锁最为常用。经过近似或严密平差计算可求得各三角点和隧道轴线上控制点的坐标,然后以这些控制点为依据,可计算各开挖口的进洞方向。

4. GPS 测量

隧道洞外控制测量可利用 GPS 相对定位技术,采用静态测量方式进行。测量时仅需在各开挖洞口附近测定几个控制点的坐标,工作量小,精度高,而且可以全天候观测,因此是大中型隧道洞外控制测量的首选方案。

隧道洞外控制测量技术要求需满足表 5-3-3 的规定。

表 5-3-3　平面控制测量设计要求

测量部位	测量方法	测量等级	适用长度/km	洞口联系边(方向)中误差/(")	测角中误差/(")	边长相对中误差
洞外	GPS 测量	一	6~20	1.0	—	1/250000
		二	4~6	1.3	—	1/180000
		三	<4	1.7	—	1/100000
	导线测量	二	8~20	—	1.0	1/200000
			6~8	—		1/100000
		三	4~6	—	1.8	1/80000
		四	1.5~4	—	2.5	1/50000
	三角测量	二	8~20	—	1.0	1/200000
			6~8	—		1/150000
		三	4~6	—	1.8	1/100000
		四	1.5~4	—	2.5	1/50000
洞内	导线测量	二	9~20	—	1.0	1/100000
		隧道二等	6~9	—	1.3	1/100000
		三	3~6	—	1.8	1/50000
		四	1.5~3	—	2.5	1/50000
		一	<1.5	—	4.0	1/20000

5.3.2.3　洞外高程控制测量

洞外高程控制测量,是按照设计精度施测各开挖洞口附近水准点的高程,以便将整个隧道的统一高程系统引入洞内,以保证在高程方向按规定精度正确贯通,并使隧道各附属工程按要求的高程精度正确修建。

1. 高程控制测量方法

（1）常采用水准测量方法。

（2）当山势陡峻采用水准测量困难时，四、五等高程控制亦可采用光电测距三角高程的方法进行。

2. 高程控制测量路线

应选择连接各洞口最平坦和最短的线路，以期达到设站少、观测快、精度高的要求，每一个洞口应埋设不少于 2 个水准点，以相互检核，两水准点的位置，以能安置一次仪器即可联测为宜，方便引测并避开施工的干扰。

3. 高程控制测量的精度

参照表 5-3-4 的洞外部分即可。

表 5-3-4　水准测量的精度要求

测量部位	测量等级	每公里水准测量的偶然中误差/mm	两开挖洞口间水准路线长度/km	水准仪等级/测距仪精度等级	水准标尺类型
洞外	二	≤1.0	>36	DS_{05}、DS_1	线条式铟瓦钢水准尺
	三	≤3.0	13～36	DS_1	线条式铟瓦钢水准尺
				DS_3	区格式水准尺
	四	≤5.0	5～13	DS_3/Ⅰ、Ⅱ	区格式水准尺
	五	≤7.5	<5	DS_3/Ⅰ、Ⅱ	区格式水准尺
洞内	二	≤1.0	>32	DS_1	线条式铟瓦钢水准尺
	三	≤3.0	11～32	DS_3	区格式水准尺
	四	≤5.0	5～11	DS_3/Ⅰ、Ⅱ	区格式水准尺
	五	≤7.5	<5	DS_3/Ⅰ、Ⅱ	区格式水准尺

5.3.3　隧道洞内控制测量

在隧道施工中，随着开挖的延伸进展，需要不断给出隧道的掘进方向。为了正确完成施工放样，防止误差积累，保证最后的准确贯通，应进行洞内控制测量。此项工作是在洞外控制测量和洞内洞外联系测量的基础上展开的，包括洞内平面控制测量和洞内高程控制测量。

5.3.3.1　洞内平面控制测量

隧道洞内平面控制测量应结合洞内施工特点进行。由于场地狭窄，施工干扰大，故洞内平面控制常采用中线法或导线法两种形式。

1. 中线法

中线法是指采用直接定线法，即以洞外控制测量定测的洞口投点为依据，向洞内直接测设隧道中线点，并不断延伸作为洞内平面控制。这是一种特殊的支导线形式，即把中线控制点作为导线点，直接进行施工放样。一般以定测精度测设出待定中线点，其距离和角度等放样数据由理论坐标值反算。该法适用于小于 500 m 的曲线隧道和小于 1 000 m 的直线隧道。

若将上述测设的中线点，辅以高精度的测角、量距，可以计算出新点实际的精确点位，并和理论坐标相比较，根据其误差，再将新点移到正确的中线位置上，这种方法也可以用于较长的隧道。

缺点:受施工运输的干扰大,不方便观测,点位易被破坏。

2. 导线法

采用精密导线进行,适用于长、大隧道。

导线特点:较中线形式灵活,点位易于选择,测量工作也较简单,而且可有多种检核方法;当组成导线闭合环时,角度经过平差,还可提高点位的横向精度。施工放样时的隧道中线点依据临近导线点进行测设,中线点的测设精度能满足局部地段施工要求即可。

洞内导线可以采用下列几种形式。

(1)单导线:单导线布设灵活,但缺乏检测条件。测量转折角时最好半数测回测左角,半数测回测右角,以加强检核。施工中应定期检查各导线点的稳定情况。

(2)导线环法:导线环法是长大隧道洞内控制测量的首选形式,有较好的检核条件,而且每增设一对新点,如图 5-3-1 所示,5 和 5' 点,可按两点坐标推算 5—5' 的距离,然后与实地丈量的 5—5' 距离比较,这样每前进一步均有检核。

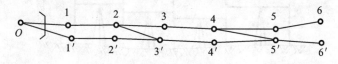

图 5-3-1 导线环

(3)主副导线环法:如图 5-3-2 所示,图中双线为主导线,单线为副导线。主导线既测角又测边长,副导线只测角不测边,增加角度的检核条件。在形成第二闭合环时,可按虚线形式,以便主导线在 3 点处能以平差角计算 3—4 边的方位角。主副导线环可对测量角度进行平差,提高了测角精度,对提高导线端点的横向点位精度非常有利。

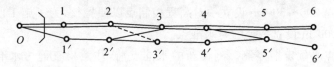

图 5-3-2 主副导线环

在洞内进行平面控制时应注意:

① 每次建立新点,都必须检测前一个旧点的稳定性,确认旧点没有发生位移,才能用来发展新点。

② 导线点应布设在避免施工干扰、稳固可靠的地段,尽量形成闭合环。导线边以接近等长为宜,一般直线地段不短于 200 m,曲线地段不宜短于 70 m。

③ 测角时,必须经过通风排烟,使空气澄清以后,能见度恢复时进行。根据测量的精度要求确定使用仪器的类型和测回数。

④ 洞内边长丈量,用钢尺丈量时,钢尺需经过检定;当使用光电测距仪测边时,应注意洞内排烟和漏水地段测距的状况,准确进行各项改正。

5.3.3.2 洞内高程控制测量

洞内高程控制测量是将洞外高程控制点的高程通过联系测量引测到洞内,作为洞内高程控制和隧道构筑物施工放样的基础,以保证隧道在竖直方向正确贯通。

洞内应每隔 200~500 m 设立一对高程控制点。高程控制点可选在导线点上,也可根据情况埋设在隧道的顶板、底板或边墙上。

三等及以上的高程控制测量应采用水准测量,四、五等可采用水准测量或光电测距三角高程测量。

当采用水准测量时,应进行往返观测;采用光电测距三角高程测量时,应进行对向观测,三角高程导线宜构成闭合环。

采用水准测量时,为避免施工干扰可采用倒尺法传递高程。如图 5-3-3,应用倒尺法传递高程时,规定倒尺的读数为负值,其高差的计算见式(5-3-4)。

$$h = a - b \tag{5-3-4}$$

式中　h——高差;

　　　a——后视读数;

　　　b——前视读数。

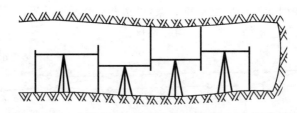

图 5-3-3　倒尺法传递高程

洞内水准测量与洞外水准测量的方法基本相同,但有以下特点:

① 隧道贯通之前,洞内水准路线属于水准支线,故需往返多次观测进行检核。

② 洞内三等及以上的高程测量应采用水准测量,进行往返观测;四、五等也可采用光电测距三角高程测量的方法,应进行对向观测。

③ 洞内应每隔 200~500 m 设立一对高程控制点以便检核,为了施工便利,应在导坑内拱部边墙至少每 100 m 设立一个临时水准点。

④ 洞内高程点必须定期复测。测设新的水准点前,注意检查前一水准点的稳定性,以免产生错误。

5.3.4　隧道开挖过程中的测量工作

在隧道施工过程中,测量人员的主要任务是随时确定开挖的方向,以及进行建筑设备和构建筑物的施工测量。开挖时主要的测量任务包括:中线放样、坡度放样、断面放样。

5.3.4.1　隧道进洞测量

隧道进洞测量即隧道洞外和洞内的联系测量,在隧道开挖之前,必须根据洞外控制测量的结果,测算洞口控制点的坐标和高程,同时按设计要求计算洞内待定点的设计坐标和高程,通过坐标反算,求出洞内待定点与洞口控制点(或洞口投点)之间的距离和夹角关系,可按极坐标方法或其他方法测设出进洞的开挖方向,并放样出洞门内的待定点点位。

1. 正常进洞关系的计算和进洞测量

洞内外两者的坐标系不一致,应首先把洞外控制点和中线控制桩的坐标纳入同一坐标系统内,即必须先进行坐标转换。一般在直线隧道以线路中线作为 x 轴;曲线隧道上以一条切线方向作为 x 轴,建立施工坐标系。用控制点和隧道内待测设的线路中线点的坐标,反算两点的距离和方位角,从而确定进洞测量的数据。把中线引进洞内,可按下列方法进行。

1) 直线隧道进洞

直线隧道进洞计算比较简单,常采用拨角法。如图 5-3-4 所示为直线隧道进洞计算,A、D 为隧道的洞口投点,位于线路中线上,当以 AD 为坐标纵轴方向时,可根据洞外控制测量确定的 A、B 和 C、D 点坐标进行坐标反算,分别计算放样角 β_1 和 β_2。测设放样时,仪器分别安置在 A 点,后视 B 点;安置在 D 点,后视 C 点,相应地拨角 β_1 和 β_2,就得到隧道口的进洞方向。

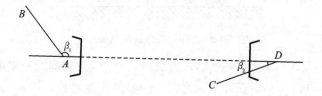

图 5-3-4　直线隧道进洞

2) 曲线隧道进洞

曲线隧道每端洞口切线上的两个投点的坐标在平面控制测量中已计算出,根据四个投点的坐标可算出两切线间的偏角 α(α 为两切线方位角之差),α 值与原来定测时所测得的偏角值可能不相符,应按此时所得 α 值和设计所采用曲线半径 R 和缓和曲线长 l_0,重新计算曲线要素和各主点的坐标。

曲线进洞测量方法如下。

(1) 洞口投点移桩法。

即计算定测时原投点偏离中线(理论中线)的偏移量和移桩夹角,并将它移到正确的中线上,再计算出移桩后该点的隧道施工里程和切线方向,于该点安置仪器,就可按照曲线测设方法,测设洞门位置或洞门内的其他中线点。

(2) 洞口控制点与曲线上任一点关系计算法。

将洞口控制点坐标和整个曲线转换为同一施工坐标系。无论待测设点位于切线、缓和曲线还是圆曲线上,都可根据其里程计算出施工坐标,在洞口控制点上安置仪器用极坐标法测设洞口待定点。

2. 辅助坑道的进洞测量

1) 由斜井或横洞传递坐标及高程

如图 5-3-5 所示,当采用斜井和横洞作为辅助坑道时,必须正确进行斜井或横洞的中线定位测量,并在斜井或横洞施工的同时布设联系导线,把洞内外控制测量联系起来,从而把洞外控制的方向和坐标传递给洞内导线,构成一个洞内外统一的控制坐标系,保证各施工段正确贯通,这种导线称为联系导线。联系导线是一种支导线,其测角误差和边长误差将直接影响洞内控制测量并进而影响隧道的贯通精度,故必须进行多次重复精密测定。

由斜井或横洞传递高程采用水准测量方法,由于斜井坡度较陡,观测视线很短,测站数增多,加之观测环境差,故误差累积较大。应每隔 10 站在斜井边脚设一临时水准点,以便往返测量时校核,用以减少返工的工作量。

2) 由竖井传递坐标及高程

(1) 竖井传递坐标。

当采用竖井作为辅助坑道时,可采用联系三角形法进行定向测量。如图 5-3-6 所示,C

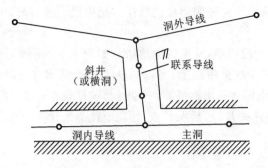

图 5-3-5　洞内、洞外联系测量导线

为地面上的近井点，DD_1、EE_1 为两垂线，F 为洞内近井点，在两垂线稳定的情况下在竖井上观测 β_C、α 角，丈量边长 a、b、c，在井下观测 β_F、α' 角，并丈量边长 a'、b'、c'。

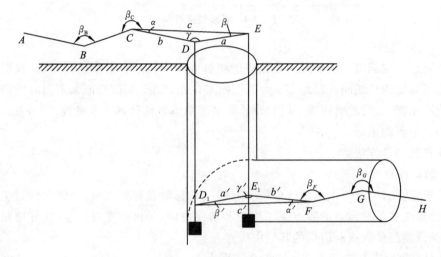

图 5-3-6　竖井传递坐标

角度测量可采用 2″ 级仪器，采用方向观测法观测 6 个测回，测回间变换度盘位置，联系三角形的边长测量可使用经检定的钢卷尺，丈量时施以标准拉力，并量取丈量时温度，改变钢尺起始读数多次丈量，观测值互差不应大于 2 mm，最后取其平均值，并进行尺长改正和温度改正。

井上量取的两垂线间距 a 与井下量取的两垂线间距 a' 互差一般不应大于 2 mm。

在布设联系三角形时，应遵照如下原则：垂线间距 a 尽可能大，α、β 应越小越好，且 α 不能大于 3°，b 与 a 的比值宜为 1∶5，BC 边不宜小于 20 m。

采用式(5-3-5)计算井上、井下联系三角形内角 β、γ、β'、γ'。

$$\frac{a}{\sin\alpha} = \frac{b}{\sin\beta} = \frac{c}{\sin\gamma}$$

$$\frac{a'}{\sin\alpha'} = \frac{b'}{\sin\beta'} = \frac{c'}{\sin\gamma'}$$

$$(5\text{-}3\text{-}5)$$

采用式(5-3-6)计算联系三角形的内角和闭合差。

$$f = \alpha + \beta + \gamma - 180°$$

$$f' = \alpha' + \beta' + \gamma' - 180°$$

$$(5\text{-}3\text{-}6)$$

将内角和闭合差平均分配到 β、γ、β'、γ' 上。

另外,采用余弦公式式(5-3-7)计算的 a、a' 与丈量的结果互差井上不大于 2 mm,井下不大于 4 mm。

$$a = \sqrt{b^2 + c^2 - 2bc\cos\alpha} \tag{5-3-7}$$

满足限差要求后采用式(5-3-8)计算改正数。

$$v_a = -\frac{d}{3}, \quad v_b = -\frac{d}{3}, \quad v_c = \frac{d}{3} \tag{5-3-8}$$

在丈量的边长上加上改正数,根据上述方法求得的水平角和边长,将井上、井下看成一条导线,推算井下起始点 F 的坐标及 FG 的方位角。

为了提高定向精度,一般使方向传递经过不同的三组联系三角形,取其平均值作为最后结果。

(2) 竖井传递高程。

如图 5-3-7 所示,在井上悬挂一根带标准重锤的经过检定的长钢尺至井下,并在井上、井下各安置一台水准仪,同时读取钢尺读数 b 和 c,然后再读取井上、井下水准点的标尺读数,由此求得井下水准点的高程。

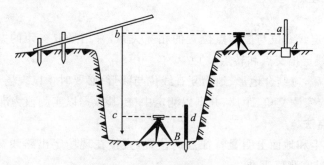

图 5-3-7　竖井高程传递

井下水准点 B 的高程 H_B 可用下式计算:

$$H_B = H_A + a - [(b - c) + \Delta t + \Delta k] - d \tag{5-3-9}$$

式中　H_A——井上水准点 A 的高程;

　　　a、d——井上、井下水准尺读数;

　　　b、c——井上、井下钢尺读数;

　　　Δt——钢尺温度改正数,$\Delta t = \alpha L(t_{均} - t_0)$,$L = b - c$;

　　　α——钢尺的线膨胀系数,取 $1.25 \times 10^{-5}/℃$;

　　　$t_{均}$——井上、井下的平均温度;

　　　t_0——钢尺检定时的温度;

　　　Δk——钢尺尺长改正数。

5.3.4.2　中线放样

在隧道施工过程中,根据洞内布设的地下导线点,经坐标推算而确定隧道中心线方向上有关点位,以准确知道较长隧道的开挖方向和便于日常施工放样。可采用极坐标法、拨角法、支距法、直接定交点法放线。图 5-3-8 为极坐标法中线放样。

1. 极坐标法放线

(1) 采用极坐标法放线,可不设置交点桩,其偏角、间距和桩号均以计算资料为准。放

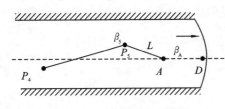

图 5-3-8　极坐标法中线放样

线时,应一次放出整桩与加桩,其余用链距法测定。

（2）供链距法测定中桩的控制桩（公里桩,曲线起、中、终点桩等）应读数两次,其点位差不得大于 2 cm,并于桩顶钉小钉以示点位。

（3）测站转移前,应观测核对相邻控制点的方位角;测站转移后,应对前一测站所放桩位重放 1~2 个桩点,以资校核。采用支导线敷设个别中桩,只限于两次传递,并应与控制点闭合。

2. 拨角法放线

（1）根据纸上定线,计算各线段的方向、距离、交角等资料,在现场拨角量距,定出路线转点和交点。

（2）拨角法放线,应重新实测偏角和距离,并据以敷设中线,其数据以实测值为准。

（3）一般每隔 3~5 个交点与导线点闭合一次,必要时应调整线位,消除实地放线与纸上定线间的累积误差。

3. 支距法放线

（1）根据纸上定线线位与控制点位置的相互关系,采用量取支距的办法放出路线上的特征点,并据此穿线定出交点和转点。

（2）实地放线后,应结合地形、地物复查线位与线形,必要时予以现场修改,使之完善。

（3）放线后,应实测交角、距离,并据以测定中桩,其数据以实测值为准。

4. 直接定交点法

（1）利用图纸上和地面上明显特征点的位置,直接在现场定出路线交点,并测角量距,敷设中线,其数据以实测值为准。

（2）直接定交点法,通常用于地形平坦,路线受限不严,地面目标明显,或公路改建等定测放线。

5.3.4.3　坡度放样

为了控制隧道坡度和高程的正确性,通常在隧道岩壁上每隔 5~10 m,标出比洞底地坪高出 1 m 的抄平线,又称腰线,腰线与洞底地坪的设计高程线是平行的。施工人员根据腰线可以很快地放样出坡度和各部位高程。

在隧道斜坡的施工中,经常采用水准仪标定斜坡,如图 5-3-9 所示,其具体方法为:

（1）根据洞外水准点放样出洞口底板高程,测设出 M 点;

（2）在需要测设腰线的适当位置安置水准仪,读出 M 点上水准尺读数为 a;

（3）从 M 点开始,在隧道侧墙上每隔 5 米标定出等高点 B'、C'、D'、…;

（4）从 A' 点向下量取

$$\Delta H_1 = a - 1$$

得腰线点 A;

（5）设洞轴线设计坡度为 $i\%$,则每隔 5 米洞轴线升高 $5m \times i\%$,则

$$\Delta H_2 = a - (1 + 5 \times i\%)$$

$$\Delta H_3 = a - (1 + 10 \times i\%)$$

$$\Delta H_4 = a - (1 + 15 \times i\%)$$

．．．．．．．．．．．．

从 B'、C'、D' 点上向下垂直量取 ΔH_2、ΔH_3、ΔH_4、…，即得腰线点 B、C、D、…点，用直线把这些腰线点连接起来即得腰线，随着隧道的掘进，按照上述方法继续测设新的腰线。

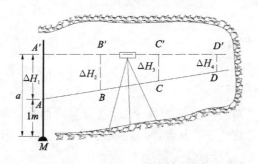

图 5-3-9　水准仪标定斜坡放样

5.3.4.4　断面放样

每次开挖钻爆前，应在开挖断面上根据中线和规定高程标出预计开挖断面轮廓线。需进行两次测量：第一次是衬砌前，确定没有欠挖。第二次是衬砌后，确定是否符合设计。一般给出数据：断面宽度 b、拱高 d、拱弧半径 R，以及设计起拱线的高度 L 等数据。

如图 5-3-10 所示，首先在中线桩上安置经纬仪，在工作面上标定出断面中垂线。然后测定中垂线下部的地面高程，令其与该处洞底设计高程之差为 Δh，则拱弧圆心在中垂线上离地面的高度应为 $L+d-R-\Delta h$，用钢尺从地面顺中垂线向上竖直量取这一长度，定出拱弧圆心的位置。然后根据拱弧半径 R，起拱线高度 L 及断面宽度 b，便可按几何作图的方法将断面形状在工作面上画出来。

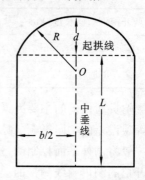

图 5-3-10　中线法测量断面原理

现代的断面测量方法是采用极坐标测量设备和计算机的集成断面测量系统来实现，如图 5-3-11 所示。

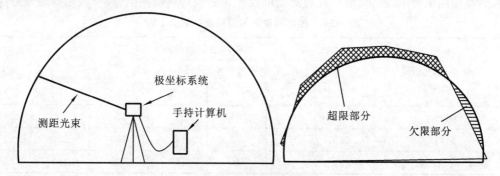

图 5-3-11　断面测量系统

极坐标系统架设于隧道内，通过激光测距光束对隧道内壁进行测距，并同时测角，得到隧道轮廓一个点的三维极坐标值，即空间距离值、水平角度值、竖直角度值。如果极坐标系统中本身有数据处理程序，便可在极坐标系统内部将这个极坐标数据进行处理，直接得到三维迪卡尔坐标数据。

5.3.5 隧道贯通误差及预计

相向开挖的两条施工中线上,具有贯通面里程的中线点不重合,两点连线的空间线段称为贯通误差。

5.3.5.1 贯通误差的分类

贯通误差在水平面上的正射投影称为平面贯通误差;在铅垂面上的正射投影称为高程贯通误差,简称高程误差。

平面贯通误差在水平面内可分解为两个分量:与贯通面平行的分量,称为横向贯通误差,简称横向误差;与贯通面垂直的分量,称为纵向贯通误差,简称纵向误差。

5.3.5.2 贯通误差对隧道贯通的影响

纵向误差影响隧道中线的长度和线路的设计坡度。横向误差影响线路方向,如果超过一定的范围,就会引起隧道几何形状的改变,甚至造成侵入建筑限界而迫使大段衬砌拆除重建的后果,既造成重大经济损失又延误了工期。因此,必须对横向误差加以限制。高程误差主要影响线路坡度。横向误差和高程误差的限差见表 5-3-5。

表 5-3-5 横向误差和高程误差的限差

两开挖洞口间长度/km	<4	4~8	8~10	10~13	13~17	17~20
横向贯通误差/mm	100	150	200	300	400	500
高程贯通误差/mm	±50					

影响贯通误差的主要因素是洞外控制测量、洞内外联系测量、洞内控制测量和洞内中线放样等项误差的共同影响。控制测量对贯通精度影响的限值见表 5-3-6。

一般将洞外平面控制测量的误差作为影响隧道横向贯通误差的一个独立的因素,将两相向开挖的洞内导线测量的误差各作为一个独立的因素,按照等影响原则确定相应的横向贯通误差。

高程控制测量中,洞内、洞外高程测量的误差对高程贯通误差的影响,按相等原则分配。

表 5-3-6 控制测量对贯通精度影响的限值

测 量 部 位	横向中误差/mm						高程中误差/mm
	相邻两开挖洞口间长度/km						
	<4	4~8	8~10	10~13	13~17	17~20	
洞外	30	45	60	90	120	150	±18
洞内	40	60	80	120	160	200	±17
洞外、洞内总影响	50	75	100	150	200	250	±25

5.3.5.3 贯通误差预计

贯通误差估算的方法因控制网的形式不同而异。纵向误差影响隧道中线的长度和线路的设计坡度,所以在贯通误差中只考虑横向误差和高程误差对隧道贯通的影响。

1. 平面测量误差对横向贯通精度的影响

1）单导线

单导线对隧道贯通误差的影响主要是由于测角和测边引起的,由测角误差引起的横向贯通误差按下式计算：

$$m_{y\beta} = \pm \frac{m''_{\beta}}{\rho''} \sqrt{\sum R_x^2} \qquad (5\text{-}3\text{-}10)$$

式中　m''_{β}——导线测角中误差(")；

　　　ρ''——弧秒,206265"；

　　　$\sum R_x^2$——导线各点至贯通面的垂直距离的平方和(m^2)。

由测边引起的横向贯通误差按下式计算：

$$m_{yl} = \pm \frac{m_l}{l} \sqrt{\sum d_y^2} \qquad (5\text{-}3\text{-}11)$$

式中　$\frac{m_l}{l}$——导线测边相对中误差；

　　　$\sum d_y^2$——导线各边在贯通面上投影长度的平方和(m^2)。

受角度测量误差和距离测量误差的共同影响,单导线测量误差对横向贯通误差的总影响值按下式计算：

$$m = \pm \sqrt{m_{y\beta}^2 + m_{yl}^2} \qquad (5\text{-}3\text{-}12)$$

2）主副导线环

主副导线环测量误差对贯通误差的影响值按下式计算。

$$m = \pm \sqrt{\left(\frac{m_l}{l}\right)^2 \sum d_{yl}^2 + \left(\frac{m''_{\beta}}{\rho''}\right)^2 \frac{1}{P_{\beta}}} \qquad (5\text{-}3\text{-}13)$$

式中　$\frac{m_l}{l}$——主导线测边相对中误差；

　　　m''_{β}——导线测角中误差(")；

　　　$\sum d_{yl}^2$——主导线各边在贯通面上投影长度的平方和(m^2)；

　　　$\frac{1}{P_{\beta}}$——导线环平差角对贯通影响的权倒数,

$$\frac{1}{P_{\beta}} = [R_x^2] - \frac{[R_x]^2}{(n+1)+k'} \qquad (5\text{-}3\text{-}14)$$

式中　R_x——主导线各点至贯通面的垂距(m)；

　　　$(n+1)+k'$——主副导线环角度测量测站总数。

3）导线网

导线网测量误差对贯通精度影响值有以下几种估算方法:按条件平差的估算方法、按间接平差的估算方法、按点位误差椭圆的估算方法等。

4）附合导线

附合导线测量误差对贯通精度影响值的估算方法同单导线。

5）三角锁

三角锁测量误差对贯通精度的影响值按照导线近似估算时,首先从三角锁内选取一条替代导线,替代导线宜按进出口连线方向较接近,且边数较少的一列的三角锁的边组成。两端洞口所选的边要便于向洞内引测导线或便于向洞口投点。

一般布网时已确定起始边,根据布网图形及选取替代导线的情况,确定最弱边,并估算其精度。

$$\frac{m_1}{l} = \frac{\dfrac{m_{l1}}{L_1} \times \dfrac{m_{l2}}{L_2}}{\sqrt{\left(\dfrac{m_{l1}}{L_1}\right)^2 + \left(\dfrac{m_{l2}}{L_2}\right)^2}} \qquad (5\text{-}3\text{-}15)$$

$$\frac{m_1}{L} = \pm \sqrt{\left(\frac{m_b}{b}\right)^2 + \left(\frac{m_\beta}{\rho}\right)^2 \frac{1}{P_T}} \qquad (5\text{-}3\text{-}16)$$

$$\frac{1}{P_T} = \frac{2}{3} \sum (\cos^2\alpha + \cos^2\beta + \cos\alpha \cdot \cos\beta) \qquad (5\text{-}3\text{-}17)$$

式中　$\dfrac{m_{l1}}{L_1}$、$\dfrac{m_{l2}}{L_2}$——两端起始边推算的最弱边的边长相对中误差;

　　　$\dfrac{m_b}{b}$——起始边相对中误差;

　　　$\dfrac{1}{P_T}$——权倒数(用真数计算);

　　　α、β——所求距角。

2. 高程控制测量对高程贯通误差的影响估算

受洞外和洞内高程控制测量误差影响,在贯通面上所产生的高程中误差。

$$m_{\Delta h} = \pm \sqrt{m_{\Delta外}^2 \cdot L_外 + m_{\Delta内}^2 \cdot L_内} \qquad (5\text{-}3\text{-}18)$$

式中　$L_外$、$L_内$——相邻两开挖洞口间的洞外和洞内水准路线长度(km);

　　　$m_{\Delta外}$、$m_{\Delta内}$——洞外、洞内每公里水准测量高差中数的偶然中误差(mm)。

洞外、洞内水准测量的每公里路线高差中数的偶然中误差,按式(5-3-19)分别计算。

$$m_\Delta = \pm \sqrt{\frac{1}{4n} \sum_1^n \left(\frac{\Delta\Delta}{R}\right)} \qquad (5\text{-}3\text{-}19)$$

式中　Δ——测段往返测高差不符值(mm);

　　　R——测段的单程长度(km);

　　　N——测段数。

任务5.4　道路工程测量

》》→ | 任务介绍......

本任务主要介绍道路工程测量的基本知识。要求了解道路工程测量的工序及内容;掌握道路平曲线、竖曲线测设以及路基、路面施工测量的基本方法。

》》→ | 学习目标......

通过本任务的学习,会进行道路恢复中线测量;能进行道路边桩、边坡测设;能进行路面施工测量。

➤━━ ▍**任务实施的知识点** ┃......

5.4.1 概述

道路工程测量包括了可行性研究、初测、定测、施工测量、竣工测量等几个阶段。

可行性研究指项目的制定应根据本地区的资源开发、工农业发展布局等情况,结合线路工程规划深入进行勘查,对建设项目在技术上、经济上是否合理进行全面的分析及论证,制定多种方案,提出合适的投资预算,可行性研究阶段必须使用 1∶50000 或 1∶100000 比例尺地形图,从地形图上可快速地了解整个地区的地形、地质、水文、植被、居民点等分布情况,并结合实地考察,在图上进行方案选择。

在方案选择之后,需要实地进行初测,初测就是沿可行性研究制定的线路方案,去实地进行导线测量、水准测量和地形测量。可得到 1∶1000、1∶2000 或 1∶5000 的带状地形图,带状地形图的宽度山区一般为 100 m,平坦地区为 250 m,还可得到纵断面图,然后设计人员在初测的图纸上考虑各种综合因素设计出规划的线路。

图上设计的线路需要标定到实地上的工作称为定测,定测主要是将初步设计的中线测设到实地上,打桩标定,在线路的转向处进行曲线放样,测量中桩高程,绘制中线纵断面图,并施测中桩横断面。

当新建项目的技术方案明确或项目投资较少时,可采用一次定测进行施工文件的编制。下面主要讲述道路的定测和施工测量相关工作。

5.4.2 道路的定测

道路的定测主要包括定线测量、中线测量、纵横断面测量及纵横断面图的绘制。

5.4.2.1 定线测量

1. 穿线放线法

适用于设计中线为图解设计中线的情况。

如图 5-4-1 所示,该图为初步设计的线路中线,图中 A_2、A_3、A_4、A_5、A_6、A_7 为粗测导线点,JD_1-JD_2-JD_3 为设计线路中心线,在图上作垂直于导线边的直线,交中线于 2、3、4、5、6、7 点,这些直线称为支距,在图上量出支距的长度为 d_2、d_3、d_4、d_5、d_6、d_7,并将其通过比例尺换算成实地长度。

在现场将经纬仪安置在相应的导线点上,例如安置经纬仪于 A_2 点,照准 A_1 点,测设直角得到 $A_2{\rightarrow}2$ 方向,在该方向上测设距离 d_2,即定出线路中心点 2 点。同理可定出 3、4、5、6、7 点,为了检核,每一条直线边至少需要放样三个点。

由于图解支距和放样误差的存在,直线上的三点不在一条直线上,必须将其调整到一条直线上,这项工作称为穿线,如图 5-4-2 所示,可采用经纬仪或全站仪定出一条直线,使其尽可能靠近测设点。

穿线完成之后。需要定出直线的交点,如图 5-4-3 所示,先在 5 号点安置经纬仪,以 7 号点定向,注意采用穿线后的点位,用正倒镜分中法在该直线上靠近交点的位置测设 a、b 两点,a、b 两点应分别位于 2-4 直线的两侧,打桩并用小钉标出点位,该桩称为骑马桩,在两点拉上细线,然后安置经纬仪于 2 点,照准 4 点,延长该直线,仪器视线与细线的交点即为交点 JD_2,打桩标定,并用红油漆在桩的顶面标注交点编号。有时候,为满足中线测定和其他工程

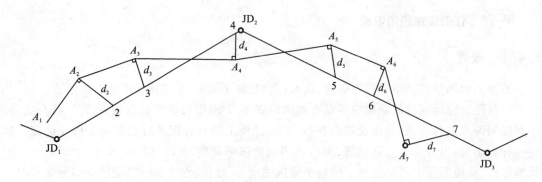

图 5-4-1 穿线放线法

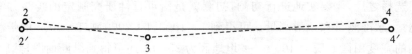

图 5-4-2 穿线

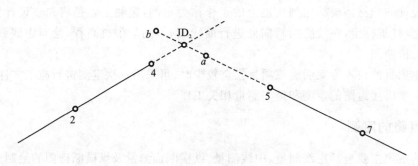

图 5-4-3 测设交点

勘测的需要。还需要在距交点 $400 \sim 500$ m 的位置加测线路中心线标桩。

中桩交点测设之后，需要测定两直线的交角。如图 5-4-4 所示，规范规定，高速公路、一级公路应使用不低于 DJ_6 级经纬仪，采用方向观测法测量线路的右侧角一测回，半测回间变动度盘位置。

转向角按式(5-4-1)计算。

$$\alpha_右 = 180° - \beta_右(\beta_右 < 180°)$$
$$\alpha_左 = \beta_右 - 180°(\beta_右 > 180°)$$

$$(5\text{-}4\text{-}1)$$

当 $\beta < 180°$ 时，α 为右转角，反之为左转角。

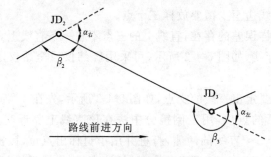

图 5-4-4 路线转角

2. 拨角定线法

当线路的设计为解析设计,交点的坐标准确时,可采用此法,由于交点的坐标已知,可以采用粗测时的导线点进行极坐标放样,或采用全站仪、RTK 直接进行点位放样。

为了减小放样的误差,应每隔 5 km 将放样的交点与粗测导线点联测,比较交点的实测坐标与设计坐标的差值是否符合要求。

5.4.2.2　中线测量

中线测量就是沿定测的线路中心线,设置里程桩和加桩,并根据测定的交角、设计的圆曲线半径 R 和缓和曲线长度计算曲线元素,从而得出放样曲线的主点和细部点。如图 5-4-5 所示,然后测量中桩高程,绘制中线纵断面图,并施测中桩横断面并绘制横断面图。

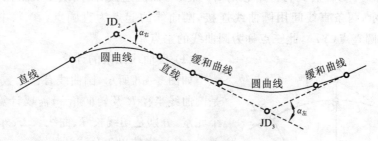

图 5-4-5　路线中线

1. 里程桩及桩号

当路线的交点、转点测定后,即可沿路线中线设置里程桩(中桩),以标定中线的位置,里程桩上标注了桩号,桩号表示该桩距路线起点的水平距离。如某桩距路线起点的距离为1365.78 m,则该桩桩号记为 K1+365.78。

中桩可分为整桩和加桩,路线中桩间距按照《公路勘测规范》(JTG C10—2007)要求进行布设,见表 5-4-1。

表 5-4-1　中桩间距

直线/m		曲线/m			
平原、微丘	山岭重丘区	不设超高的曲线	$R>60$	$30<R<60$	$R<30$
50	25	25	20	10	5

注:R 为平曲线半径。

另外,在各类特殊地点应设置加桩,加桩的位置和数量应满足路线、构造物、沿线设施等专业勘测调查的需要。

中桩平面桩位精度要求见表 5-4-2。

表 5-4-2　中桩平面桩位精度

公 路 等 级	中桩位置中误差/cm		桩位检测之差/cm	
	平原、微丘	重丘、山岭	平原、微丘	重丘、山岭
高速公路,一、二级公路	≤±5	≤±10	≤10	≤20
三级及以下公路	≤±10	≤±15	≤20	≤30

中桩高程测量精度要求见表 5-4-3。

表 5-4-3　中桩高程测量精度

公 路 等 级	闭合差/mm	两次测量之差/cm
高速公路，一、二级公路	$\leqslant 30\sqrt{L}$	$\leqslant \pm 5$
三级及以下公路	$\leqslant 50\sqrt{L}$	$\leqslant \pm 10$

注：L 为高程测量的路线长度（km）。

2. 圆曲线的测设

1）圆曲线主点的测设

当路线从一个方向转到另一个方向时，需要有曲线连接，圆曲线是最常用的曲线形式，如图 5-4-6 所示，两条直线间用圆曲线连接，圆曲线的起点为直圆点（ZY）、中点为曲中点（QZ）、终点为圆直点（YZ），此三点称为圆曲线的主点。

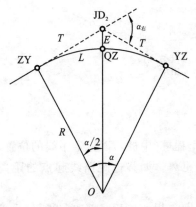

图 5-4-6　圆曲线示意图

（1）圆曲线元素的计算。

如图 5-4-6 所示，圆曲线有已知数据两个，分别是圆曲线半径 R 及转向角 α，需要计算圆曲线的四个元素，分别是切线长 T、曲线长 L、外矢距 E、切曲差 q。各元素按以下公式计算：

切线长：
$$T = R \cdot \tan\frac{\alpha}{2} \qquad (5\text{-}4\text{-}2)$$

曲线长：
$$L = R \cdot \alpha \cdot \frac{\pi}{180°} \qquad (5\text{-}4\text{-}3)$$

外矢距：
$$E = R \cdot \sec\frac{\alpha}{2} - R \qquad (5\text{-}4\text{-}4)$$

切曲差：
$$q = 2T - L \qquad (5\text{-}4\text{-}5)$$

式中计算 L 时，α 以度为单位。

（2）圆曲线主点里程的计算。

圆曲线主点的里程一般采用交点里程进行推算，如图 5-4-6 可得：

$$\left.\begin{array}{l} \text{ZY 点里程} = \text{JD 点里程} - T \\ \text{YZ 点里程} = \text{ZY 点里程} + L \\ \text{QZ 点里程} = \text{ZY 点里程} + L/2 \\ \text{JD 点里程} = \text{QZ 点里程} + q/2 \end{array}\right\} \qquad (5\text{-}4\text{-}6)$$

【例】 某线路的交点桩号 K3＋234.56 m，转向角 $\alpha = 56°43'24''$，$R = 120$ m，试计算该曲线的元素值及主点的桩号。

【解】

$$T = R \cdot \tan\frac{\alpha}{2} = 120 \times \tan\frac{56°43'24''}{2} = 64.78(\text{m})$$

$$L = R \cdot \alpha \cdot \frac{\pi}{180} = 120 \times 56°43'24'' \times \frac{\pi}{180} = 118.80(\text{m})$$

$$E = R \cdot \sec\frac{\alpha}{2} - R = 120 \times \sec\frac{56°43'24''}{2} - 120 = 16.37(\text{m})$$

$$q = 2T - L = 2 \times 64.780 - 118.801 = 10.76(\text{m})$$

则

JD 点里程桩号	K3+234.56
−T(切线长)	−64.78
ZY 点里程桩号	K3+169.78
+L/2	+59.40
QZ 点里程桩号	K3+229.18
+L/2	+59.40
YZ 点里程桩号	K3+288.58

检核：

QZ 的里程桩号	K3+229.18
+q/2(切曲差)	+5.38
JD 点里程桩号	K3+234.56

（3）主点的测设。

如图 5-4-7 所示，在交点 JD_2 上安置经纬仪，瞄准直线 I 方向上的一个中线点，在视线方向上量取切线长 $T=64.78$ m 得 ZY 点，照准直线 II 方向上的一个中线点，量取切线长 $T=64.78$ m，得 YZ 点；将视线转至内角平分线上量取 $E=16.37$ m，用盘左、盘右分中得 QZ 点。在 ZY、QZ、YZ 点打上木桩，木桩上钉小钉表示点位。为保证主点的测设精度，以利于曲线详细测设，切线长度应往返丈量，其相对较差不大于 1/2000 时，取其平均位置。

2）偏角法测设圆曲线细部点

（1）细部点桩号的确定。

圆曲线细部点的测设，首先确定细部点的里程，一般采用整桩号作为细部点，从直圆点出发，靠近直圆点的第一个桩的桩号应为桩距 l 的最小倍数的整桩。

如上例，根据表 5-4-1 选择整桩距 20 m，所以细部点应选择的桩号分别为 K3+180.00、K3+200.00、K3+220.00、K3+240.00、K3+260.00、K3+280.00。

（2）弦切角与弦长的计算。

如图 5-4-8 所示，1 点为圆曲线的第一个整桩，它到直圆点的弧长为 l_1，弦长为 c_1，1 点以后各相邻点之间的弧长为 l，弦长为 c_2、c_3、…、c_n，圆曲线上最后一个整桩到圆直点的弧长为 l_{n+1}，弦长为 c_{n+1}，根据弧长可通过式（5-4-7）计算对应的圆心角。

$$\left.\begin{aligned}
\varphi_1 &= \frac{180°}{\pi} \cdot \frac{l_1}{R} \\
\varphi &= \frac{180°}{\pi} \cdot \frac{l}{R} \\
\varphi_{n+1} &= \frac{180°}{\pi} \cdot \frac{l_{n+1}}{R}
\end{aligned}\right\} \tag{5-4-7}$$

需要测设圆曲线上的细部点 1、2、3、…。由 ZY 点拨弦切角（偏角）δ_1，在该方向上量 c_1 交于 1 点，拨弦切角 δ_2，在该方向上量 c_2 交于 2 点，同样方法可测设出曲线上的其他点。

弦切角是圆弧所对应圆心角的一半，所以可根据式（5-4-8）计算弦切角。

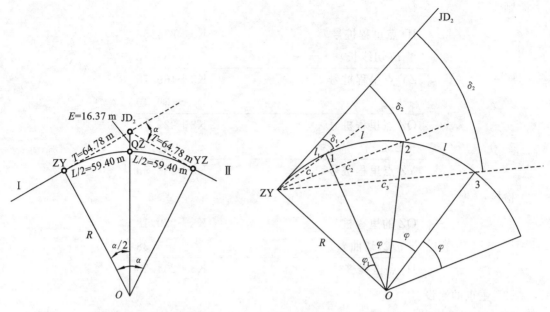

图 5-4-7　圆曲线主点放样示意图　　　　图 5-4-8　偏角法详细测设圆曲线

$$\left.\begin{aligned}
\delta_1 &= \frac{\varphi_1}{2} \\
\delta_2 &= \frac{\varphi_1 + \varphi}{2} = \delta_1 + \delta \qquad \delta = \frac{\varphi}{2} \\
&\cdots\cdots\cdots\cdots \\
\delta_n &= \frac{\varphi_1 + (n-1)\varphi}{2} = \delta_1 + (n-1)\delta \\
\delta_{n+1} &= \frac{\varphi_1 + (n-1)\varphi + \varphi_{n+1}}{2} = \delta_1 + (n-1)\delta + \frac{\varphi_{n+1}}{2}
\end{aligned}\right\} \tag{5-4-8}$$

还需计算弦长 c_1、c_2、$\cdots$、c_n、c_{n+1}，可根据式(5-4-9)计算弦长。

$$c_i = 2R\sin\frac{\varphi_i}{2} \tag{5-4-9}$$

（3）测设案例。

按上例，已知交点桩号 K3＋234.56 m，转向角 $\alpha = 56°43'24''$，$R = 120$ m，桩距 $l = 20$ m，计算偏角测设数据，见表 5-4-4。

$$\varphi_1 = \frac{180°}{\pi} \cdot \frac{l_1}{R} = \frac{180°}{\pi} \cdot \frac{10.22}{120} = 4°52'47''$$

$$\varphi = \frac{180°}{\pi} \cdot \frac{l}{R} = \frac{180°}{\pi} \cdot \frac{20}{120} = 9°32'57''$$

$$\varphi_{n+1} = \frac{180°}{\pi} \cdot \frac{l_{n+1}}{R} = \frac{180°}{\pi} \cdot \frac{8.58}{120} = 4°05'48''$$

测设步骤：

① 安置经纬仪或全站仪于直圆点(ZY)，照准交点(JD)，水平度盘置数 $0°00'00''$。

② 水平转动望远镜，测设角度 $2°26'23''$，沿此方向测设弦长 10.22 m，即得 1 点。

③ 继续水平转动望远镜，测设角度 $7°12'52''$，沿此方向测设弦长 30.14 m，即得 2 点。

表 5-4-4　圆曲线细部点测设数据

点名	曲线里程桩号/m	相邻桩点间弧长/m	偏角/(° ′ ″)	弦长/m
ZY	3+169.78			
1	3+180.00	10.22	2　26　23	10.22
2	3+200.00	20.00	7　12　52	30.14
3	3+220.00	20.00	11　59　21	49.85
4	3+240.00	20.00	16　45　50	69.22
5	3+260.00	20.00	21　32　18	88.11
6	3+280.00	20.00	26　18　47	106.39
YZ	3+288.58	8.58	28　21　41	114.01

④ 以同样方法测设其他各点,当测设到 YZ 点时,由于该点为主点,已经测设于地面上,此时可检查两点是否重合,如不重合,其闭合差一般应满足如下要求:路线横向(半径方向)不超过 0.1 m,路线纵向(切线方向)不超过 $L/1000$(L 为曲线长)。

3) 切线支距法测设圆曲线细部点

切线支距法是建立局部坐标系,如图 5-4-9 所示。以 ZY 点作为局部坐标系原点,以切线 T 为 x 轴,以通过原点的半径为 y 轴,按照整桩号法确定桩号,并按式(5-4-10)计算细部桩号的坐标,计算结果见表 5-4-5。

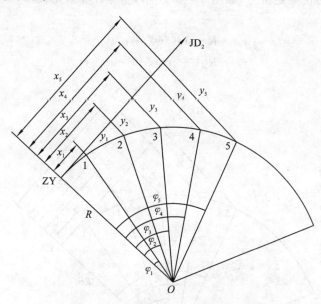

图 5-4-9　切线支距法详细测设圆曲线

$$\left.\begin{array}{l} x_i = R \cdot \sin\varphi_i \\ y_i = R(1 - \cos\varphi_i) \\ \varphi_i = \dfrac{180°}{\pi} \cdot \dfrac{L_i}{R} \end{array}\right\} \tag{5-4-10}$$

表 5-4-5 切线支距法测设数据

点名	曲线里程桩号/m	相邻桩点间弧长/m	圆心角/(°′″)			x/m	y/m
ZY	3+169.78						
1	3+180.00	10.22	4	52	47	10.21	0.43
2	3+200.00	20.00	14	25	44	29.90	3.79
3	3+220.00	20.00	23	58	42	48.77	10.36
4	3+240.00	20.00	33	31	39	66.28	19.97
5	3+260.00	20.00	43	04	37	81.96	32.35
6	3+280.00	20.00	52	37	34	95.36	47.16
YZ	3+288.58	8.58	56	43	22	100.32	54.16

测设步骤：

① 安置全站仪于直圆点(ZY)，照准交点(JD)，输入测站点坐标(0,0)，水平度盘置数 0°00′00″。

② 输入待放样的细部点坐标按照仪器提示进行放样。

③ 与偏角法测设一样，到达终点时同样进行检核。

切线支距法也可以 YZ 点作为局部坐标系原点，以切线 T 为 x 轴，以 O-YZ 的延长线作为 y 轴，按照整桩号法确定桩号，如图 5-4-10 所示，坐标计算采用式(5-4-11)，计算结果见表 5-4-6。

$$\left.\begin{array}{l} x_i = R \cdot \sin(360° - \varphi_i) \\ y_i = R[1 - \cos(360° - \varphi_i)] \end{array}\right\} \tag{5-4-11}$$

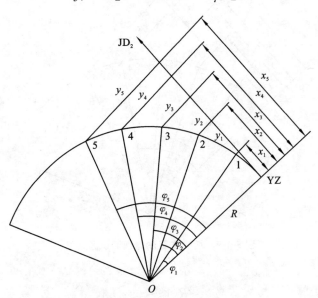

图 5-4-10 切线支距法详细测设圆曲线

表 5-4-6　切线支距法测设数据

点名	曲线里程桩号/m	相邻桩点间弧长/m	圆心角 φ_i /(°　′　″)	圆心角 $(360°-\varphi_i)$ /(°　′　″)	x/m	y/m
YZ	3+288.58					
1	3+280.00	8.58	4　05　48	355　54　12	−8.57	0.31
2	3+260.00	20.00	13　38　45	346　21　15	−28.31	3.39
3	3+240.00	20.00	23　11　43	336　48　17	−47.26	9.70
4	3+220.00	20.00	32　44　40	327　15　20	−64.91	19.07
5	3+200.00	20.00	42　17　38	317　42　22	−80.75	31.24
6	3+180.00	20.00	51　50　35	308　09　25	−94.36	45.86
ZY	3+169.78	10.22	56　43　22	303　16　38	−100.32	54.16

3. 综合曲线测设

为了行车安全,在直线段与圆曲线之间、两个半径不同的圆曲线之间插入一条起过渡作用的曲线,这种曲线称为缓和曲线。由缓和曲线和圆曲线组成的平面曲线称为综合曲线。

1) 缓和曲线的直角坐标

我国现行的《公路工程技术标准》(JGT B01—2003)规定,缓和曲线采用回旋线。

缓和曲线上各点单位曲率半径 ρ 与该点与缓和曲线起点的曲线长度 l 成反比。

设缓和曲线长为 l_0。

缓和曲线单位曲率半径为

$$\rho_i = \frac{c}{l_i} \tag{5-4-12}$$

式中　c——常数,称为缓和曲线变更率。

当 $l_i = l_0$ 时,到达 HY 点,其曲率半径 $\rho_i = R$,代入(5-4-12)式得

$$c = Rl_0 \tag{5-4-13}$$

将式(5-4-13)代入式(5-4-12),得缓和曲线上任意点的半径为

$$\rho_i = \frac{c}{l_i} = \frac{Rl_0}{l_i} \tag{5-4-14}$$

如图 5-4-11 所示,以 ZH 点为原点,ZH 点到 JD 为 x 轴,与其垂直的直线作为 y 轴,组成局部坐标系,该局部坐标系中缓和曲线上各点的直角坐标为

$$\left.\begin{array}{l} x_i = l_i - \dfrac{l_i^5}{40R^2 l_0^2} = l_i - \dfrac{l_i^5}{40c^2} \\[3mm] y_i = \dfrac{l_i^3}{6Rl_0} = \dfrac{l_i^3}{6c} \end{array}\right\} \tag{5-4-15}$$

当 $l_i = l_0$ 时,式(5-4-15)为

$$\left.\begin{array}{l} x_0 = l_0 - \dfrac{l_0^3}{40R^2} \\[3mm] y_0 = \dfrac{l_0^2}{6R} \end{array}\right\} \tag{5-4-16}$$

2) 综合曲线的圆曲线要素计算

如图 5-4-11 所示,在圆曲线与直线间加入缓和曲线,实际上是将图中圆曲线 ZY-QZ-YZ 内移 p 值,将直线段及曲线段的一部分用缓和曲线代替,图中 ZH-HY、YH-HZ 两条曲线即为缓和曲线,所以缓和曲线的常数包括圆曲线的内移值 p、切线增长值(切垂距)m、倾角(切线角)β_0,其计算公式如下:

倾角
$$\beta_0 = \frac{l_0}{2R} \times \frac{180°}{\pi}$$

切垂距
$$m = \frac{l_0}{2} - \frac{l_0^3}{240R^2} \approx \frac{l_0}{2} \qquad (5\text{-}4\text{-}17)$$

内移值
$$p = \frac{l_0^2}{24R} - \frac{l_0^4}{2688R^3} \approx \frac{l_0^2}{24R}$$

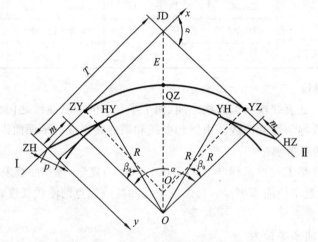

图 5-4-11　综合曲线示意图

则缓和曲线要素为

切线长度
$$T = (R+p)\tan\frac{\alpha}{2} + m \qquad (5\text{-}4\text{-}18)$$

曲线长度
$$L = R\alpha\frac{\pi}{180°} + l_0 \qquad (5\text{-}4\text{-}19)$$

外矢距
$$E = (R+p)\sec\frac{\alpha}{2} - R \qquad (5\text{-}4\text{-}20)$$

切曲差
$$D = 2T - L \qquad (5\text{-}4\text{-}21)$$

3) 综合曲线上圆曲线细部点直角坐标计算公式
$$x_i = R\sin\varphi_i + m$$
$$y_i = R(1 - \cos\varphi_i) + p \qquad (5\text{-}4\text{-}22)$$

式中　φ_i——第 i 个细部点的倾角,$\varphi_i = \frac{180°}{\pi R}(l_i - l_0) + \beta_0$;

　　　l_i——细部点到 ZH 或 HZ 点的曲线长。

4) 综合曲线主点里程的计算和主点的测设实例

如图 5-4-12 所示综合曲线,设缓和曲线长 $l_0 = 60$ m,圆曲线半径 $R = 500$ m。

(1)计算综合曲线元素。

缓和曲线倾角:

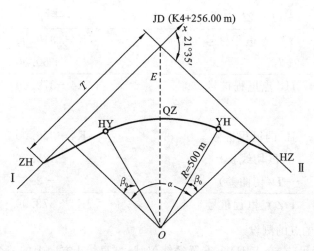

图 5-4-12 综合曲线计算

$$\beta_0 = \frac{l_0}{2R} \times \frac{180°}{\pi} = \frac{60}{2 \times 500} \times \frac{180°}{\pi} = 3°26'16''$$

圆曲线内移值：

$$p = \frac{l_0^2}{24R} - \frac{l_0^4}{2688R^3} \approx \frac{l_0^2}{24R} = \frac{60^2}{24 \times 500} = 0.3(\text{m})$$

切线增长值：

$$m = \frac{l_0}{2} - \frac{l_0^3}{240R^2} \approx \frac{l_0}{2} = \frac{60}{2} = 30(\text{m})$$

切线长度：

$$T = (R+p)\tan\frac{\alpha}{2} + m = (500+0.3)\tan\frac{21°35'}{2} + 30 = 125.36(\text{m})$$

曲线长度：

$$L = R\alpha\,\frac{\pi}{180°} + l_0 = 500 \times 21°35' \times \frac{\pi}{180°} + 60 = 248.35(\text{m})$$

外矢距：

$$E = (R+p)\sec\frac{\alpha}{2} - R = (500+0.3)\sec\frac{21°35'}{2} - 500 = 9.31(\text{m})$$

切曲差：

$$D = 2T - L = 2 \times 125.36 - 248.35 = 2.37(\text{m})$$

（2）计算综合曲线主点里程桩号。

JD 点里程桩号	K4+256.00
$-T$（切线长）	-125.36
ZH 点里程桩号	K4+130.64
$+l_0$	$+60.00$
HY 点里程桩号	K4+190.64
$+(L-2l_0)/2$	$+64.18$
QZ 点里程桩号	K4+254.82

$+(L-2l_0)/2$	$+64.18$
YH 点里程桩号	K4+319.00
$+l_0$	$+60.00$
HZ 点里程桩号	K4+379.00

检核：

JD 的里程桩号	K4+256.00
$+T$（切线长）	$+125.36$
$-D$（切曲差）	-2.37
HZ 点里程桩号	K4+378.99

（3）缓和曲线主点的测设。

如图 5-4-12 所示，在交点 JD 上安置经纬仪，瞄准直线 I 方向上的一个中线点，在视线方向上量取切线长 $T=125.36$ m 得 ZH 点，照准直线 II 方向上的一个中线点，量取切线长 $T=125.36$ m 得 HZ 点；将视线转至内角平分线上量取 $E=9.31$ m，用盘左、盘右分中得 QZ 点。然后分别以 ZH、HZ 点为原点建立直角坐标系，利用式（4-16）式计算出 HY、YH 点的坐标，采用切线支距法确定出 HY、YH 点的位置。

5）综合曲线局部坐标系坐标计算及测设

（1）局部坐标系坐标计算。

如图 5-4-13 所示，以曲线起点 ZH 或 HZ 点为局部坐标系的原点，切线为 x' 轴，通过原点的半径方向为 y' 轴，在此采用整桩距法求解 1～8 桩、$1'$～$8'$ 桩的局部坐标系坐标。

缓和曲线段坐标计算公式

$$x_i = l_i - \frac{l_i^5}{40R^2 l_0^2} = l_i - \frac{l_i^5}{40c^2}$$

$$y_i = \frac{l_i^3}{6Rl_0} = \frac{l_i^3}{6c}$$

圆曲线段坐标计算公式

$$x_i = R\sin\varphi_i + q$$

$$y_i = R(1 - \cos\varphi_i) + p$$

$$\varphi_i = \frac{180°}{\pi R}(l_i - l_0) + \beta_0$$

式中　p——圆曲线的内移值；

　　　m——切线增长值（切垂距）；

　　　β_0——倾角（切线角）；

　　　l_i——细部点到 ZH 点或 HZ 点的曲线长；

　　　l_0——缓和曲线全长；

　　　R——圆曲线半径。

表 5-4-7 为综合曲线常数、要素、主点里程计算列表。

表 5-4-8 为 ZH-QZ 细部点局部坐标系计算，表 5-4-9 为 HZ-QZ 细部点局部坐标系计算。

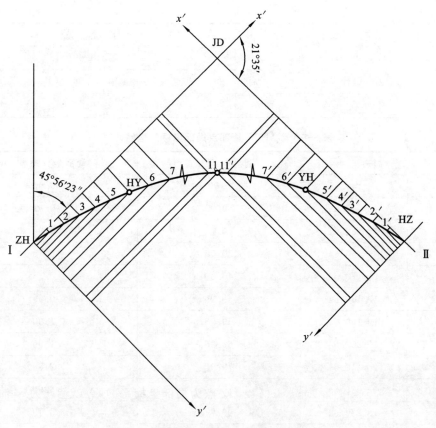

图 5-4-13　综合曲线局部坐标示意图

表 5-4-7　综合曲线常数、要素、主点里程计算列表

曲线说明、常数及要素项目	计 算 值
JD 里程/m	4256.00
转向角 α/(°)	21.35
圆曲线半径 R/m	500.00
缓和曲线长 l_0/m	60.00
缓和曲线倾角 β_0/(°)	3.2616
圆曲线内移值 p/m	0.30
切线增长值 q/m	30.00
切线长度 T/m	125.36
曲线长度 L/m	248.35
外矢距 E/m	9.31
切曲差 D/m	2.37
ZH 点里程/m	4130.64
HY 点里程/m	4190.64
QZ 点里程/m	4254.81

曲线说明、常数及要素项目	计　算　值
YH 点里程/m	4318.99
HZ 点里程/m	4378.99
JD 里程/m	4256.00

表 5-4-8　ZH-QZ 细部点局部坐标系坐标计算

点　　号	桩　　号	局部坐标系 x'/m	局部坐标系 y'/m
ZH	4+130.64	0.00	0.00
1	4+140.64	10.00	0.01
2	4+150.64	20.00	0.04
3	4+160.64	30.00	0.15
4	4+170.64	40.00	0.36
5	4+180.64	49.99	0.69
HY	4+190.64	59.98	1.20
6	4+200.64	69.96	1.90
7	4+210.64	79.92	2.80
8	4+220.64	89.86	3.90
9	4+230.64	99.77	5.19
10	4+240.64	109.66	6.69
11	4+250.64	119.51	8.38
QZ	4+254.81	123.61	9.14

ZH-HY 缓和曲线上细部点局部坐标系计算如下，计算结果整理于表 5-4-8。

细部点 1 坐标计算：

$$x_1 = l_1 - \frac{l_1^5}{40R^2 l_0^2} = 10 - \frac{10^5}{40 \times 500^2 \times 60^2} = 10.00$$

$$y_1 = \frac{l_1^3}{6Rl_0} = \frac{10^3}{6 \times 500 \times 60} = 0.01$$

细部点 2 坐标计算：

$$x_2 = l_2 - \frac{l_2^5}{40R^2 l_0^2} = 20 - \frac{20^5}{40 \times 500^2 \times 60^2} = 20.00$$

$$y_2 = \frac{l_2^3}{6Rl_0} = \frac{20^3}{6 \times 500 \times 60} = 0.04$$

细部点 3 坐标计算：

$$x_3 = l_3 - \frac{l_3^5}{40R^2 l_0^2} = 30 - \frac{30^5}{40 \times 500^2 \times 60^2} = 30.00$$

$$y_3 = \frac{l_3^3}{6Rl_0} = \frac{30^3}{6 \times 500 \times 60} = 0.15$$

···········

HY 点坐标计算：

$$x_0 = l_0 - \frac{l_0^3}{40R^2} = 60 - \frac{60^3}{40 \times 500^2} = 59.98$$

$$y_0 = \frac{l_0^2}{6R} = \frac{60^2}{6 \times 500} = 1.20$$

HY-QZ 圆曲线上细部点局部坐标系计算如下，计算结果整理于表 5-4-8。

细部点 6 坐标计算：

$$\varphi_6 = \frac{180°}{\pi R}(l_6 - l_0) + \beta_0 = \frac{180°}{\pi \times 500}(70 - 60) + 3°26'16'' = 4°35'1''$$

$$x_6 = R\sin\varphi_6 + q = 500 \times \sin4°35'1.3'' + 30 = 69.96$$

$$y_6 = R(1 - \cos\varphi_6) + p = 500 \times (1 - \cos4°35'1.3'') + 0.3 = 1.90$$

············

QZ 点坐标计算：

$$\varphi_i = \frac{180°}{\pi R}(l_i - l_0) + \beta_0 = \frac{180°}{\pi \times 500}(124.17 - 60) + 3°26'16'' = 10°47'28''$$

$$x_i = R\sin\varphi_i + q = 500 \times \sin10°47'28'' + 30 = 123.61$$

$$y_i = R(1 - \cos\varphi_i) + p = 500 \times (1 - \cos10°47'28'') + 0.3 = 9.14$$

实际上从图 5-4-13 可看出，ZH-QZ 和 HZ-QZ 对称排列，所以 HZ-QZ 细部点局部坐标系坐标与 ZH-QZ 相应点相同，可不重复计算，直接编制放样数据表 5-4-9 即可。

表 5-4-9　HZ-QZ 细部点局部坐标系坐标计算

点　号	桩　号	局部坐标系 x'/m	局部坐标系 y'/m
HZ	4378.99	0.00	0.00
1'	4368.99	10.00	0.01
2'	4358.99	20.00	0.04
3'	4348.99	30.00	0.15
4'	4338.99	40.00	0.36
5'	4328.99	49.99	0.69
YH	4318.99	59.98	1.20
6'	4308.99	69.96	1.90
7'	4298.99	79.92	2.80
8'	4288.99	89.86	3.90
9'	4278.99	99.77	5.19
10'	4268.99	109.66	6.69
11'	4258.99	119.51	8.38
QZ	4254.81	123.62	9.14

（2）采用局部坐标系进行细部点测设的步骤。

该测设方法又常被称为切线支距法。

① 安置仪器在 JD 位置，确定出 JD 到 ZH、HZ 点方向。根据切线长测设 ZH、HZ 点位置。

② 从 ZH 点开始沿 ZH-JD 方向,水平丈量横坐标 10.00 m、20.00 m、30.00 m、…、123.62 m,得 1、2、3、…、QZ 各点在横坐标轴上的垂足点。

③ 在各个垂足点上用仪器标定出与横坐标轴垂直的方向,然后在该方向上依此量取对应的纵坐标,即可确定 1、2、3、…、QZ。

④ 同样可从 HZ 点测设 1'、2'、3'、…、QZ,可用 QZ 点进行校核。

也可直接采用全站仪坐标放样进行施测。

6)综合曲线测图坐标系坐标计算

测图坐标系坐标计算。

如图 5-4-14 所示,已知 ZH 在测图坐标系的坐标为(500.00 m,600.00 m),$\alpha_{ZH-JD}=45°56'23''$,求细部点 1、2、3、…,QZ 点的放样坐标。

坐标转换数学模型如下。

$$x_i = x_{ZH} + x_i'\cos\alpha - y_i'\sin\alpha$$
$$y_i = y_{ZH} + x_i'\sin\alpha + y_i'\cos\alpha$$

(5-4-23)

1 点转换坐标为:

$$x_1 = x_{ZH} + x_1'\cos\alpha - y_1'\sin\alpha = 500 + 10 \times \cos45°56'23'' - 0.01 \times \sin45°56'23'' = 506.96$$

$$y_1 = y_{ZH} + x_1'\sin\alpha + y_1'\cos\alpha = 600 + 10 \times \sin45°56'23'' + 0.01 \times \cos45°56'23'' = 607.19$$

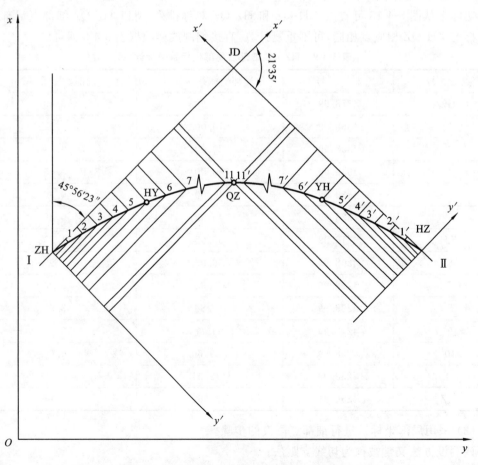

图 5-4-14 综合曲线测量坐标与局部坐标换算示意图

2 点转换坐标为：

$$x_2 = x_{ZH} + x_2' \cos\alpha - y_2' \sin\alpha = 500 + 20 \times \cos45°56'23'' - 0.04 \times \sin45°56'23'' = 513.88$$

$$y_2 = y_{ZH} + x_2' \sin\alpha + y_2' \cos\alpha = 600 + 20 \times \sin45°56'23'' + 0.04 \times \cos45°56'23'' = 614.40$$

3 点转换坐标为：

$$x_3 = x_{ZH} + x_3' \cos\alpha - y_3' \sin\alpha = 500 + 30 \times \cos45°56'23'' - 0.15 \times \sin45°56'23'' = 520.75$$

$$y_3 = y_{ZH} + x_3' \sin\alpha + y_3' \cos\alpha = 600 + 30 \times \sin45°56'23'' + 0.15 \times \cos45°56'23'' = 621.66$$

··········

细部点 1、2、3、···，QZ 点的放样坐标计算见表 5-4-10。

表 5-4-10 ZH-QZ 点测量坐标放样数据计算表

点号	桩号	局部坐标系 x'/m	局部坐标系 y'/m	测量坐标系 x/m	测量坐标系 y/m
ZH	4130.64	0.00	0.00	500.00	600.00
1	4140.64	10.00	0.01	506.95	607.19
2	4150.64	20.00	0.04	513.88	614.40
3	4160.64	30.00	0.15	520.75	621.66
4	4170.64	40.00	0.36	527.56	628.99
5	4180.64	49.99	0.69	534.27	636.41
HY	4190.64	59.98	1.20	540.85	643.94
6	4200.64	69.96	1.90	547.28	651.59
7	4210.64	79.92	2.80	553.56	659.37
8	4220.64	89.86	3.90	559.69	667.28
9	4230.64	99.77	5.19	565.65	675.31
10	4240.64	109.66	6.69	571.45	683.45
11	4250.64	119.51	8.38	577.09	691.71
QZ	4254.81	123.62	9.14	579.40	695.19

下面推算 HZ 点为原点建立的局部坐标与测量坐标的换算。

HZ 点的坐标可由已知的 ZH 点坐标推算，推算过程如下。

① 采用坐标正算方法计算 JD 坐标。

$$x_{JD} = x_{ZH} + T \cdot \cos\alpha_{ZH-JD} = 500 + 125.36 \times \cos45°56'23'' = 587.18$$

$$y_{JD} = y_{ZH} + T \cdot \cos\alpha_{ZH-JD} = 600 + 125.36 \times \sin45°56'23'' = 690.08$$

② 推算 JD-HZ 点的方位角。

$$\alpha_{JD-HZ} = 45°56'23'' + 21°35' = 67°31'23''$$

③ 推算 HZ 点坐标。

$$x_{HZ} = x_{JD} + T \cdot \cos\alpha_{JD-HZ} = 587.18 + 125.36 \times \cos67°31'23'' = 635.11$$

$$y_{HZ} = y_{JD} + T \cdot \cos\alpha_{JD-HZ} = 690.08 + 125.36 \times \sin67°31'23'' = 805.917$$

然后根据坐标转换数学模型式（5-4-23）计算 1'、2'、3'、···、QZ 点的放样坐标，见表 5-4-11。

表 5-4-11　HZ-QZ 点测量坐标放样数据计算表

点号	桩号	局部坐标系 x'/m	局部坐标系 y'/m	测量坐标系 x/m	测量坐标系 y/m
HZ	4378.99	0.00	0.00	635.11	805.92
1	4368.99	10.00	−0.01	631.28	796.69
2	4358.99	20.00	−0.04	627.42	787.46
3	4348.99	30.00	−0.15	623.50	778.26
4	4338.99	40.00	−0.36	619.49	769.10
5	4328.99	49.99	−0.69	615.35	760.00
YH	4318.99	59.98	−1.20	611.07	750.96
6	4308.99	69.96	−1.90	606.61	742.01
7	4298.99	79.92	−2.80	601.97	733.15
8	4288.99	89.86	−3.90	597.15	724.38
9	4278.99	99.77	−5.19	592.16	715.72
10	4268.99	109.66	−6.69	587.00	707.15
11	4258.99	119.51	−8.38	581.67	698.69
QZ	4254.81	123.62	−9.14	579.40	695.19

根据表 5-4-10、表 5-4-11 推算出来的 QZ 点坐标相等,可由此进行推算结果正确性的评价。

5.4.2.3　纵横断面测量

1. 纵断面测量及纵断面图的绘制

采用水准测量方法施测,根据初测时布设的水准点,测量中线上所有中桩点的高程,然后根据中桩点的里程和高程绘制纵断面图,纵断面图能够反映线路中线的地面起伏情况,它是设计路面高程、坡度和计算土方量的依据。

中桩高程测量误差应符合表 5-4-12 的规定。中桩高程取位至厘米。

沿线需要特殊控制的建筑物、管线等,应按规定测出其高程,其两次测量之差不应超过 2 cm。

表 5-4-12　中桩高程测量精度

公 路 等 级	闭合差/mm	两次测量之差/cm
高速公路,一、二级公路	$\leqslant 30\sqrt{L}$	$\leqslant 5$
三级及三级以下公路	$\leqslant 50\sqrt{L}$	$\leqslant 10$

注:L 为高程测量的路线长度(km)。

纵断面测量完成之后，整理外业观测成果，无误后即可绘制纵断面图。

纵断面图是反映道路所经地面起伏状况的图，依据里程桩和加桩的高程绘制在印有毫米方格的坐标纸上，也可采用计算机辅助绘图。

如图 5-4-15 所示，图上纵向表示高程，横向表示里程。横向比例尺应与线路带状地形图比例尺一致，因为沿线地面高差的变化要比渠道道路长度小得多，为了明显反映地面起伏情况，通常高程比例尺要比平距比例尺大 10～20 倍。

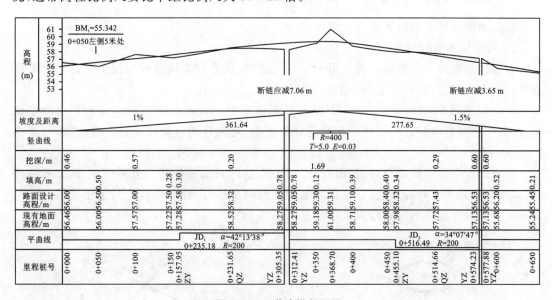

图 5-4-15 道路纵断面图

在图的上部有两条线，一条是根据纵断面测量中桩高程得到的地面线，它是以中桩的里程作为横坐标，以中桩的地面高程作为横坐标绘制的，另一条是包括了竖曲线的纵坡设计线，它是根据设计要求绘制的。

在图的顶部，是一些标注，应标出水准点位置、编号及其高程，桥涵的类型、孔径、跨数、长度、里程桩号、设计水位等，与公路、铁路的交叉点位置、里程及其说明，根据实际情况进行标注。

图的下部注记了设计坡度及距离、竖曲线、填挖深度、地面设计高程、现有地面高程、平曲线、里程桩号。其中设计坡度及距离栏中以斜线代表设计纵坡，从左至右上斜表示上坡，下斜表示下坡，并在斜线上以百分比注记设计坡度，在斜线下注记坡长。竖曲线栏注明竖曲线设计半径、切线长、外矢距。还根据中桩地面高程及设计高程的差值计算出中桩点的挖深及填高深度，注记在图中相应栏中。平曲线栏代表中线的走向，其曲线部分有直角折线表示，上凸的代表曲线右偏，下凸的代表曲线左偏，并标注了交点桩号、圆曲线半径及转向角。

2. 横断面测量及横断面图的绘制

横断面测量就是测出每个中桩点垂直于中线方向上的地面起伏状况。可通过测量横断面上的点与中桩的距离和高差来实现，并进行横断面图的绘制。它是进行路基设计、土方计算及施工测设的依据。

横断面测量的宽度应满足路基、排水设计及附属物设置的要求。

横断面上的距离、高差的读数取位至 0.1 m，检测互差限差应满足表 5-4-13 的规定。

表 5-4-13　横断面检测互差限差

路　　线	距　　离	高　　程
高速、一级、二级公路	$\leqslant\pm(L/100+0.1)$	$\leqslant\pm(h/100+L/200+0.1)$
三级及以下公路	$\leqslant\pm(L/50+0.1)$	$\leqslant\pm(h/50+L/100+0.1)$

注：L 为测点至中桩的水平距离（m）；h 为测点至中桩的高差（m）。

横断面测量可分为以下三个步骤：

1）确定横断面的方向

直线段横断面方向的确定可采用十字方向架法、仪器照准该直线中线上的另一点测设直角两种方式确定，但一般采用十字方向架法。

方向架如图 5-4-16 所示。aa'、bb' 是相互垂直的照准杆，cc' 为定向杆，定向杆可绕中轴旋转，照准杆与定向杆之间设置一个有刻划的度盘，定向杆的位置可通过度盘读取，杆高约 1.2 m。

在直线段上确定横断面时，如图 5-4-17 所示，这时只需要使用相互垂直的 aa'、bb' 照准杆，将方向架置于中线桩点上，以任意照准杆上的两个小钉，瞄准中线上其他中线桩，这时，另外一个照准杆所指的方向即为横断面方向。

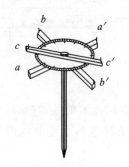

图 5-4-16　方向架示意图

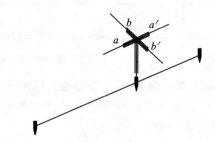

图 5-4-17　在直线段确定横断面方向示意图

圆曲线段横断面方向的确定如图 5-4-18 所示，将方向架置于 ZY 点上，使照准杆 aa' 指向交点，这时 bb' 指向圆心，旋转定向杆 cc' 照准圆曲线上需要测量横断面的 P_1 点，在度盘上读出 c' 方向的读数并记录，然后继续旋转定向杆 cc' 照准圆曲线上其他细部点，依次读出 c' 方向的读数并记录。然后将方向架置于 P_1 点，照准杆 bb' 指向 ZY 点，旋转定向杆 cc' 使读数为在 ZY 点照准 P_1 点时的读数，这时定向杆 cc' 所指的方向就是横断面方向，即圆心方向。依次可确定圆曲线其他细部点的横断面方向。

缓和曲线段横断面方向的确定如图 5-4-19 所示，1、2 点为回旋线上两点，其里程见表 5-4-14所示，需测设 1 点的横断面方向，根据下式计算回旋线在 1 点的切线角 γ。

$$\gamma=\frac{l_i^2}{2Rl_0}\times\frac{180}{\pi} \tag{5-4-24}$$

式中　l_i——缓和曲线上细部点到 ZH 点的弧长，m；

　　　l_0——缓和曲线长，m；

　　　R——圆曲线半径，m。

然后根据细部点局部坐标系坐标计算相邻两点的方位角，如图 5-4-19 通过 1、2 点的坐

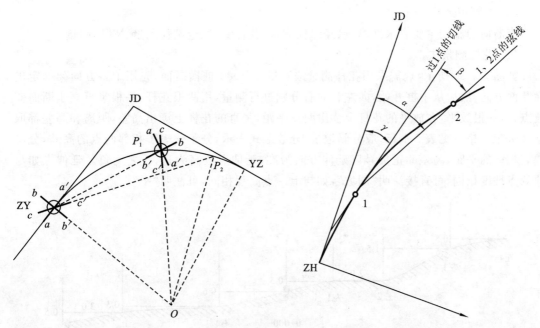

图 5-4-18　在圆曲线上确定横断面方向示意图　　图 5-4-19　在缓和曲线上确定横断面方向示意图

标可计算出在该坐标系中 1、2 弦线的方位角 α，由此可求出弦线 1、2 与 1 点切线的夹角 β 为

$$\beta = \alpha - \gamma \tag{5-4-25}$$

表 5-4-14 是采用 EXCEL 表格计算的局部坐标系及横断面方向确定计算表。

需要测设 1 点横断面方向，将方向架（或经纬仪、全站仪）置于 1 点，照准 2 点，置盘 $0°00'00''$，测设 $\beta = 0°07'38''$，即可定出 1 点的切线方向，$(90° + 0°07'38'')$ 方向就是 1 点的横断面方向。

如需测设 2 点横断面方向，将方向架（或经纬仪、全站仪）置于 2 点，照准 3 点，置盘 $0°00'00''$，测设 $\beta = 0°13'22''$，即可定出 2 点的切线方向，$(90° + 0°13'22'')$ 方向就是 2 点的横断面方向。

依次类推测设其他各细部点横断面方向。

表 5-4-14　缓和曲线局部坐标系计算及横断面方向确定计算表

点号	桩号	局部坐标系 x'/m	局部坐标系 y'/m	相邻细部点弦线的方位角 α/弧度	切线角 γ/弧度	以弦线定向，需要测设的角度 β/弧度	以弦线定向，需要测设的角度 β/(° ′ ″)		
1	2	3	4	5	6	7	8		
ZH	4+130.64	0.00	0.00	0.00	0.00	0.00	0	01	55
1	4+140.64	10.00	0.01	0.00	0.00	0.00	0	07	38
2	4+150.64	20.00	0.04	0.01	0.01	0.00	0	13	22
3	4+160.64	30.00	0.15	0.02	0.02	0.01	0	19	06
4	4+170.64	40.00	0.36	0.03	0.03	0.01	0	24	52
5	4+180.64	49.99	0.69	0.05	0.04	0.01	0	30	41
HY	4+190.64	59.98	1.20						

2）施测横断面

横断面的施测主要有水准测量、经纬仪测量、花杆测量、全站仪测量、RTK 测量。

（1）花杆测量法。

如图 5-4-20 所示，现需采用花杆测量法测量 0+000 桩横断面，先用十字方向架确定出横断面方向，然后从中桩开始，向左和向右分别进行测量，用两根花杆，一根竖直立于断面变坡点处，一根放平，在放平的花杆上读出两点平距，竖直的花杆上读出高差，距离和高差都取至 dm，记录格式见表 5-4-15，应分侧记录，分数形式表示，分子代表了相邻两点的高差，分母代表相应的平距，高差的正负号以延伸方向为准，延伸点较高为正，反之为负。延伸点如与前两点坡度相同，可直接注明"同坡"，如与上一点高程相同，可注明"平"。

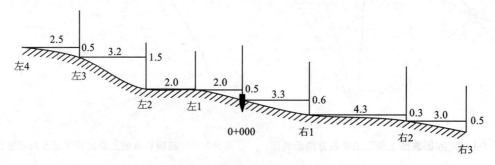

图 5-4-20　花杆测量法

表 5-4-15　花杆测量法横断面测量记录表

左	侧			中桩	右	侧		
$\dfrac{0.5}{2.5}$	$\dfrac{1.5}{3.2}$	$\dfrac{0.0}{2.0}$	$\dfrac{0.5}{2.0}$	0+000	$\dfrac{-0.6}{3.3}$	$\dfrac{-0.3}{4.3}$	$\dfrac{-0.5}{3.0}$	同坡
平	$\dfrac{1.2}{3.0}$	$\dfrac{0.8}{2.0}$	$\dfrac{0.5}{2.5}$	0+050	$\dfrac{-0.6}{3.0}$	$\dfrac{-1.5}{2.5}$	$\dfrac{-0.3}{3.0}$	同坡

（2）水准测量法。

当中心线两侧地势较平坦，或对测量精度要求较高时，可采用水准测量法。如图 5-4-21 所示，横断面方向可以采用十字方向架提供，横断面相邻点间的平距可采用皮尺或测绳进行丈量，地形点同样按左右侧分别编号，用视线高原理计算测点高程。

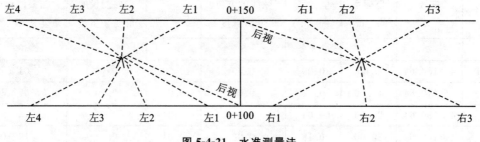

图 5-4-21　水准测量法

（3）全站仪测量法。

全站仪的基本测量测量功能，可以测量距离、角度、高差，还可以直接测定点的坐标及高程，采用全站仪来测量横断面的操作方法很多。相对于前面两种横断面测量方法来说，全站仪观测横断面在高差较大的地段上具有极大优势。

具体操作方式有以下几种,一种是将全站仪安置在需要施测横断面对应的中桩点上,对中整平,通过全站仪找到路线的横断面方向,指挥棱镜立于该横断面的坡度变换点上,测量出坡度变化点相对于中桩的距离和高差(或高程),该种方法需要在每个中桩点上安置仪器,速度慢,但横断面方向比较准确。另一种可以任意安置仪器,采用全站仪对边测量功能,测量横断面上坡度变换点相对于中桩点的平距和高差,当然也可以直接测定每个坡度变化点的坐标和高程。

3)横断面图的绘制及标准断面套绘

横断面图是反映道路中桩位置与中线垂直的地面起伏状况的图,依据分侧施测的点位的平距和高差绘制在印有毫米方格的坐标纸上,也可采用计算机辅助绘图。

横断面图的绘制与纵断面图的绘制方法类似,横断面的纵横坐标轴一般采用相同比例尺。

绘制横断面图时,应使各中心桩在同一幅的纵列上,自上而下,由左至右布局。

如图 5-4-22 所示,该图是根据表 5-4-15 的两个断面记录绘制并套绘设计断面。

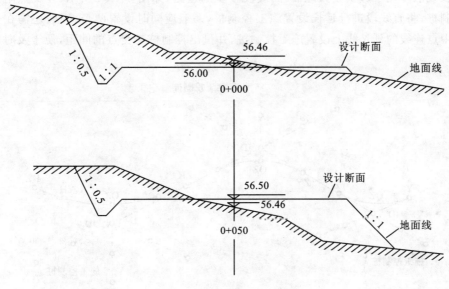

图 5-4-22　横断面及设计断面

5.4.2.4　道路施工测量

道路施工测量的主要任务是恢复中线测量、施工控制桩和边桩、竖曲线的测设。

1. 恢复中线测量

由于道路勘测到施工需要经过一段时间,所以有部分中桩可能被碰动或丢失,所以施工前需要对其进行复核或恢复,如是直线桩丢失,可采用交点桩或其他同一直线的直线桩进行恢复;如曲线桩丢失,可采用中线曲线测设时数据进行恢复;如中线具有解析设计坐标数据,则可采用全站仪或卫星定位进行测设。

2. 施工控制桩的测设

由于中桩在路基施工时会被破坏,所以,需要在不受施工干扰、方便恢复的地方测设施工控制桩,测设方法有平行线法和延长线法两种,可根据实际情况配合使用。

1) 平行线法

平行线法多用于平坦地面,直线段较长的道路,如图 5-4-23 所示。由于中线在施工中会被破坏,为了及时恢复中线,可以在线路边线以外不受施工干扰的地方设置施工控制桩。

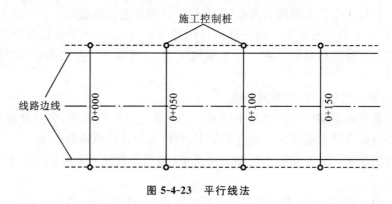

图 5-4-23　平行线法

2) 延长线法

延长线法多用于起伏较大地面,曲线段较多的道路,如图 5-4-24 所示,在交点附近测设施工控制桩,将直线段进行延长设置施工控制桩,一般应同时设置两个,一般还需在交点与圆曲线中点连线的延长线上设置施工控制桩,并量出控制桩与交点的间距,便于及时恢复中线。

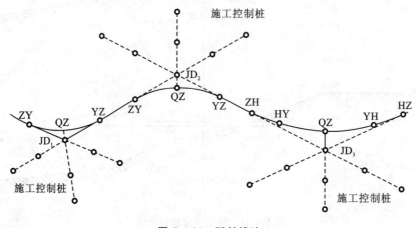

图 5-4-24　延长线法

3. 路基边桩的测设

路基边桩的测设是根据设计断面和中桩的填挖高度,把设计断面和原地面的交点在地面上测设出来,并打上木桩标定,以此作为施工的依据。

每个断面上中桩的左右两侧都需测设一个边桩,边桩与中桩的水平距离取决于设计路基宽度、边坡坡度、设计路基高程及地面情况,目前一般采用计算机 CAD 制图辅助设计进行。

如图 5-4-25 所示,该图为 0+000、0+050 两个横断面示意图,0+000 断面的中桩设计高程为 56.00 m,其地面高程为 56.46 m,在中桩点的挖方深度为 0.46 m,需在地面上测设边桩 a、b,从图上可查出边桩 a 与中桩的水平距离为 10.6 m,边桩 b 与中桩的水平距离为 7.4 m,所以,测设时只需使用仪器标定出 0+000 断面后,向左测设距离 10.6 m 即为边桩

a,向右测设距离 7.4 m,即为边桩 b,图中 c 点的左侧为挖方,右侧为填方,c 点为挖填方交界点,为便于机械施工作业,将该点暂时测设出来可方便施工,该点距中桩 2.5 m。

同样方式可测设 0+050 横断面边桩 d、e,也可暂时测设填挖边界点 f 点方便施工。

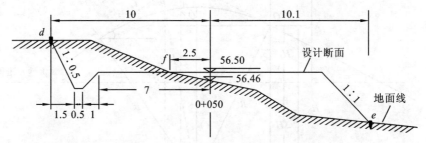

0+050断面:挖方断面面积=10.250 m²,填方断面面积=15.864 m²

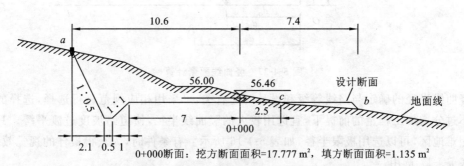

0+000断面:挖方断面面积=17.777 m²,填方断面面积=1.135 m²

图 5-4-25　0+000、0+050 横断面示意图(单位:m)

4. 竖曲线的测设

线路的纵断面总是由不同坡度的坡段组成,相邻坡段间的相交点称为变坡点,为了车辆行进在变坡点平稳通过,不产生急剧颠簸,所以,需在相邻坡段间采用竖曲线过渡连接。如图 5-4-26 所示,当变坡点在曲线的上方时,称为凸型竖曲线,反之则为凹形竖曲线。竖曲线叮以采用圆曲线或二次抛物线,而在我国公路建设中一般采用圆曲线。

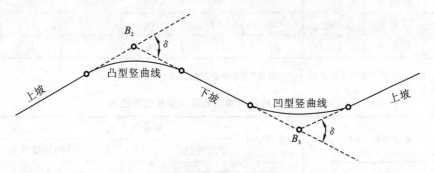

图 5-4-26　竖曲线示意图

1)竖曲线要素计算及坐标模型

如图 5-4-27 所示,设来向纵坡坡度为 i_1,去向纵坡坡度为 i_2,则

$$\left.\begin{aligned}\alpha_1 &= \text{arctan}\, i_1\\\alpha_2 &= \text{arctan}\, i_2\end{aligned}\right\} \tag{5-4-26}$$

$$\delta = \alpha_1 - \alpha_2 \tag{5-4-27}$$

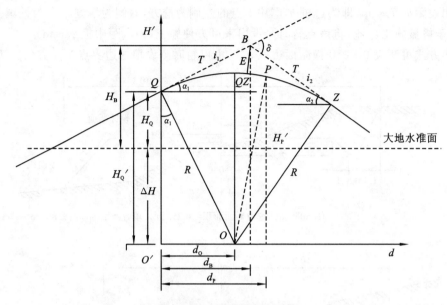

图 5-4-27 竖曲线要素计算

竖曲线半径的确定与路线等级和设计时速有关,可采用相应规范进行选择,选择的原则是在不过分增加工程量的前提下,宜选用较大的竖曲线半径,使道路坡度过渡平缓。只有在特殊困难地区,可以选用极限半径,如表 5-4-16 所示。有条件时,为获得最佳的视觉效果,应按照表 5-4-17 选用。

表 5-4-16 竖曲线最小半径和长度

设计速度/(km/h)		120	100	80	60	40	30	20
凸型竖曲线 半径/m	一般值	17000	10000	4500	2000	700	400	200
	极限值	11000	6500	3000	1400	450	250	100
凹型竖曲线 半径/m	一般值	6000	4500	3000	1500	700	400	200
	极限值	4000	3000	2000	1000	450	250	100
竖曲线 长度/m	一般值	250	210	170	120	90	60	50
	极限值	100	85	70	50	35	25	20

注:"一般值"为正常情况下的采用值,"极限值"为条件受限制时的值。

表 5-4-17 视觉所需要的最小竖曲线半径值

设计速度/(km/h)	竖曲线半径/m	
	凸型竖曲线	凹型竖曲线
120	20000	12000
100	16000	10000
80	12000	8000
60	9000	6000
40	3000	2000

根据设计要求选择合适的竖曲线半径之后,按下式计算切线长 T、外矢距 E、曲线长 L。

$$T = R\tan\frac{\delta}{2} \qquad (5\text{-}4\text{-}28)$$

$$E = R(\sec\frac{\delta}{2} - 1) \qquad (5\text{-}4\text{-}29)$$

$$L = R\delta\frac{\pi}{180°} \qquad (5\text{-}4\text{-}30)$$

如图 5-4-27 所示,建立以水平距离为横坐标轴,高程为纵坐标轴的坐标系,竖曲线上任一点 P 的坐标为 (d_P, H_P'),则

$$(d_P - d_O)^2 + H_P'^2 = R^2$$

上式整理得

$$H_P' = \sqrt{R^2 - (d_P - d_O)^2} \qquad (5\text{-}4\text{-}31)$$

式中 $d_O = R\sin\alpha_1$。

由于

$$H_Q' = R\cos\alpha_1 \qquad (5\text{-}4\text{-}32)$$

则

$$\Delta H = H_Q' - H_Q \qquad (5\text{-}4\text{-}33)$$

则竖曲线上各细部点的设计高程和里程分别为

$$H_P = H_P' - \Delta H \qquad (5\text{-}4\text{-}34)$$
$$D = D_Q + d_P \qquad (5\text{-}4\text{-}35)$$

2)实地测设竖曲线

① 计算竖曲线切线长 T、外矢距 E、竖曲线长 L。

② 推算竖曲线起点及终点里程:

起点里程=变坡点里程-竖曲线切线长 T

终点里程=起点里程+竖曲线长 L

③ 根据竖曲线上细部点距曲线起点(或终点)的距离 d,根据式(5-4-31)、式(5-4-32)计算细部点的里程和设计高程。

④ 从变坡点沿线路方向向前和向后量取切线长,即得竖曲线的起点和终点。

⑤ 从竖曲线起点或终点起,沿切线方向每隔固定距离在地面上打下木桩,并在木桩上测设其设计高程,做出标志以指导施工。

3)竖曲线测设案例

某公路的纵坡变坡点里程为 K18+578.25,其高程为 87.675 m,两侧纵坡分别为 +5%,-6%,竖曲线设计半径为 4500 m,要求曲线上每隔 10 m 设置一桩,计算竖曲线上各桩点高程。

采用 EXCEL 表格进行计算,计算结果如表 5-4-18、表 5-4-19 所示。

表 5-4-18　竖曲线常数及要素计算列表

曲线说明、常数及要素项目	计 算 值
变坡点里程/m	18578.250
变坡点高程/m	87.675
i_1	0.050

续表

曲线说明、常数及要素项目	计 算 值
i_2	-0.060
α_1/（弧度）	0.050
α_2/（弧度）	-0.060
变坡角 δ/（弧度）	0.110
竖曲线半径 R/m	4500.000
切线长度 T/m	247.494
曲线长度 L/m	494.489
外矢距 E/m	6.801
起点里程/m	18330.756
终点里程/m	18825.246
起点设计高程 H_Q/m	75.300
起点假设坐标系高程 H_Q'/m	4494.386
Δh/m	4419.085
d_O/m	224.719

表 5-4-19　竖曲线细部点高程计算

点位说明	里程/m	至竖曲线起点的平距/m	d_O/m	假设坐标系高程/m	设计高程/m
曲线起点	18330.756	0.000	224.719	4494.386	75.300
1	18350.756	20.000	224.719	4495.341	76.256
2	18370.756	40.000	224.719	4496.207	77.122
3	18390.756	60.000	224.719	4496.984	77.899
4	18410.756	80.000	224.719	4497.672	78.587
5	18430.756	100.000	224.719	4498.271	79.186
6	18450.756	120.000	224.719	4498.781	79.696
7	18470.756	140.000	224.719	4499.202	80.117
8	18490.756	160.000	224.719	4499.535	80.449
9	18510.756	180.000	224.719	4499.778	80.693
10	18530.756	200.000	224.719	4499.932	80.847
11	18550.756	220.000	224.719	4499.998	80.912
曲线变坡点	18555.475	224.719	224.719	4501.000	81.915
12	18570.756	240.000	224.719	4499.974	80.889
13	18590.756	260.000	224.719	4499.862	80.776
14	18610.756	280.000	224.719	4499.660	80.575
15	18630.756	300.000	224.719	4499.370	80.285

续表

点位说明	里程/m	至竖曲线起点的平距/m	d_0/m	假设坐标系高程/m	设计高程/m
16	18650.756	320.000	224.719	4498.991	79.906
17	18670.756	340.000	224.719	4498.523	79.438
18	18690.756	360.000	224.719	4497.966	78.881
19	18710.756	380.000	224.719	4497.320	78.235
20	18730.756	400.000	224.719	4496.585	77.500
21	18750.756	420.000	224.719	4495.761	76.676
22	18770.756	440.000	224.719	4494.848	75.762
23	18790.756	460.000	224.719	4493.845	74.760
24	18810.756	480.000	224.719	4492.753	73.668
曲线终点	18825.246	494.489	224.719	4491.907	72.821

5．路基边坡的放样

路基边坡的放样可采用设置施工坡架的形式,如图 5-4-28 所示,根据路堤路基设计断面高程及放坡系数采用竹竿和细绳将设计断面搭建成施工坡架形式,以指导施工。

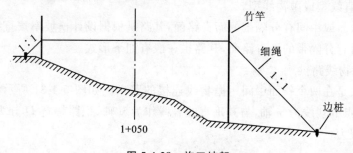

图 5-4-28　施工坡架

在路堑施工时施工坡架可如图 5-4-29 所示,左侧边坡采用 1∶0.5 搭建固定边坡架,开挖时用该固定边坡架监测开挖坡度情况。

另外,也可制作专用设计坡度尺,如图 5-4-29 所示,设计坡度尺一条直角边上设置圆水准器,使用时,使圆水准气泡居中,这时斜边如果与边坡严密符合,表示坡度符合要求,否则应进行坡度调整。

6．路面的放样

路面的放样工作包括恢复中线、放样高程、测量边线。

1)路槽放样

在铺设公路路面时,应放样路槽。如图 5-4-30 所示,恢复线路中线,每隔 10 m 加密中桩,并使中桩桩顶高程为其路面设计高程,然后从中桩 O 起,由横断面方向向左右两侧量出路槽宽度的一半,打下路槽边桩 A、B,使其桩顶高程等于该点路面设计高程,然后从桩顶往下量取路槽深度,做上标记,作为开挖路槽的依据。也可在路槽边桩旁边根据槽底设计标

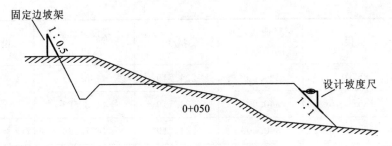

图 5-4-29 固定边坡架及设计坡度尺

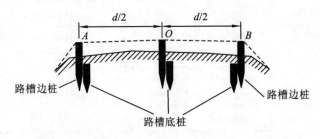

图 5-4-30 路槽放样示意图

高,打路槽底桩,标定槽底设计标高。

2）路拱放样

为了利用路面横向排水,将路面的横向断面做成中央高于两侧,具有一定坡度的拱起形状称为路拱,有直线型或抛物线型。

对于水泥路面或中间有分隔带的沥青路面,其路拱根据设计横坡率按直线放样。

对于中间没有分隔带的沥青路面,其路拱一般有如下形式。

（1）二次抛物线路拱。

抛物线路拱是在两个斜面中间用抛物线连接的路拱。如图 5-4-31 所示,建立局部坐标系,以路拱最高点的切线为 x 轴,与其垂直的直线作为 y 轴,把路幅宽 D 分为 10 等分,该路拱的抛物线方程为

$$y = \frac{4h}{D^2} x^2 \tag{5-4-36}$$

由于

$$h = \frac{D}{2} \cdot i \tag{5-4-37}$$

所以

$$\left.\begin{aligned}
h_1 &= h \\
h_2 &= 0.96h \\
h_3 &= 0.84h \\
h_4 &= 0.64h \\
h_5 &= 0.36h
\end{aligned}\right\} \tag{5-4-38}$$

式中 x——离中线的横向距离；

y——相应 x 的竖向距离；

D——路面宽；

h——路拱高；

i——平均横坡率。

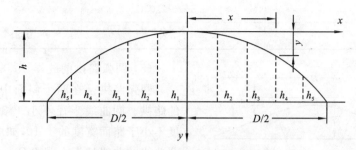

图 5-4-31　二次抛物线路拱示意图

测设时,从中线沿横断面方向,左右分别量取 $0.1D$,测设高程 $0.96h$,量取 $0.2D$,测设高程 $0.84h$,量取 $0.3D$,测设高程 $0.84h$……依此类推,测出中线两侧各 5 点。

(2) 改进的二次抛物线路拱。

其测设方法与二次抛物线路拱相同,其点位高程计算如下式

$$y = \frac{2h}{D} \cdot x^2 + \frac{h}{D} \cdot x \tag{5-4-39}$$

$$\left.\begin{aligned}
h_1 &= \frac{D}{2} \cdot i \\
h_2 &= 0.88h \\
h_3 &= 0.72h \\
h_4 &= 0.52h \\
h_5 &= 0.28h
\end{aligned}\right\} \tag{5-4-40}$$

(3) 改进的三次抛物线路拱。

其点位高程计算如下式

$$y = \frac{4y}{D^3} \cdot x^3 + \frac{h}{D} \cdot x \tag{5-4-41}$$

$$\left.\begin{aligned}
h_1 &= \frac{D}{2} \cdot i \\
h_2 &= 0.90h \\
h_3 &= 0.77h \\
h_4 &= 0.59h \\
h_5 &= 0.34h
\end{aligned}\right\} \tag{5-4-42}$$

(4) 倾斜直线型路拱。

如图 5-4-32 所示,当路面横坡率为 i 时,在路拱中心插入一对横坡率为 i_1 的对称连接线,或在路拱中心插入二对横坡率分别为 i_1、i_2 的对称连接线。l 值一般取路面宽度的 1/2 或 1/4。

i、i_1、i_2 的选择可参照表 5-4-20。

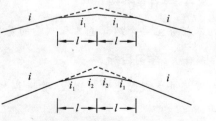

图 5-4-32　倾斜直线型路拱放样示意图

表 5-4-20　倾斜直线型路拱坡度选择

路面横坡率	对称连接线 i_1	对称连接线 i_2
1.5%	0.8%～1.0%	
2%	1.5%	0.8%～1.0%

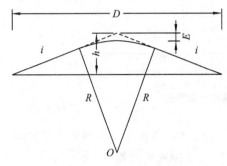

图 5-4-33　圆弧路拱放样示意图

（5）圆弧路拱的放样。

圆弧路拱是在两个斜面中间用圆弧连接的路拱。圆曲线半径不小于 50 m，圆曲线长度不小于路面宽度的 1/10，如图 5-4-33 所示，圆曲线的曲线长为 $L = 2iR$，一般取 $L = 2$ m。则圆曲线的半径为 $R = 1/i$，又由于 $T = \frac{1}{2}L = 1$，所以

$$E = \frac{T^2}{2R} = \frac{1}{2R} = \frac{1}{2}i \qquad (5\text{-}4\text{-}43)$$

$$h = \frac{D}{2}i$$

式中　E——外矢距；

　　　h——路拱高；

　　　R——圆弧半径；

　　　D——路拱宽度；

　　　i——路面横向设计坡度。

路面施工中，可将路拱做成模板进行放样。

5.4.2.5　道路竣工测量

道路在竣工验收时的测量工作，称为竣工测量。

由于施工过程中，变更设计线路、建筑物的新建，使道路及附属物与设计位置不完全一致，为了道路的运营和管理具有可靠的资料和图纸，应进行竣工测量。

竣工测量的内容主要包括中线测量、纵横断面测量及竣工总图的编绘。

任务 5.5　管道工程测量

➤➤ 任务介绍 ......

本任务主要介绍管道工程测量的基本知识。要求了解管道工程测量的工序及内容。

➤➤ 学习目标 ......

掌握并完成管道中线测设，管道纵横断面测量，带状地形图测量，管道施工测量和管道竣工测量。

掌握顶管施工测量的方法和步骤。

»»→ **任务实施的知识点** ......

5.5.1　管道工程测量概述

在城镇建设中要敷设给水、排水、煤气、电力、电信、热力、输油等各种管道,管道工程测量是为各种管道设计和施工服务的。

管道工程测量的内容主要包括管道中线测设,管道纵横断面测量,带状地形图测量,管道施工测量和管道竣工测量等。

管道工程测量的任务:根据设计施工图纸,熟悉管线布置及工艺设计要求,按实际地形做好实测数据,绘制施工平面草图和断面草图。然后,按平面草图、断面草图对管线进行测量。

管道工程多属地下构筑物,在较大的城镇街道及厂矿地区,管道相互穿插、纵横交错。在测量、设计或施工中如果出现差错,往往会造成巨大损失,所以,测量工作必须采用城镇或厂矿的统一坐标和高程系统,按照"从整体到局部,先控制后碎部"的工作程序和步步有校核的工作方法进行,为设计和施工提供可靠的测量资料及测设标志。

5.5.2　管道中线测量

5.5.2.1　管道的主点

管道的起点、转向点、终点等通称为管道的主点。主点的位置及管道方向在设计时确定。

管道中线测量:就是将设计的管道中线位置测设于实地,并标记出来。

5.5.2.2　管道中线测量的内容

1. 测设管道的主点

(1)根据控制点测设管线的主点。

当管道规划设计图上已给出管线起点、转折点和终点的设计坐标与附近控制点的坐标时,可计算出测设数据,然后用极坐标法或交会法进行测设。

(2)根据地面上已有建筑物测设管线主点。

管线一般与道路中心线或永久建筑物的轴线平行或垂直。主点测设数据可由设计时给定或根据给定坐标计算,然后用直角坐标法进行测设,当管道规划设计图的比例尺较大,管线是直接在大比例尺地形图上设计时,往往不给出坐标值,可根据与现场已有的地物(如道路、建筑物)之间的关系采用图解法求得测设数据。

如图 5-5-1 所示,AB 是原有管道,1、2 点是设计管道主点。

欲在实地定出 1、2 等主点,可根据比例尺在图上量取长度 D、a、b,即得测设数据,然后用直角坐标法测设 2 点。

(3)主点测设好以后,应丈量主点间距离和测量管线的转折角,并与附近的测量控制点联

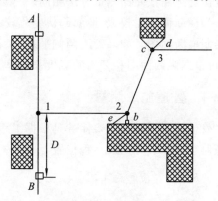

图 5-5-1　管道示意图

测,以检查中线测量的成果。为了便于施工时查找主点位置,一般还要做好点的记号。

2. 钉(设)里程桩和加桩

为了测定管线长度和测绘纵横断面图,沿管道中心线自起点每 50 m 钉一里程桩。在 50 m 之间地势变化处要钉加桩,在新建管线与旧管线、道路、桥梁、房屋等交叉处也要钉加桩。里程桩和加桩的里程桩号以该桩到管线起点的中线距离来确定。

管线的起点:给水管道以水源为起点;排水管道以下游出水口为起点;煤气、热力管道以供气方向为起点。

为了给设计和施工提供资料,中线定好后应将中线展绘到现状地形图上。图上应反映出点的位置和桩号,管线与主要地物、地下管线交叉的位置和桩号,各主点的坐标、转折角等。

如果敷设管道的地区没有大比例尺地形图,或在沿线地形变化较大的情况下,还需测出管道两侧各 20 m 的带状地形图,如通过建筑物密集地区,需测绘至两侧建筑物处,并用统一的图式表示。

5.5.3 管道纵横断面测量

1. 管道纵断面测量

管道纵断面测量是根据管线附近的水准点,用水准测量方法测出管道中线上各里程桩和加桩点的高程,绘制纵断面图,为设计管道埋深、坡度和计算土方量提供资料。

为了保证管道全线各桩点高程测量精度,应沿管道中线方向每隔 1~2 km 设一固定水准点,300 m 左右设置一临时水准点,作为纵断面水准测量分段闭合和施工引测高程的依据。

纵断面水准测量可从一个水准点出发,逐段施测中线上各里程桩和加桩的地面高程,然后附合到邻近的水准点上,以便校核,容许高差闭合差为 ±12 mm。

2. 管道横断面测量

管道横断面测量是测定各里程桩和加桩处垂直于中线两侧地面特征点到中线的距离和各点与桩点间的高差,据此绘制横断面图,供管线设计时计算土石方量和施工时确定开挖边界之用。

横断面测量施测的宽度由管道的直径和埋深来确定,一般每侧为 10~20 m。横断面测量方法与道路横断面测量方法相同。

当横断面方向较宽、地面起伏变化较大时,可用经纬仪视距测量的方法测得距离和高程并绘制横断面图。如果管道两侧平坦、工程面窄、管径较小、埋深较浅时,一般不做横断面测量,可根据纵断面图和开槽的宽度来估算土(石)方量。

5.5.4 管道施工测量

管道施工测量的主要任务是根据工程进度要求,为施工测设各种标志,便于施工技术人员随时掌握中线方向及高程位置。以下主要介绍顶管施工测量。

5.5.4.1 顶管施工测量概述

在管道穿越铁路、公路、河流或建筑物时,由于不能或不允许开槽施工,常采用顶管施工方法。另外,为了克服雨季和严冬对施工的影响,减轻劳动强度和改善劳动条件等也常采用顶管方法施工。顶管施工技术随着机械化程度的提高而不断发展和广泛采用,是管道施工中的一项新技术。

顶管施工时,应在放顶管的两端先挖好工作坑,在工作坑内安装导轨(铁轨或方木),并将管材放置在导轨上,用顶镐将管材沿管线方向顶进土中,然后将管内土方挖出来。顶管施工测量的主要任务是掌握控制好顶管中线方向、高程和坡度。

5.5.4.2　顶管施工测量的准备工作

1. 中线桩的测设

中线桩是工作坑放线和测设坡度板中线钉的依据。

测设时应根据设计图纸的要求,根据管道中线控制桩,用经纬仪将顶管中线桩分别引测到工作坑的前后,钉以大铁钉和木桩,以标定顶管的中线位置,如图 5-5-2 所示。中线桩钉好后,即可根据它定出工作坑的开挖边界,工作坑的底部尺寸一般为 4 m×6 m。

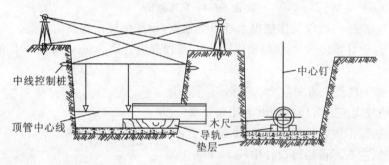

图 5-5-2　中线桩的测设

2. 顶进过程中的测量工作

1) 中线测量

如图 5-5-3 所示,通过顶管的两个中线桩拉一条细线,并在细线上挂两个垂球,然后贴靠两垂球线再拉紧一水平细线,这根水平细线即标明了顶管的中线方向。为了保证中线测量的精度,两垂球间的距离尽可能远些。这时在管内前端横放一水平尺,其上有刻划和中心钉,尺长等于或略小于管径。顶管时用水准器为水平尺找平。通过拉入管内的小线与水平尺上的中心钉比较,可知管中心是否有差别;尺上中心钉偏向哪一侧,就说明管道偏向哪个方向。为了及时发现顶进时中线是否有偏差,中线测量以每顶进 0.5~1.0 m 量一次为宜。其偏差值可直接在水平尺上读出,若左右偏差超过 1.5 m,则需要进行中线校正。

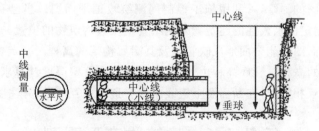

图 5-5-3　中线测设示意图

该方法在短距离顶管施工中是可行的,当距离超过 50 m 时,应分段施工,可在管线上每隔 100 m 设一工作坑,在采用对顶施工过程中,可采用激光经纬仪和激光水准仪进行导向,从而保证施工质量,加快施工进度。

2）高程测量

如图 5-5-4 所示，将水准仪安置在工作坑内，后视临时水准点，前视顶管内待测点，在管内使用一根小于管径的标尺，即可测得待测点的高程。将测得的管底高程与管底设计高程进行比较，即可知道校正顶管坡度的数值了。

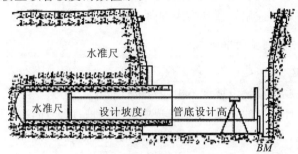

图 5-5-4　高程测设

为了工作方便，一般以工作坑内水准点为依据，设计纵坡用比高法检验。

例如，管道设计坡度为 5‰，每顶进 1.0 m 高程就应升高 5 mm，该点的水准尺上读数就应减小 5 mm。

3）顶管施工规范要求

根据规范规定施工时应达到以下几点要求。

高程偏差：高不得超过设计高程 10 mm，低不得超过设计高程 20 mm。

中线偏差：左右不得超过设计中线 30 mm。

管子错口，一般不得超过 10 mm，对顶时不得超过 30 mm。

5.5.5　管道竣工测量

管道工程竣工后，为了准确反映管道的位置应及时进行竣工测量，整理并编绘全面的竣工资料和竣工图。竣工图是管道建成后进行管理、维修、改建和扩建时不可缺少的依据。管道竣工图包括两个内容：一是管道竣工平面图；二是管道竣工断面图。

管道竣工平面图应能全面地反映管道及其附属构筑物的平面位置。

管道竣工测量测绘的主要内容有管道的主点、检查井位置以及附属构筑物施工后的实际平面位置和高程。图上还应标有检查井编号、井口顶高程和管底高程，以及井间的距离、管径等。对于给水管道中的阀门、消火栓、排气装置等，应用符号标明。

管道竣工平面图的测绘，可利用施工控制网测绘竣工平面图。当已有详细的实测平面图时，可以利用已测定的永久性的建筑物来测绘管道及其构筑物的位置。

管道竣工纵断面图应能全面地反映管道及其附属构筑的高程。一定要在回填土以前测定检查井口和管顶的高程。管底高程由管顶高程和管径、管壁厚度计算求得，井间距离用钢尺丈量。如果管道互相穿越，在断面图上应表示出管道的相互位置，并注明尺寸。

任务 5.6　建筑物变形观测

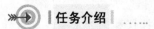　任务介绍......

本任务主要学习变形观测的基本内容及精度要求。重点是用水准测量进行垂直位移观

测的方法,采用视准线法、小角法进行水平位移观测,工程建筑物的倾斜观测、裂缝观测及观测资料的整理。

»—→ 学习目标 ......

掌握变形观测的基本内容;初步具备变形测量的基本工作的能力。

»—→ 任务实施的知识点 ......

5.6.1 变形观测概述

变形观测是测定建筑物在自身荷重和外力作用下随时间而变形的工作,其主要内容包括工程建筑物的垂直位移观测、水平位移观测、倾斜观测、裂缝观测等。

工程建筑物随时间的推移,不论是在施工建设阶段还是在运营管理阶段,由于其内部应力变化和外部环境的影响,都会产生变形。这种变形如果超过了规定的限度,就会影响建筑物的正常使用,甚至危及建筑物的安全,所以,在工程建筑物的施工建设阶段和运营管理阶段必须要进行变形观测。

变形观测的任务首先是要在建筑物上建立能代表建筑物形变特征的监测点,然后周期性的对这些监测点进行观测,对多次的重复观测结果进行比较,从而确定变形程度,了解变形随时间的变化情况。并对变形观测数据进行科学分析,从而判断建筑物的安全性及未来的变形趋势,及时发现异常变化,以免事故发生。

5.6.2 垂直位移观测

垂直位移观测也称为沉降观测,观测建筑物在垂直方向上的位置变化情况,一般采用水准测量方法进行施测,垂直位移观测首先需要在最能反映建筑物沉降的位置上设置沉降观测点,还要在沉陷范围以外的地方设置基准点。每项工程至少需要三个基准点。根据需要,还要设置工作基点(工作点),它是直接测定变形观测点的点,是基准点与变形观测点之间的联系点,对通视情况良好或观测项目较少的工程,可不设置工作基点。直接采用基准点对变形观测点进行观测。

1. 基准点的布设

基准点是垂直位移观测的基准依据,需要有足够的稳定性,所以必须远离建筑物,布设在沉陷影响范围之外、地基坚实稳固且便于引测的地方。为了检核基准点自身的稳定性,基准点应至少布设三个,对建筑面积大于 5000 m² 或高层建筑,应适当增加基准点的数量,基准点的标志构造,可参照水准测量规范中二、三等水准的规定进行标志设计和埋设。

2. 工作基点的布设

工作基点用于直接测定沉降观测点,它应位于比较稳定且便于观测的地方。对通视情况良好或观测项目较少的工程,可不设置工作基点。

3. 沉降观测点的布设

沉降观测点应设置在需要监测的建筑物上,并能够充分反映建筑物沉降变形特征的部位;需要有足够的数量,点位应避开障碍物,标志应和建筑物牢固地结合在一起,以便于观测和长期保存。

工业与民用建筑物沉降观测点,布设在四周角点、中点、转角处以及外墙周边每隔 10～

12 m布设一点。在最易产生变形的地方,如柱子基础、伸缩缝两侧、新旧建筑物接壤处、不同结构建筑物分界处等都应该设置观测点。对于高耸建筑物,在基础轴线的对称部位,应设置观测点。

沉降观测点的设置形式如图5-6-1所示。

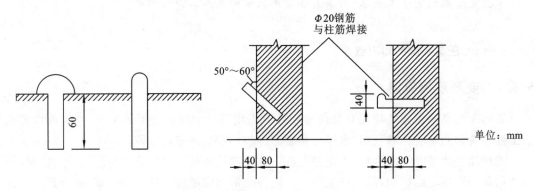

图 5-6-1　沉降观测点的设置形式

4. 垂直位移观测

垂直位移观测前,应检测工作基点的稳定性。将水准基点与工作基点组成水准环线,采用一、二等水准测量技术要求进行施测。

工业与民用建筑物的沉降观测,一般在建筑物主体开工前,进行第一次观测;主体施工过程中,一般每施工1~2层观测一次,当荷载突然增加或周围有大量挖方等情况时亦应观测;工程竣工后,一般每月观测一次,如果沉降速度减缓,可改为2~3个月观测一次。

沉降观测的水准路线应布设为闭合水准路线,对于高层建筑物和深基坑开挖的沉降观测,通常按二等水准测量,对于精度要求较低的多层建筑物的沉降观测,可采用三、四等水准测量方法进行。为了保证水准测量的精度,每次观测前,应对所使用的仪器和设备进行检验校正。观测时视线长度一般不得超过50 m,前后视距离要尽可能相等,视线高度应不低于0.5 m。

5.6.3　水平位移观测

水平位移观测是观测建筑物在水平方向上的位置变化情况,其产生往往与不均匀沉降及横向受力等因素有关。水平位移观测常用的方法有基准线法和前方交会法。基准线法适用于直线型的建筑物,前方交会法适用于其他形式的建筑物。基准线法按作业方法和所用工具的不同可分为视准线法和微小角法。

1. 视准线法

如图5-6-2所示,在需要进行变形观测的直线建筑物变形区域以外选定固定工作基点A、B,在建筑物上沿A、B方向设置位移观测点a、b、c、d等,将经纬仪安置在A点,照准B点,构成视准线,如图5-6-3所示,测定各观测点相对于视准线的垂直距离l_{a0}、l_{b0}、l_{c0}、l_{d0};相隔确定的观测周期时间后,又安置仪器于A点,照准B点,测得各观测点相对于视准线的距离l_{a1}、l_{b1}、l_{c1}、l_{d1}。

则前后两次测得距离的差值为

$$\delta_{a1} = l_{a1} - l_{a0}$$
$$\delta_{b1} = l_{b1} - l_{b0}$$

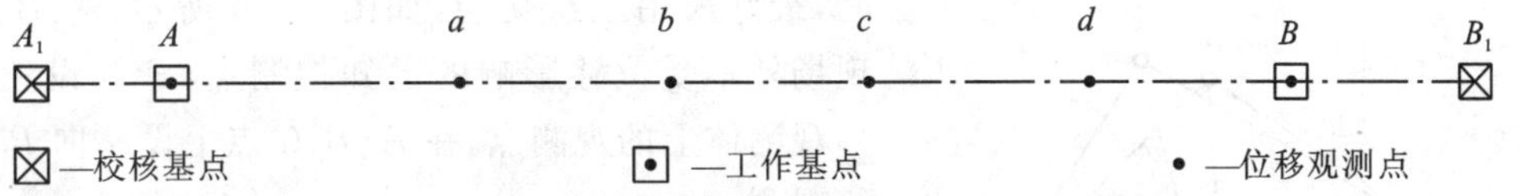

A_1　A　a　b　c　d　B　B_1

⊠—校核基点　　　⊡—工作基点　　　•—位移观测点

图 5-6-2　视准线设置示意图

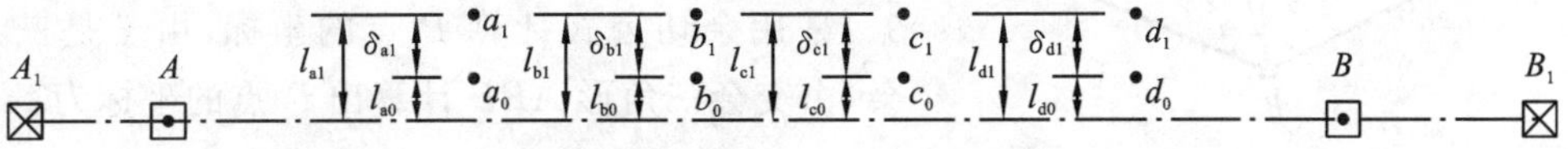

A_1　A　δ_{a1} l_{a1} a_1 l_{a0} a_0　δ_{b1} l_{b1} b_1 l_{b0} b_0　δ_{c1} l_{c1} c_1 l_{c0} c_0　δ_{d1} l_{d1} d_1 l_{d0} d_0　B　B_1

图 5-6-3　视准线观测原理示意图

$$\delta_{c1} = l_{c1} - l_{c0}$$

$$\delta_{d1} = l_{d1} - l_{d0}$$

视准线法进行变形观测时,需要使用如图 5-6-4 所示的活动觇牌,活动觇牌是为了测量各点的变形观测点相对于视准线的位移值 1,测量时将活动觇牌安置在变形观测点上,将觇牌的零刻线对准观测点的中心标志。用经纬仪盘左照准 B 点作为视准线,竖直转动望远镜照准变形观测点,指挥人员转动觇牌微动螺旋移动觇牌,直至觇牌中心纵线与十字丝纵丝重合为止。然后在觇牌上读取读数。然后重新转动觇牌微动螺旋再次照准进行读数,重复进行 3 次,取 3 次读数的平均值作为上半测回的观测结果。倒转望远镜,盘右重复上述操作进行下半测回的观测,取上下两半测回的平均值作为一测回的观测结果。一般观测 2～3 测回,测回差不得大于 3 mm。

2. 微小角法

如图 5-6-5 所示,在位移方向的垂直方向上设置一条基准线,A、B 为工作基点,P 为沿基准线方向在建筑物上设置的变形观测点,定期测量 P 点与基准线 AB 的角度变化 $\Delta\beta$,$\Delta\beta$ 的观测方法是将经纬仪安置于 A 点,第一次观测角 $\angle BAP = \beta$,经过设定的变形周期时间,第二次观测 $\angle BAP_1 = \beta_1$,则

$$\Delta\beta = \beta_1 - \beta \tag{5-6-1}$$

其水半位移值为

$$\delta = \frac{\Delta\beta}{\rho} \cdot D_{AP} \tag{5-6-2}$$

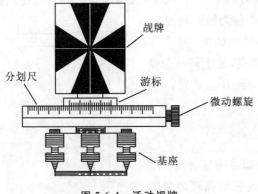

图 5-6-4　活动觇牌

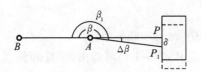

图 5-6-5　微小角法观测水平位移

3. 角度前方交会

当施工现场环境复杂,不能采用基准线法,可采用前方交会法,交会角应在 $60°\sim120°$ 之

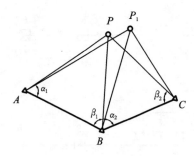

图 5-6-6　前方交会示意图

间，最好采用三点交会，如图 5-6-6 所示，A、B、C 为现场外不受位移影响的已知控制点，P 为设置于变形观测体上的观测点，在 A、B、C 点上设站向 P 点进行观测。

第一次观测得到四个交会角分别是 α_1、β_1、α_2、β_2，采用余切公式计算 P 点的坐标，由于是三点交会，由交会三角形 ABP 计算出 P 点的坐标为：

$$\left.\begin{array}{l} x'_P = \dfrac{x_A \cot\beta_1 + x_B \cot\alpha_1 + y_B - y_A}{\cot\alpha_1 + \cot\beta_1} \\[3mm] y'_P = \dfrac{y_A \cot\beta_1 + y_B \cot\alpha_1 + x_A - x_B}{\cot\alpha_1 + \cot\beta_1} \end{array}\right\} \quad (5\text{-}6\text{-}3)$$

由交会三角形 BCP 计算出 P 点的坐标为：

$$\left.\begin{array}{l} x''_P = \dfrac{x_B \cot\beta_2 + x_C \cot\alpha_2 + y_C - y_B}{\cot\alpha_2 + \cot\beta_2} \\[3mm] y''_P = \dfrac{y_B \cot\beta_2 + y_C \cot\alpha_2 + x_B - x_C}{\cot\alpha_2 + \cot\beta_2} \end{array}\right\} \quad (5\text{-}6\text{-}4)$$

上面两个交会三角形计算的 P 点坐标在满足限差要求的情况下，取平均值作为 P 点的第一次坐标

$$\left.\begin{array}{l} x_P = \dfrac{x'_P + x''_P}{2} \\[3mm] y_P = \dfrac{y'_P + y''_P}{2} \end{array}\right\} \quad (5\text{-}6\text{-}5)$$

第二次同样观测该四个交会角，按上述方法同样计算 P 点坐标，设 P 点已位移到 P_1 点，这时算出 P_1 点的坐标为 (x_{P_1}, y_{P_1})。

然后计算 P 点的水平位移量

$$\delta = \sqrt{(x_{P_1} - x_P)^2 + (y_{P_1} - y_P)^2} \quad (5\text{-}6\text{-}6)$$

5.6.4　倾斜观测

建筑物产生倾斜的原因主要是地基承载力的不均匀、风荷载、地震等影响引起建筑物基础的不均匀沉降，测定建筑物倾斜变化的工作称为倾斜观测。

建筑物的倾斜度一般用倾斜率 i 来表示。如图 5-6-7 所示，某建筑物的高度为 h，建筑物上有 A、B 两点，位于同一条铅垂线上，由于建筑物倾斜，B 点移动了距离 d，到 B' 点位置，

$$i = \tan\alpha = \frac{d}{h} \quad (5\text{-}6\text{-}7)$$

式中　α——倾斜角。

从式(5-6-7)可看出，求算倾斜率 i，需要知道建筑物的高度 h 和水平位移量 d，高度 h 可通过直接丈量或三角高程测量的方法求得，在此不再详述，下面介绍常用的水平位移量 d 的测定方法。

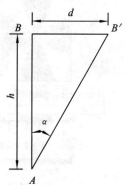

图 5-6-7　倾斜率

1. 纵横距投影法

如图 5-6-8 所示,某建筑物需要进行倾斜观测,首先在建筑物互相垂直的两个墙面上设置观测标点,观测标点的设置是在分别垂直于这两个墙面且距建筑物约 1.5 倍建筑物高度处安置经纬仪,如图中 A、B 两点,A 点上的经纬仪照准上部 E 点,采用正倒镜分中投点法,定出下部的 F 点,同样在 B 点上采用同样方法定出 G、H 点,E、F、G、H 即为定出的观测标点,做出标志。

相隔一段时间后,重新到 A、B 两点分别安置经纬仪,照准 E、F 点,采用正、倒镜分中投点法得到 F'、H',如果 F 与 F',H 与 H' 不重合,如图所示,表示建筑物发生倾斜。

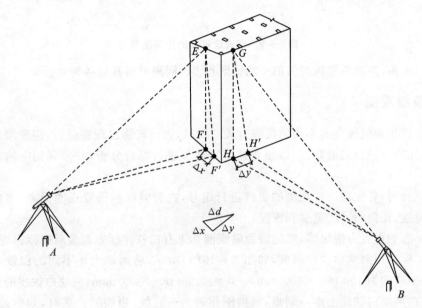

图 5-6-8　一般建筑物的倾斜观测

用尺子量出 F 与 F',H 与 H' 不重合的偏移值 Δx、Δy,计算建筑物的总偏移量为

$$\Delta d = \sqrt{\Delta x^2 + \Delta y^2} \tag{5-6-8}$$

根据建筑物的高度 h,即可由式(5-6-7)求得建筑物的倾斜率 i。

2. 角度前方交会

此法常用于水塔、烟囱等高耸建筑物。

如图 5-6-9(a)所示,该图为烟囱俯视图,O' 为烟囱顶部中心位置,O 为烟囱底部中心位置。在烟囱附近布设 A、B、C 三个基准点,点位应选择在稳定且能长期保存的地方,AB、BC 的长度一般不大于 5 倍的建筑物高度。根据观测转角和边长,计算 A、B、C 三个基准点的坐标。

然后分别在 A、B、C 三点安置经纬仪,观测三点与烟囱顶部中心位置 O' 方向之间的夹角 β_1、β_2、β_3、β_4,然后采用前方交会计算出 O' 的坐标,同样观测三点与烟囱底部中心位置 O 方向之间的夹角 α_1、α_2、α_3、α_4,同样采用前方交会计算出 O 的坐标,然后采用坐标反算求得 OO' 的距离,该距离即为水平位移量 d,然后根据烟囱高度 h,由式(5-6-7)求得烟囱的倾斜率 i。

以上程序需要观测三个基准点与烟囱顶、底部中心位置方向之间的夹角,此处以 β_1 的观测为例来说明。如图 5-6-9(b)所示,观测 β_1 角,仪器安置在 A 点上,观测顶部两侧切线与基

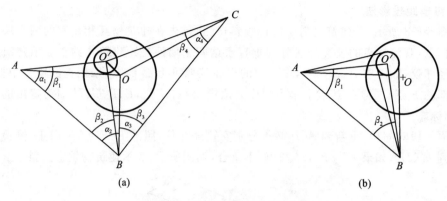

图 5-6-9　塔式建筑物的倾斜观测

准线 AB 的夹角,并取两侧观测值的平均值既得 β_1,同理可得其他各夹角。

5.6.5　裂缝观测

建筑物产生裂缝往往与不均匀沉降有关。所以,当建筑物出现裂缝后,需要增加沉降观测的次数,还需要进行裂缝观测,以便对建筑物变形进行综合分析,并采取相应的得安全措施。

裂缝观测时,首先应对拟观测的裂缝进行编号,在裂缝两侧设置观测标志,然后定期观测裂缝的位置、走向、长度、宽度和深度。

观测标志的设置方法很多,常用的裂缝观测标志有白铁片标志和金属棒标志等。

白铁片标志用两块白铁片制成,如图 5-6-10(a)所示,将两块大小不同的白铁皮固定在裂缝两侧,一块约为 150 mm×150 mm,一块约为 50 mm×200 mm,两块白铁皮的边缘互相平行,并且在两块白铁皮上作一划痕,划痕刚作时为一直线,当裂缝扩展时,划痕被拉开,划痕之间的距离即为该裂缝的扩展宽度。

除了白铁片标志以外,还可以采用金属棒标志。如图 5-6-10(b)所示,将长约 100 mm,直径约 10 mm 的钢筋用水泥砂浆牢固得灌填到墙体,钢筋头露出墙外约 20 mm。定期采用游标卡尺测定两棒的间距 d 并进行比较,即可掌握裂缝发展情况。

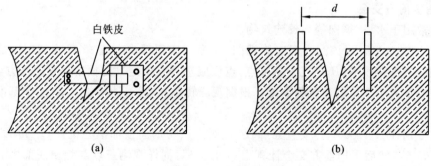

图 5-6-10　裂缝观测标志

变形观测后,应对观测资料进行全面检查、整理,以便找出变形与各种因素的关系及变形的发展规律。

参 考 文 献

[1] 刘文谷.建筑工程测量[M].北京:北京理工大学出版社,2012.

[2] 王勇智.GPS测量技术[M].2版.北京:中国电力出版社,2012.

[3] 靳祥升.水利工程测量[M].郑州:黄河水利出版社,2008.

[4] 郑金兴.园林测量[M].北京:高等教育出版社,2005.

[5] 李生平.建筑工程测量[M].北京:高等教育出版社,2002.

[6] 李秀江.测量学[M].北京:中国林业出版社,2003.

[7] 李聚方.工程测量[M].北京:测绘出版社,2013.

[8] 蓝善勇.水利工程测量[M].北京:中国水利水电出版社,2014.

[9] 国家测绘地理信息局职业技能鉴定指导中心.测绘综合能力[M].2版.北京:测绘出版社,2012.

[10] 中国有色金属工业协会.工程测量规范(GB 50026—2007)[M].北京:中国计划出版社,2008.

参考文献

高职高专土建类工学结合"十三五"规划教材

建筑工程测量任务学习指导

主　编　陈兰兰

主　审　杨青松

华中科技大学出版社

中国·武汉

前　言

　　本教材是由贵州轻工职业技术学院教材编写委员会组织编写的,按照高等职业院校建筑工程专业职业岗位需求,以建筑工程测量工作任务为引领,以典型工作任务为中心组织课程内容,在学生自主学习相应工作任务的基础上构建工程测量知识体系,发展职业能力。

　　本教材共分为五个项目,十八个任务。为突出高职教学特点,强化学生独立思考及解决问题的能力,编写了《建筑工程测量任务学习指导》,该指导书将理论与实践紧密结合,积极调动学生的自主学习能力,解决本教材中提出的重点及难点问题,结合实训增强学生工程测量的基本技能,使学生对工程测量在工程施工中的应用有一个充分的认识,并能较好掌握技能知识并应用于工程施工测量中。

　　本书编写人员及编写分工如下:贵州轻工职业技术学院陈兰兰【项目一、项目三(任务3.1、3.3、3.4)、项目四、项目五(任务5.1、5.2、5.4、5.6)】,李世海【项目二】,李扬杰【项目五(任务5.3、5.5)】,林涛【项目三(任务3.2)】。《建筑工程测量任务学习指导》由陈兰兰编写。本书由陈兰兰担任主编,杨青松主审,李世海、李扬杰、林涛担任副主编,全书由陈兰兰统稿。

　　由于编者水平有限,加之时间仓促,书中难免存在缺点和错误,敬请读者批评指正。

编　者

2016 年 3 月

目　录

项目一　测量学基础知识

任务 1.1　认识测量学学习过程

复习及思考：

1. 简述测量学的定义。

2. 简述测量学的研究对象。

3. 简述测定与测设的定义，以建筑工程为例说明测定与测设的基本过程。

4. 简述测量学在工程建设中的作用。

任务 1.2　测量学基础知识学习过程

复习及思考：

1. 简述水准面、大地水准面、大地体、参考椭球体的概念。

2. 简述绝对高程、相对高程、高差的概念。

3．简述测量工作应遵循的基本原则。

4．简述我国大地坐标系的种类及发展历程。

5．图 1-1 是参考椭球体基本线、基本面及大地坐标位置示意图，请完成此图内容注记。

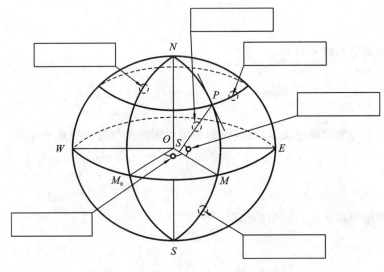

图 1-1　大地坐标系

6．如图 1-2 所示，在图中四边形中填写分带子午线的经度，五边形中填写中央子午线的经度。

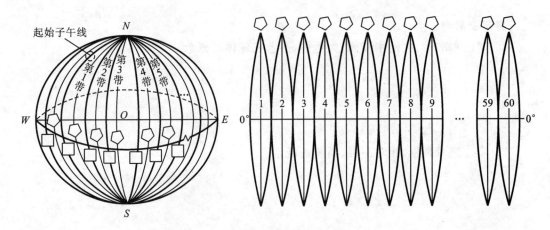

图 1-2　高斯 6°投影带划分示意图

7. 某地处于东经 109°36′,问该点位于 6°带和 3°带的哪一带? 中央子午线的经度是多少?

8. 如图 1-3 所示,已知 A、B 两点位于 6°带第 19 带中,写出 A、B 两点的横坐标自然值,并求其通用值。

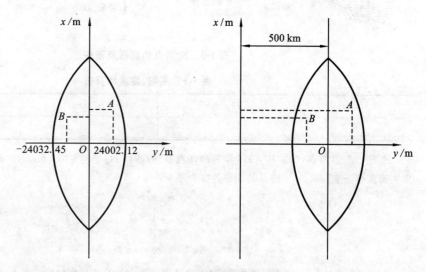

图 1-3　高斯平面直角坐标示意图

9. 如图 1-4 所示,某用地地块 $ABCD$,已知 A 点坐标(10 m,10 m),求 B、C、D 点坐标及地块面积 S。

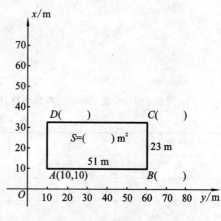

图 1-4　平面直角坐标

10. 如图 1-5 所示,已知 $H_A = 1213.098$ m,$H_B = 1300.009$ m。

(1) H_A 是 A 点的_____高程,H'_A 是 A 点的_____高程。

(2) H_B 是 B 点的_____高程,H'_B 是 B 点的_____高程。

(3) 求 H'_A、H'_B、h_{AB} 和 h_{BA},填入表 1-1。

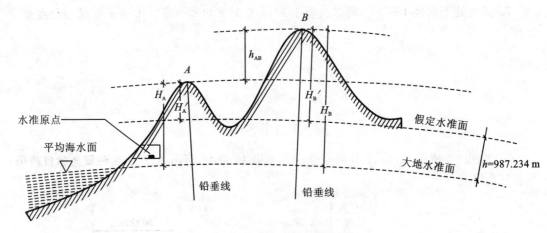

图 1-5 地面点的高程及高差

表 1-1 高程、高差计算表

H_A'/m	H_B'/m	h_{AB}/m	h_{BA}/m

11. 地面上 A、B 两点,已知其"1956 年黄海高程系"的高程 $H_A=998.098\ \mathrm{m}$,$H_B=990.065\ \mathrm{m}$,若改用"1985 年国家高程基准",则 A、B 两点的高程各应为多少?

12. 如图 1-6 所示,该矩形地块在 1∶500 比例尺图上的长度分别标注在图上,求该地块面积。

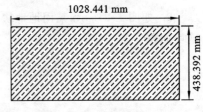

图 1-6 地块示意图

13. 完成表 1-2~表 1-4 中的单位换算计算。

表 1-2 长度单位换算计算表

千米/km	米/m	分米/dm	厘米/cm	毫米/mm
	110.098			
			500.9	
				1897
10.201				
		345.67		

表 1-3 角度单位换算计算表

度分秒/(° ′ ″)	度/(°)	分/(′)	秒/(″)	弧度/(rad)

度分秒/(° ′ ″)	度/(°)	分/(′)	秒/(″)	弧度/(rad)
11°11′30″				
	34.44°			
		3438′		
			300000″	
				1.5

表 1-4　面积单位换算计算表

平方千米/km²	平方米/m²	平方分米/dm²	平方厘米/cm²	平方毫米/mm²
	1.7			
			1.9	
				4.8
1.2				
		4.9		
	987.6 m² = _____ 亩,2.5 亩 = _____ m²			

项目二 高程测量基础

任务 2.1 水准测量基础学习过程

2.1.1 理解水准测量原理

1. 如图 2-1 所示，A 点高程已知，采用水准仪施测 B 点高程，在图中标出 A 点高程 H_A、B 点高程 H_B、后视读数 a、前视读数 b、视线高 H_i，高差 h_{AB}，并写出 h_{AB}、H_B、H_i 的计算式。

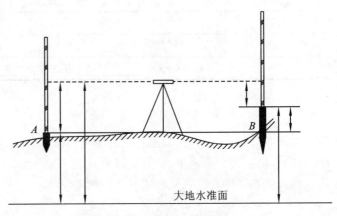

图 2-1 水准测量原理示意图

2. 后视点 A 的高程为 134.432 m，读得其水准尺的读数为 1.256 m，在前视点 B 尺上的读数为 1.578 m，问高差 h_{AB} 是多少？B 点比 A 点高，还是比 A 点低？B 点的高程是多少？试绘图说明。

3. 如图 2-2 所示，地面上有 A、B 两点，A 点高程已知，需测量 B 点高程，采用水准仪进行了三个测站的观测，根据图中注记完成以下问题。

（1）A、1 两点的高差 $h_1 =$ _____，1、2 两点的高差 $h_2 =$ _____，2、B 两点的高差 $h_3 =$ _____。

（2）1、2 两点是_____点，它的作用是_____。

（3）A、B 两点的高差 $h_{AB} =$ _____。

（4）B 点的高程 $H_B =$ _____。

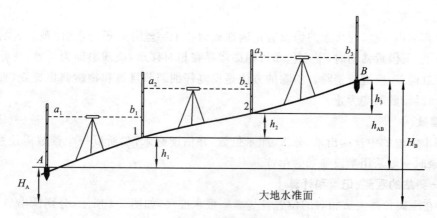

图 2-2 连续水准测量

2.1.2 DS₃ 型自动安平水准仪的认识与使用实训

实训目的：了解 DS₃ 型自动安平水准仪的构造；掌握各部件的名称、功能和作用；初步掌握水准仪的使用方法；掌握读数方法及高差计算方法。

实训器材：每组领取水准仪 1 套、水准尺 1 对、尺垫 1 对、记录板 1 块。

实训步骤：

1. 安置仪器

在需要架设仪器的位置，松开三脚架固定螺旋，调节架腿至高度适中，拧紧固定螺旋，打开三脚架，使架头大致水平，稳定安置在地面上，然后从仪器箱中取出仪器，置于三脚架上，并立即用中心连接螺旋将仪器固连在三脚架上。

2. 粗平

调节脚螺旋使圆水准器气泡居中，称为粗平。具体操作步骤如下：

（1）转动仪器，将圆水准器置于 1、2 两个脚螺旋之间，如图 2-3(a) 所示。

（2）同时向内或同时向外转动 1、2 两个脚螺旋，使气泡移动至圆水准器零点与脚螺旋 3 的连线上，如图 2-3(b) 所示。

（3）转动脚螺旋 3 使气泡居中，如图 2-3(c) 所示。

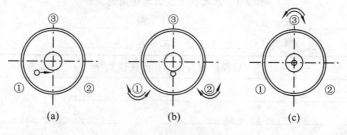

图 2-3 水准仪的粗平

3. 照准

（1）目镜调焦：将望远镜对准远方明亮的背景，转动目镜调焦螺旋，使十字丝清晰。

（2）初步照准：转动望远镜，通过镜筒上部的初瞄器初步照准水准尺。

（3）物镜对光和精确照准：转动物镜调焦螺旋使尺像清晰，然后转动微动螺旋使尺像位于视场中央。

（4）消除视差。

如果调焦不完整,使尺子的像没有正确地成像在十字丝分划板上,会使观测者的眼睛在目镜端作上、下微量移动时,十字丝和目标影像存在相对移动,该现象即为视差,视差的存在会带来读数误差,应进行消除。消除的方法是反复仔细调节目镜和物镜调焦螺旋,直到眼睛上、下移动时读数不变为止。

4. 读数

采用十字丝的中丝读出米、分米、厘米位数,并估读毫米位,所以每个读数需注意读出 4 位数,记录时一般采用米或毫米为单位。

5. 一测站的观测、记录和计算

（1）在距离仪器大致相等的位置各竖立一根水准尺,如图 2-4 所示,分别读出 A、B 点上尺的中丝读数,记录于表 2-1,并计算两点间的高差。

（2）改变水准仪高度,重新测定 A、B 两点的高差,两次高差测定值不应大于 5 mm。

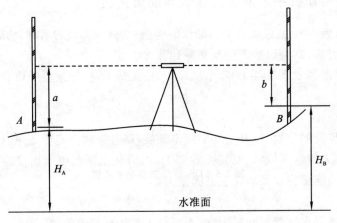

图 2-4　水准仪一测站观测示意图

实训注意事项:观测者的身体各部位不得接触脚架;螺旋应保持在中间位置运行;注意消除视差;水准尺应尽量竖直,避免前倾或后倾。

实训记录表格:

表 2-1　水准仪的认识与使用记录表

仪器号:＿＿＿＿＿＿＿＿　天　气:＿＿＿＿＿＿＿＿　日　期:＿＿＿＿＿＿＿＿
成　像:＿＿＿＿＿＿＿＿　观测者:＿＿＿＿＿＿＿＿　记录者:＿＿＿＿＿＿＿＿

测站	测点	后视读数/m	前视读数/m	高差/m	高程/m

测站	测点	后视读数/m	前视读数/m	高差/m	高程/m

实训上交资料：

每人上交实训报告一份。

复习及思考：

1. 如图 2-5 所示，填写 DS₃ 型自动安平水准仪的主要部件名称。

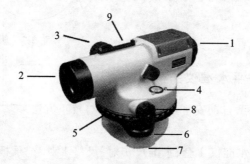

图 2-5　DS₃ 型自动安平水准仪

(1)_____,(2)_____,(3)_____,

(4)_____,(5)_____,(6)_____,

(7)_____,(8)_____,(9)_____。

2. 如图 2-6 所示，填写望远镜及十字丝分划板组成部件名称。

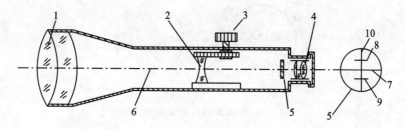

图 2-6　望远镜的构造

(1)_____,(2)_____,(3)_____,

(4)_____,(5)_____,(6)_____,

(7)_____,(8)_____,(9)_____,

(10)_____。

3. 水准仪的使用方法。

(1) 水准仪的使用包括仪器的_____、_____、_____、_____ 4 个过程。

(2) 调节脚螺旋使圆水准器气泡居中,称为_____,在整平的过程中,脚螺旋转动的原则是:顺时针旋转脚螺旋使该脚螺旋所在一端_____;逆时针旋转脚螺旋使该脚螺旋所在一端_____。气泡偏向哪端说明哪端_____,气泡的移动方向与左手大拇指运动的方向_____。

（3）当观测者的眼睛在目镜端作上、下微量移动时,十字丝和目标影像存在相对移动,该现象称为_____,它的存在会带来读数误差,应进行消除。消除的方法是_____
_____。

4. 如图 2-7 所示,在使用 DS$_3$ 型自动安平水准仪进行水准测量时,圆水准气泡已经居中,在没有碰动仪器的情况下,旋转望远镜气泡不再居中,出现这种情况该怎么办?

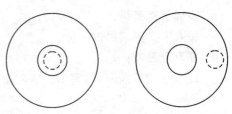

图 2-7　圆水准气泡示意图

2.1.3　DS$_3$ 型自动安平水准仪的检验与校正实训

实训目的: 了解 DS$_3$ 型自动安平水准仪的检验与校正方法。基本掌握圆水准器、十字丝及 i 角的检验与校正方法。

实训器材: 每组领取水准仪 1 套、水准尺 1 对、尺垫 1 对、记录板 1 块。

实训步骤:

1. 圆水准器的检校

（1）检验。

调整脚螺旋,使圆水准器气泡居中,如图 2-8(a)所示,将仪器上部旋转 180°,若气泡仍然居中,该仪器不需要校正,若气泡发生偏离,如图 2-8(b)所示,该仪器需要校正。

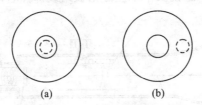

(a)　　　　　(b)

图 2-8　圆水准器气泡偏离示意图

（2）校正。

如图 2-9(a)所示,气泡偏离零点的偏离值为 L,用六角扳手调节两个校正螺丝,使气泡移回偏离值的一半,如图 2-9(b)所示,然后转动脚螺旋,使圆水准器气泡居中,如图 2-9(c)所示。

校正工作一般需反复进行 2 次或 3 次才能完成,直到仪器转到任意位置,圆水准器气泡均处在居中位置为止。

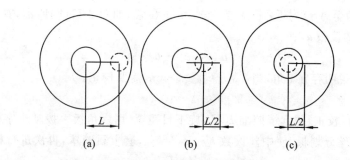

图 2-9　圆水准器校正示意图

2. 十字丝的检验与校正

（1）检验。

用十字丝中丝的一端瞄准一明显目标点 A，如图 2-10（a）所示，转动微动螺旋，如果 A 点一直在横丝上移动，如图 2-10（b）所示，不需校正。若 A 点偏离中丝，如图 2-10（c）所示，则需要校正。

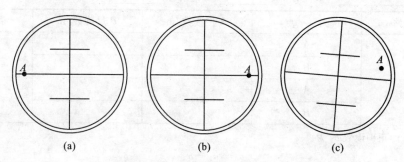

图 2-10　十字丝的检验示意图

（2）校正。

旋下目镜罩，放松十字丝分划板板座的压环螺丝，微微转动十字丝分划板，使 A 点对准中丝即可。检验校正需反复进行，直到 A 点不再偏离中丝为止。最后拧紧压环螺丝。

3. 望远镜视准轴位置正确性的检校（i 角的检校）

（1）检验。

如图 2-11（a）所示，在地面上选定相距约 80 m 的 A、B 两点，并打入木桩或放置尺垫。安置水准仪于 AB 的中点 C_1，读出 A、B 两点水准尺的读数 a_1、b_1。根据下式计算 A、B 两点的正确高差 h_{AB}。记录及计算见表 2-2。

$$h_{AB} = a_1 - b_1$$

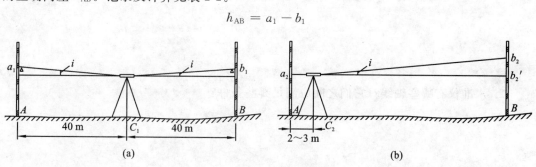

图 2-11　i 角的检校示意图

然后将仪器搬至 A 点附近，距 A 点 $2\sim3$ m 的位置，如图 2-11(b)所示，安置后分别读取 A、B 两点水准尺的读数 a_2、b_2。

$$h'_{AB} = a_2 - b_2$$

若 $h_{AB} \neq h'_{AB}$，说明存在 i 角，当 $h_{AB} - h'_{AB} \geqslant 3$ mm，需要校正。

（2）校正。

在 C_2 点上进行校正，望远镜照准 B 尺，旋下目镜罩，用六角扳手拨动十字丝分划板的校正螺丝，调节十字丝分划板，使中丝读数 $b'_2 = a_2 - h_{AB}$，套上目镜罩，再次进行检查，直到 $h_{AB} - h'_{AB} < 3$ mm 为止。

实训注意事项：水准仪检校时必须按以上所述的三个项目有次序进行，不得颠倒；拨动校正螺丝时，应先松后紧，用力不宜过大。

实训记录表格：

表 2-2　i 角的检验与校正记录表

仪器号：_____　　天　气：_____　　日　期：_____
成　像：_____　　观测者：_____　　记录者：_____

测　站	测　点	A 尺读数/m	B 尺读数/m	高差/m
C_1	A			
	B			
C_2	A			
	B			

测站 C_2 应有的正确读数 b'_2 为

$$b'_2 = a_2 - h_{AB} =$$

实训上交资料：

每人上交实训报告一份。

复习及思考：

1. 已知 A、B 两水准点的高程分别为：$H_A = 56.987$ m，$H_B = 56.387$ m。水准仪安置在 A 点附近，测得 A 尺上读数 $a = 1.043$ m，B 尺上读数 $b = 1.635$ m。问该仪器的水准管轴是否平行于视准轴？若不平行，当水准管的气泡居中时，视准轴是向上倾斜，还是向下倾斜？如何校正？

2. 水准仪有哪些轴线？它们之间应满足哪些条件？

任务 2.2 普通水准测量学习过程

2.2.1 理解水准点、水准路线、测段定义

1. 用水准测量方法测定高程的控制点称为_____,简记为_____。水准点有_____和_____两种。

2. 单一水准路线可分为三种布设形式,即_____、_____、_____。

(1) 如图 2-12 所示,从已知高程水准点 BM_1 出发,沿待定高程点 1、2、3、4 点进行水准测量,最后附合至另一已知高程水准点 BM_2 所构成的水准路线,称为_____。该路线有_____个测段。

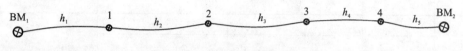

图 2-12 附合水准路线

(2) 如图 2-13 所示,从一已知高程水准点 BM_1 出发,沿待定高程点 1、2、3、4 点进行水准测量,最后闭合到 BM_1 所组成的环形水准路线,称为_____。该路线有_____个测段。

(3) 如图 2-14 所示,从一已知水准点 BM_1 出发,沿待定高程点 1、2 点进行水准测量,其路线既不附合也不闭合,称为_____。该水准路线无检核条件,必须_____观测以资校核。

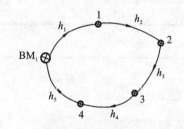

图 2-13 闭合水准路线

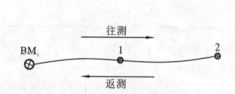

图 2-14 支水准路线

2.2.2 采用普通水准测量方法进行路线水准测量实训

实训目的:掌握普通水准测量的观测、记录、计算及校核,掌握闭合水准路线的布设形式及内业高程计算方法。

实训器材:每组领取水准仪 1 套、水准尺 1 对、尺垫 1 对、记录板 1 块。

实训步骤:

1. 如图 2-15 所示,某施工场地有已知水准点 BM_1,其高程 $h_{BM_1} = 1000.568$ m,现需测定 BM_2、BM_3 点的高程,组成闭合水准路线进行施测。

2. 三个测段 $BM_1 \rightarrow BM_2$、$BM_2 \rightarrow BM_3$、$BM_3 \rightarrow BM_1$ 的观测记录于表 2-3 中。

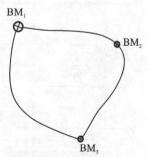

图 2-15 闭合水准路线

3. 根据外业记录表,见表 2-3,填写水准路线高差闭合差调整与高程计算表,见表 2-4。

实训记录表格:

表 2-3 普通水准测量记录表

仪器号:_____　　天 气:_____　　日　期:_____

成　像:_____　　观测者:_____　　记录者:_____

BM$_1$→BM$_2$

测站	测点	水准尺读数/m		高差/m
		后视(a)	前视(b)	
计算校核				

BM$_2$→BM$_3$

测站	测点	水准尺读数/m		高差/m
		后视(a)	前视(b)	
计算校核				

$BM_3 \rightarrow BM_1$

测站	测点	水准尺读数/m		高差/m
		后视(a)	前视(b)	
计算校核				

表 2-4 水准路线高差闭合差调整与高程计算

测段编号	点名	测站数	实测高差/m	改正数/m	改正后高差/m	高程/m
1	2	3	4	5	6	7
辅助 计算	$f_h =$ $f_{h容} = \pm 12\sqrt{n} =$					

实训注意事项:注意采用中丝读数;消除视差;仪器迁站时,注意不要移动前视点尺垫,每测站必须计算、检查正确后才能迁站,搬动仪器前不得移动后视点尺垫;水准尺必须扶直,不得前后左右倾斜。

实训上交资料:

每人上交实训报告一份。

复习及思考：

1. 如图 2-16 所示，为了测得图中控制点 A、B 的高程，由 BM_1($H_{BM_1}=123.543$ m) 采用附合水准路线测量至另一个水准点 BM_2($H_{BM_2}=125.425$ m)，观测数据及部分结果如图 2-16 所示。试完成以下记录及计算：

(1) 根据 $BM_1 \rightarrow A$ 测段观测数据完成记录手簿表，见表 2-5。

(2) 根据观测成果填写高程误差配赋表，见表 2-6。

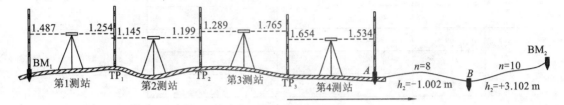

图 2-16 水准路线观测示意图

表 2-5 水准测量记录手簿

测站	测点	水准尺读数/m		高差/m	
		后视(a)	前视(b)	+	−
计算校核		$\sum a =$	$\sum b =$	$\sum_+ =$	$\sum_- =$
		$\sum a - \sum b =$		$\sum h =$	

表 2-6 高程误差配赋表

测段编号	点名	测站数	实测高差/m	改正数/m	改正后高差/m	高程/m
辅助计算	$f_h = \sum h_{测} - (H_终 - H_始) =$ $f_{h容} = \pm 12\sqrt{n} =$					

2. 图 2-17 所示为一闭合水准路线,各测段的观测高差和测站数均注于图中,BM_1 为已知水准点,其高程为 $H_{BM_1}=98.245$ m,推求 A、B、C、D 点的高程,填写于表 2-7 中($f_{h容}=\pm 20\sqrt{L}$ mm)。

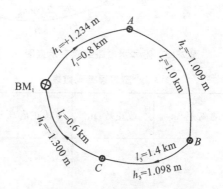

图 2-17 闭合水准路线观测示意图

表 2-7 高程误差配赋表

测段编号	点名	测段长度/km	实测高差/m	改正数/m	改正后高差/m	高程/m	点名
辅助计算	$f_h=\sum h_{测}=$ $f_{h容}=\pm 20\sqrt{L}=$						

3. 图 2-18 所示为一附合水准路线,各测段的观测高差和测段距离(m)数均注于图中,BM_1、BM_2 为已知水准点,其高程为 $H_{BM_1}=103.598$ m,$H_{BM_2}=105.432$ m。推求 A、B、C 三点的高程,填写于表 2-8 中。

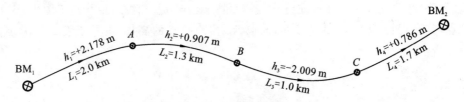

图 2-18 附和水准路线观测示意图

表 2-8 高程误差配赋表

测段编号	点名	测距/km	实测高差/m	改正数/m	改正后高差/m	高程/m	点名
辅助计算	$f_h = \sum h_{测} - (H_{终} - H_{始}) =$ $f_{h容} = \pm 40\sqrt{L} =$						

4. 结合水准测量的主要误差来源,说明在观测过程中的注意事项。

任务 2.3 三、四等水准测量学习过程

2.3.1 采用四等水准测量进行路线水准测量实训

实训目的:掌握四等水准测量的观测、记录、计算及校核,熟悉四等水准测量的主要技术要求及内业高程计算方法。

实训器材:每组领取水准仪 1 套、水准尺 1 对、尺垫 1 对、记录板 1 块。

技术要求:见表 2-9。

表 2-9 四等水准测量主要技术要求

等级	水准仪型号	视线高度	视线长度/m	前后视距差/m	前后视距累积差/m	红黑面读数差/mm	红黑面高差之差/mm	附和、环线闭合差	
								平原	山区
四等	DS$_3$	三丝能读数	≤100	≤3	≤10	≤3	≤5	$\pm 20\sqrt{L}$	$\pm 6\sqrt{n}$

实训步骤:

1. 如图 2-15 所示,某施工场地有已知水准点 BM$_1$,其高程 $h_{BM_1} = 1000.568$ m,现需测定 BM$_2$、BM$_3$ 点的高程,采用四等水准测量进行施测。

2. 一测站观测程序。

(1) 照准后视尺黑面,读取下丝、上丝、中丝读数,记录。

(2) 照准后视尺红面,读取中丝读数,记录。

(3) 照准前视尺黑面,读取下丝、上丝、中丝读数,记录。

(4) 照准前视尺红面,读取中丝读数,记录。

以上观测程序简称为"后-后-前-前"。所有读数以"m"为单位,读记至"mm"。观测完毕后应立即进行测站的计算与检核,符合要求后方可迁站,不符合要求须重新观测。

3. 三个测段 BM$_1 \rightarrow$ BM$_2$、BM$_2 \rightarrow$ BM$_3$、BM$_3 \rightarrow$ BM$_1$ 的观测数据记录于表 2-10 中。

4. 根据外业记录表,见表 2-10,填写水准路线高差闭合差调整与高程计算表 2-11 中。

实训记录表格：

表 2-10　四等水准测量记录表

仪器号：_____　　天　气：_____　　日　期：_____

成　像：_____　　观测者：_____　　记录者：_____

$BM_1 \rightarrow BM_2$

测站编号	后尺	上丝	前尺	上丝	方向及尺号	标尺读数		$K+$ 黑－红	高差中数	备注
		下丝		下丝		黑	红			
	后距		前距							
	视距差		累计差							
检核	$\sum_{后距} =$ $\sum_{前距} =$ $\sum_{后距} - \sum_{前距} =$ 总距离 $L =$				$\sum_{后黑} = \qquad \sum_{后红} =$ $\sum_{前黑} = \qquad \sum_{前红} =$ $\sum_{黑面高差} = \qquad \sum_{红面高差} =$ $\frac{1}{2}(\sum_{黑面高差} + \sum_{红面高差}) =$			$\sum_h =$		

$BM_2 \rightarrow BM_3$

测站编号	后尺	上丝 下丝	前尺	上丝 下丝	方向及尺号	标尺读数		$K+$ 黑 $-$ 红	高差中数	备注
	后距		前距			黑	红			
	视距差		累计差							
检核	$\sum_{后距} =$				$\sum_{后黑} =$　　$\sum_{后红} =$ $\sum_{前黑} =$　　$\sum_{前红} =$ $\sum_{黑面高差} =$　　$\sum_{红面高差} =$ $\frac{1}{2}(\sum_{黑面高差} + \sum_{红面高差}) =$			$\sum_h =$	
	$\sum_{前距} =$									
	$\sum_{后距} - \sum_{前距} =$									
	总距离 $L =$									

BM₃→BM₁

测站编号	后尺	上丝 下丝	前尺	上丝 下丝	方向及尺号	标尺读数		$K+$ 黑$-$红	高差中数	备注
	后距		前距			黑	红			
	视距差		累计差							
检核	$\sum_{后距}=$				$\sum_{后黑}=$ $\sum_{后红}=$ $\sum_{前黑}=$ $\sum_{前红}=$ $\sum_{黑面高差}=$ $\sum_{红面高差}=$ $\frac{1}{2}(\sum_{黑面高差}+\sum_{红面高差})=$			$\sum_h=$		
	$\sum_{前距}=$									
	$\sum_{后距}-\sum_{前距}=$									
	总距离 $L=$									

表 2-11　水准路线高差闭合差调整与高程计算

测段编号	点名	测段长度/km	实测高差/m	改正数/m	改正后高差/m	高程/m
1	2	3	4	5	6	7
辅助计算	$f_h =$ $f_{h容} =$					

实训注意事项：为消除尺底因磨损的零点差影响,每测段的测站数应为偶数;在观测的过程中,每测站应及时进行计算检核,符合要求方可迁站;仪器未迁站时,后视点不能移动。

实训上交资料：

每人上交实训报告一份。

项目三　平面控制测量

任务 3.1　角度测量学习过程

3.1.1　理解水平角、竖直角、天顶距的基本概念

1. 如图 3-1 所示，地面上有 A、B、C 三点，H 为水平面，Aa 为 A 点的铅垂线，AO 为 A 点的天顶方向，$Oabb_1$ 与 $Oacc_1$ 为两个铅垂面。

(1) 写出①角、②角、③角、④角、⑤角的名称，并简述其定义。

(2) ②角、③角分别取正值还是负值？

(3) ①角和②角、③角和④角有什么关系？并写出其关系式。

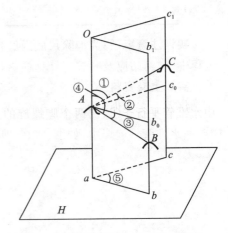

图 3-1　水平角、竖直角、天顶距示意图

3.1.2　电子经纬仪的认识与使用实训

实训目的：了解电子经纬仪的基本构造；掌握各部件的名称、功能和作用；掌握仪器的安置、照准及读数。

实训器材：每组领取经纬仪 1 套、测钎 2 根、记录板 1 块。

实训步骤：

如图 3-2 所示，地面上有 A、B、C 三点，现需测定角 $\angle ABC$。

1. 仪器安置

经纬仪安置于 B 点，在 A、C 两点上架设照准标志。

(1) 对中。

根据观测者的身高调整三脚架架腿的长度，打开三脚架，使架头位于点位的正上方，并使架头大致水平。从仪器箱中取出经纬仪，用中心连接螺旋将仪器固连在架头上，调节仪器三个脚螺旋，使其处于大致同高位置。

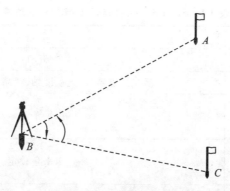

图 3-2 水平角的观测

如果仪器的对中设备为光学对点器,则应调节对中器目镜调焦螺旋,使视场中的照准圈(或十字丝)清晰,调节对中器物镜调焦螺旋,使地面目标清晰。然后固定一条架腿,移动另外两条架腿,使照准圈(或十字丝)大致对准地面点位标志,并踩紧架腿,调节脚螺旋,使照准圈(或十字丝)精确对准地面点位标志。此为采用光学对中器对中。

如果仪器的对中设备为激光对点器,则应首先开启仪器电源键,打开激光对点器,在地面上即可看到一红色光斑,调整仪器使光斑与地面点位标志重合,方法与光学对点器的相同。

对中误差一般不应大于 1 mm。

(2) 整平。

转动仪器照准部,使照准部水准管平行于任意一对脚螺旋的连线,如图 3-3(a)所示,图中水准管平行于①、②两个脚螺旋的连线,然后用两手同时向内或向外转动该处两个脚螺旋,使水准管气泡居中,如图 3-3(b)所示,注意气泡移动方向与左手大拇指移动方向一致;再将照准部转动 90°,如图 3-3(c)所示,使水准管垂直于①、②两脚螺旋的连线,转动螺旋③,使水准管气泡居中,如图 3-3(d)所示。如此重复进行,直到在这两个方向气泡都居中为止,居中误差一般不得大于一格。

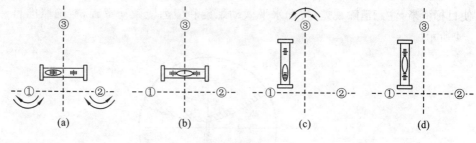

图 3-3 整平

整平后,再检查对中是否偏离,如偏离,则微量松开仪器中心连接螺旋,平移仪器基座,注意不要有旋转运动,使其精确对中,然后拧紧中心连接螺旋,再检查整平是否破坏,如被破坏,则用脚螺旋重新整平,此两项操作应反复进行。

2. 电子经纬仪按键主要功能认识

SETLSJDJ 系列电子经纬仪按键主要功能见表 3-1,Phenix DT2/5 系列电子经纬仪按键主要功能见表 3-2。

表 3-1 SETLSJDJ 系列电子经纬仪按键功能

按　键	主　要　功　能
开/关	开机
照明	激光对点器、激光视准轴、液晶显示照明开关键
置零 ▲	水平角置零
锁定 ◀	水平角锁定
左/右 ▶	水平角顺/逆时针增加转换
斜率	竖直角斜率转换

表 3-2 Phenix DT2/5 系列电子经纬仪按键功能

按　键	功　能
⏻	开机
照明	激光对点器、激光视准轴、液晶显示照明开关键
⏻	关机
0SET	水平角置零
◀|▶/%▶	水平角顺/逆时针增加转换、竖角/坡度选择
▶|◀▼	水平角锁定

3. 照准

松开望远镜制动螺旋与水平制动螺旋,将望远镜朝向天空或明亮背景,转动目镜调焦螺旋,使十字丝清晰。

仪器设置为盘左状态,采用粗瞄器粗略照准目标 A,旋紧制动螺旋,转动物镜调焦螺旋使目标清晰,注意消除视差,转动水平微动螺旋和望远镜微动螺旋,精确照准目标 A。如图 3-4 所示。

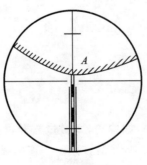

图 3-4　照准目标

4. 置数

使用置零健,即可将 A 方向置为 $0°00'00''$。或使用置盘键,输入预定读数,即可将起始方向置为预定读数。另外,还可以使用锁定健,水平度盘读数锁定功能是首先转动照准部,使水平度盘读数为需要的值,按锁定键将该读数锁定,转动照准部,这时水平度盘读数不再变化,照准起始方向,再按锁定键,该方向被置为锁定的读数。

将 A 方向置为 $0°00'30''$。记录于表 3-3 中。

5. 读数、记录、计算

顺时针旋转照准部,照准 C 点读数,记录。

纵转望远镜呈盘右状态,照准 C 点读数,记录。

逆时针旋转照准部,照准 A 点读数,记录。

6. 计算水平角及检核

规范规定上、下两个半测回所测的水平角之差不应超过 $±24''$。

实训注意事项:注意仪器在箱中存放的位置,以便测量完成后照原样装箱;仪器与脚架采用中心连接螺旋连接,在未连接好之前,手不能松开仪器;转动望远镜或照准部时,一定要松开制动螺旋,不可强行转动。

实训记录表格:

表 3-3　测回法观测记录表

测站	测回	竖盘位置	目标	度盘读数/(° ′ ″)	半测回角值/(° ′ ″)	一测回角值/(° ′ ″)	备注

实训上交资料:

每人上交实训报告一份。

3.1.3　测回法观测水平角实训

实训目的:掌握测回法观测水平角的记录及计算。

实训器材:每组领取经纬仪 1 套、测钎 2 根、记录板 1 块。

实训步骤：

如图 3-2 所示，地面上有 A、B、C 三点，现测定角 $\angle ABC$。

第一测回：

盘左位置（上半测回）

（1）照准左侧目标 A，水平度盘置数，略大于 $0°$，读数记入观测手簿表，见表 3-4。

（2）顺时针方向旋转照准部，照准右边目标 C，读取水平度盘读数记入手簿，见表 3-4。

盘右位置（下半测回）

（1）先照准右边目标 C，读取水平度盘读数记入手簿，见表 3-4。

（2）逆时针方向转动照准部，照准左边目标 A，读取水平度盘读数记入手簿，见表 3-4。

盘左和盘右两个半测回合称为一测回。规范规定上、下两个半测回所测的水平角之差不应超过 $\pm 24''$。

第二测回：

（1）照准左侧目标 A，水平度盘置数于 $90°$ 附近，读数记入观测手簿表，见表 3-4。

其他程序与第一测回观测程序相同，不再详述。

实训注意事项：照准目标时尽可能照准目标底部；测量过程中，当水准管气泡偏离值大于 1 格时，应整平后重测。

实训记录表格：

表 3-4　测回法观测记录表

测站	测回	竖盘位置	目标	度盘读数 /(° ′ ″)	半测回角值 /(° ′ ″)	一测回角值 /(° ′ ″)	备注

实训上交资料：

每人上交实训报告一份。

复习及思考：

如图 3-5 所示，地面上有 O、A、B 三点，现需测定 $\angle AOB$，将经纬仪安置在 O 点上，在 A、B 两点上架设照准标志，进行两个测回的观测，观测数据标注于图上。

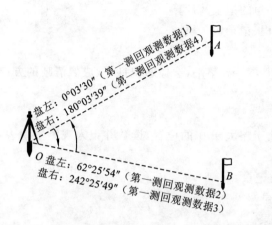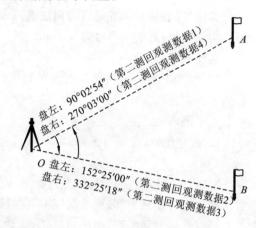

图 3-5 外业观测数据

根据图 3-5 填写如下空格及观测记录表 3-5。

第一测回观测：

① 盘左照准_____点，水平度盘置盘于_____附近，检查望远镜是否精确照准 A 点，然后读数为_____。

② 顺时针旋转照准部照准 B 点，读数为_____。

③ 盘右照准 B 点，读数为_____。

④ 逆时针旋转照准部照准 A 点，读数为_____。

第二测回观测：

① 盘左照准_____点，水平度盘置盘于_____附近，检查望远镜是否精确照准 A 点，然后读数为_____。

② 顺时针旋转照准部照准 B 点，读数为_____。

表 3-5 测回法观测记录表

测站	测回	竖盘位置	目标	水平度盘读数 /(° ′ ″)	半测回角值 /(° ′ ″)	一测回角值 /(° ′ ″)	各测回平均角值 /(° ′ ″)
O	第一测回	左					
		右					
O	第二测回	左					
		右					

规范要求半测回差为_____，测回差为_____。

该次观测的第一测回的半测回差为_____，第二测回的半测回差为_____，测回差为_____,该结果是否满足限差要求_____（填满足或不满足）。

3.1.4 全圆测回法观测实训

实训目的:初步掌握全圆测回法观测水平角的记录及计算。

实训器材:每组领取经纬仪 1 套、测钎 4 根、记录板 1 块。

实训步骤:

1. 如图 3-6 所示,将仪器安置在测站 O 上,对中、整平,选择通视良好、成像清晰的方向作为零方向。

上半测回:

2. 盘左位置,照准目标 A(零方向),置数于略大于 $0°$ 的位置,读数并记入观测手薄表,见表 3-6。

3. 顺时针转动照准部,照准目标 B,读数记录。

顺时针转动照准部,照准目标 C,读数记录。

顺时针转动照准部,照准目标 D,读数记录。

4. 顺时针再次瞄准零方向 A,读数记录。两次零方向读数之差称为半测回归零差。使用 6″级经纬仪观测,半测回归零差不应大于 18″,使用 2″级经纬仪观测,半测回归零差不应大于 12″。如果半测回归零差超限,应立即查明原因并重测。

下半测回:

5. 盘右位置,逆时针转动照准部,照准零方向 A,读数记录。

6. 逆时针转动照准部,照准目标 D,读数记录。

逆时针转动照准部,照准目标 C,读数记录。

逆时针转动照准部,照准目标 B,读数记录。

7. 逆时针照准零方向 A,进行归零,读数记录,并计算归零差是否超限,其限差规定同上半测回的。

上、下半测回合称为一测回。

8. 计算 $2C$ 值、各方向平均读数及归零后方向值。

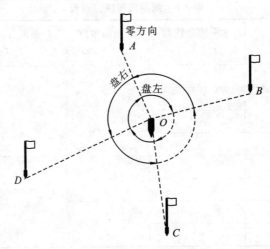

图 3-6　全圆测回法示意图

9. 进行第二测回的观测,置数于90°附近,观测程序与第一测回的相同,对于图根级,采用2″级仪器观测,同一方向各测回归零值之差的较差应不大于12″,采用6″级仪器观测,同一方向各测回归零值之差的较差应不大于24″。

实训记录表格:

表 3-6 方向观测法观测记录表

测回	目标	水平度盘读数 /(° ′ ″)		2C /(″)	平均读数 /(° ′ ″)	归零后方向值 /(° ′ ″)	各测回平均方向值 /(° ′ ″)
		盘左	盘右				
1	2	3	4	5	6	7	8

实训上交资料:

每人上交实训报告一份。

复习及思考:

如图3-7所示,地面上有 O、A、B、C、D 五点,将经纬仪安置在 O 点上,在 A、B、C、D 点上架设照准标志,进行两个测回的观测,观测数据标注于图上,图3-7(a)为第一测回观测数据,图3-7(b)为第二测回观测数据。

根据图3-13填写如下空格及观测记录表,见表3-7。

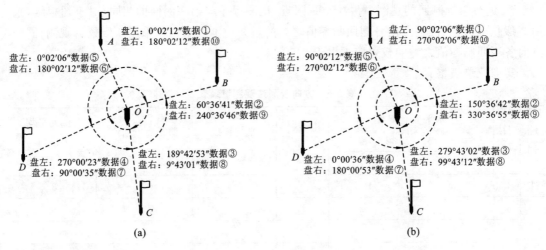

图 3-7　全圆测回法观测示意图

第一测回观测：

① 盘左照准 A 点，水平度盘置于盘_____附近，检查望远镜是否精确照准 A 点，然后读数为_____。

② 顺时针旋转照准部照准 B 点，读数为_____。

③ 顺时针旋转照准部照准 C 点，读数为_____。

④ 顺时针旋转照准部照准 D 点，读数为_____。

⑤ 顺时针旋转照准部照准 A 点，读数为_____。

半测回归零差为_____，半测回归零差不得超过 $18''$。是否超过_____（填"是"或"否"）。

⑥ 盘右照准 A 点，读数为_____。

⑦ 逆时针旋转照准部照准 D 点，读数为_____。

⑧ 逆时针旋转照准部照准 C 点，读数为_____。

⑨ 逆时针旋转照准部照准 B 点，读数为_____。

⑩ 逆时针旋转照准部照准 A 点，读数为_____。

半测回归零差为_____，半测回归零差不得超过 $18''$。是否超过_____（填"是"或"否"）。

第二测回观测：

① 盘左照准 A 点，水平度盘置于盘_____附近，检查望远镜是否精确照准 A 点，然后读数为_____。

② 顺时针旋转照准部照准 B 点，读数为_____。

③ 顺时针旋转照准部照准 C 点，读数为_____。

④ 顺时针旋转照准部照准 D 点，读数为_____。

⑤ 顺时针旋转照准部照准 A 点，读数为_____。

半测回归零差为_____，半测回归零差不得超过 $18''$。是否超过_____（填"是"或"否"）。

⑥ 盘右照准 A 点，读数为_____。

⑦ 逆时针旋转照准部照准 D 点，读数为_____。

⑧ 逆时针旋转照准部照准 C 点，读数为 _____。

⑨ 逆时针旋转照准部照准 B 点，读数为 _____。

⑩ 逆时针旋转照准部照准 A 点，读数为 _____。

半测回归零差为 _____，半测回归零差不得超过 18″。是否超过 _____（填"是"或"否"）。

表 3-7 方向观测法观测记录表

测回	目标	水平度盘读数 /(° ′ ″)		2C/(″)	平均读数 /(° ′ ″)	归零后方向值 /(° ′ ″)	各测回平均方向值 /(° ′ ″)
		盘左	盘右				
1	2	3	4	5	6	7	8
1							
2							

注:2C＝左－(右±180°);平均读数＝[左＋(右±180°)]/2。

规范要求各测回同一归零方向值较差为 _____，该结果是否满足限差要求 _____（填满足或不满足）。

3.1.5 竖直角观测实训

实训目的:掌握竖直角观测的观测、记录及计算程序;掌握指标差的计算;理解竖直角、天顶距、坡度之间的关系。

实训器材:每组领取经纬仪 1 套、记录板 1 块。

实训步骤:

1. 如图 3-8 所示，地面上有 A、B 两点，在 A 点安置仪器，B 点架设照准标志，用十字丝的中横丝照准目标进行竖直角观测。

2. 以正镜中丝照准目标 B，读数记录于表 3-8 中，即为上半测回。

3. 以倒镜中丝照准目标 B，读数记录于表 3-8 中，即为下半测回。

4. 根据竖直角计算公式计算盘左、盘右半测回竖直角值，计算指标差和一测回角值。记入表 3-8 中的相应栏目。

5. 限差要求:同一测回中，各方向指标差互差不超过 24″，同一方向各测回竖直角互差

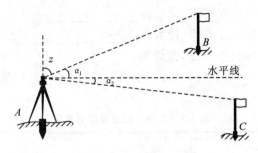

图 3-8　竖直角观测示意图

不超过 24″。

采用相同步骤进行 C 点观测、记录、计算。

实训注意事项：盘左、盘右照准目标时，应照准目标的同一高度位置；注意确认经纬仪或全站仪的竖盘显示读数为天顶距，并确认补偿器打开。

实训记录表格：

表 3-8　竖直角观测记录表

测站	目标	盘位	竖盘读数 /(° ′ ″)	半测回竖直角 /(° ′ ″)	指标差 /(″)	一测回竖直角 /(° ′ ″)

实训上交资料：

每人上交实训报告一份。

复习及思考：

如图 3-9 所示，填写如下空格及观测记录表，见表 3-9。

在 A 点安置经纬仪，观测 B 点觇标顶端竖直角，观测程序为

盘左：采用中横丝切于 B 点顶端进行照准，竖盘读数为＿＿＿＿＿＿＿＿。

盘右：采用中横丝切于 B 点顶端进行照准，竖盘读数为＿＿＿＿＿＿＿＿。

观测 C 点觇标顶端竖直角，观测程序为

盘左：采用中横丝切于 C 点顶端进行照准，竖盘读数为＿＿＿＿＿＿＿＿。

盘右：采用中横丝切于 C 点顶端进行照准，竖盘读数为＿＿＿＿＿＿＿＿。

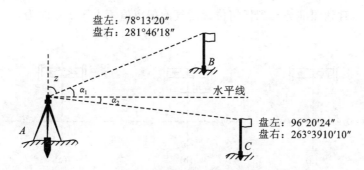

图 3-9 竖直角观测示意图

表 3-9 竖直角观测记录表

测站	目标	盘位	竖盘读数 /(° ′ ″)	半测回竖直角 /(° ′ ″)	指标差 /(″)	一测回竖直角 /(° ′ ″)
A	B	左				
		右				
	C	左				
		右				

3.1.6 经纬仪的检验与校正实训

实训目的:理解经纬仪主要轴线应满足的几何条件;初步掌握经纬仪的检验与校正方法。

实训器材:每组领取经纬仪 1 套、螺丝刀 1 把、校正针 1 根、花杆 2 根、记录板 1 块。

实训步骤:

1. 水准管的检验与校正

(1) 检验。

大致整平仪器,使管水准器与任意两个脚螺旋的连线平行,旋转脚螺旋使气泡居中,如图 3-10(a)所示,然后将照准部旋转 180°,若气泡仍居中,如图 3-10(b)所示,表示水准管不需要校正,若气泡发生偏离,如图 3-10(c)所示,表示需要校正。

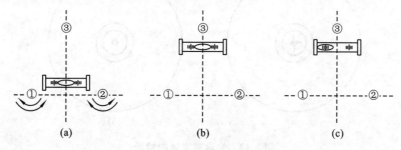

图 3-10 水准管的检验

(2) 校正。

如图 3-11(a)所示,气泡的偏离量为 δ,用校正针拨动水准管校正螺丝,使气泡移回偏离值的一半(δ/2),如图 3-11(b)所示,再用脚螺旋使气泡重新居中,如图 3-11(c)所示,此项检校必须反复进行,直到照准部转到任何位置后气泡偏离值不大于1格时为止。

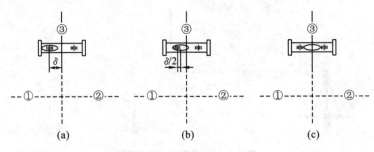

图 3-11　水准管的校正

2. 圆水准器的检验与校正

(1) 检验。

用水准管将仪器精确整平,观察仪器圆水准气泡是否居中,如果气泡居中,则无需校正,如果气泡偏离,需要校正。

(2) 校正。

用水准管将仪器精确整平,用校正针拨动圆水准器校正螺丝,使气泡居中即可。

3. 望远镜粗瞄准器的检验和校正

(1) 检验。

仪器安置在地面上,在距仪器约50 m处安放一个十字标志,使仪器望远镜照准十字标志,观察粗瞄器是否也照准十字标志,如果照准,则无需校正,如果偏移,则需调整。

(2) 校正。

松开粗瞄器的固定螺丝,调整粗瞄器,使其照准十字标志即可,固紧螺丝。

4. 光学对点器的检验与校正

(1) 检验。

仪器安置在地面上,在仪器正下方放置一个十字标志,对中整平,使对点器分划板中心与地面十字标志重合,如图3-12(a)所示。将仪器转动180°,观察对点器分划板中心与地面十字标志是否重合,如果重合,则无需校正,如果偏移,如图3-12(b)所示,则需调整。

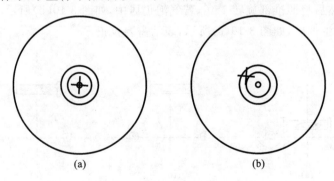

图 3-12　光学对点器的检验

(2) 校正。

如图3-13(a)所示,十字光标与对点器分划板中心的偏离量为δ,拧下对点器目镜护盖,用校正针调整校正螺丝,使十字丝标志在分划板上的像向分划板中心移回偏离值的一半($\delta/2$),如图3-13(b)所示。然后转动三个脚螺旋,使对点器分划板中心与地面十字标志重合,如图 3-13(c)所示。重复检验、校正,直至转动仪器,十字标志中心与分划板中心始终重合为止。

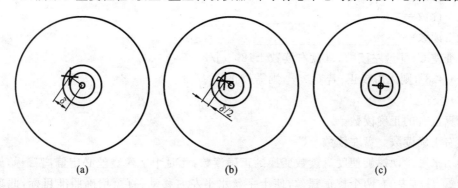

图 3-13　光学对点器的校正

5. 激光对点器的检验与校正

(1) 检验。

仪器安置在地面上,打开激光对点器,调整光斑亮度及大小至合适,在仪器正下方放置一个十字标志,精确对中整平,使光斑与地面十字标志重合。将仪器转动 180°,观察光斑与地面十字标志是否重合,如果重合,则无需校正,如果偏移,则需调整。

(2) 校正。

拧下对点器目镜护盖,用校正针调整校正螺丝,使激光光斑向地面十字标志移动偏移量的一半,然后转动三个脚螺旋,使激光光斑与地面十字标志重合。重复检验、校正,直至转动仪器,十字标志中心与激光光斑始终重合为止。

6. 十字丝竖丝的检验与校正

(1) 检验。

如图 3-14(a)所示,安置仪器,在距仪器约 50 m 处设置一点 A,望远镜照准 A 点,转动望远镜微动螺旋,如图 3-14(b)所示,如果目标点 A 沿竖丝移动,不需校正,如图 3-14(c)所示,如果目标点 A 不沿竖丝移动,需要校正。

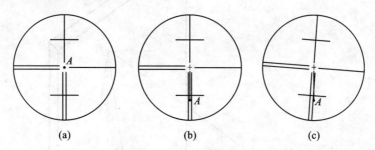

图 3-14　十字丝竖丝的检验

(2) 校正。

打开十字丝护罩,松开校正螺丝,轻轻转动十字丝环,使点 A 与竖丝重合,此项需反复进行,直至上、下转动望远镜时点 A 始终不离开竖丝为止。校正结束,拧紧校正螺丝,并旋上护盖。

7. 照准差的检验与校正

(1) 检验。

整平仪器,使望远镜大致水平,盘左精确照准远处一明显目标,读取盘左读数,盘右照准同一目标,读取盘右读数,计算照准差。

盘左读数＝ _____

盘右读数＝ _____

照准差 $C＝[$盘左读数$-($盘右读数$±180°)]/2＝$

若 $C<8''$,则无需校正;若 $C≥8''$,则需校正。

(2) 校正。

计算盘右的正确读数。

盘右正确读数＝盘左读数$-C＝$

转动水平微动螺旋使度盘读数变换到正确读数,此时十字丝竖丝必定偏离目标,旋下十字丝护罩,旋转左、右两个校正螺丝,使十字丝水平左右移动,直至精确照准目标,此项检校需反复进行。

8. i **角的检验与校正**

(1) 检验。

如图 3-15 所示,在距墙面 $20～30$ m 处安置经纬仪,在墙上仰角超过 $30°$的高处设置一明显目标点,盘左照准点 P,固定照准部,然后使望远镜视准轴水平,在墙面上标出照准点 P_1;然后盘右再次照准 P 点,固定照准部,然后使望远镜视准轴水平,在墙面上标出照准点 P_2,采用横轴误差 i 的计算公式计算:

$$i = \frac{P_1 P_2}{2D\tan\alpha}\rho =$$

式中　α——P 点的竖直角,通过对 P 点的竖直角观测一测回获得;

　　　D——测站至 P 点的水平距离。

i 角误差对于 $2''$级仪器,不应超过 $15''$,$6''$级仪器不应超过 $20''$,如超过需校正。

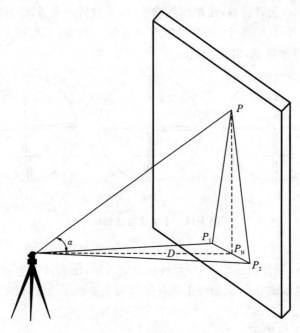

图 3-15　横轴垂直于竖轴

（2）校正。

横轴与竖轴不正交的主要原因是横轴两端支架不等高所致。此项校正一般由专业维修人员进行。

9. 竖盘指标差应接近于零

（1）检验。

仪器安置后，以盘左、盘右位置中丝照准近于水平的明显目标，读取竖盘读数 L 及 R（注意打开自动补偿功能），记录于表 3-10 中，并计算指标差 x，对于 $2''$ 级仪器，不应超过 $15''$，对于 $6''$ 级仪器不应超过 $1'$，如超过需校正。

表 3-10　竖直角观测记录表

测站	目标	盘位	竖盘读数 （° ′ ″）	指标差 （″）

（2）校正。

电子经纬仪的指标差校正可通过仪器软件校正程序进行。校正方法查阅相应的仪器使用说明书。

SETLSJDJ 系列电子经纬仪指标差校正方法如下。

① 同时按［左/右］、［锁定］、［开/关］键，待出现全字符显示后释放［开/关］键，再释放［左/右］、［锁定］键。

② 在水平附近摆动望远镜使竖直角过零复位，望远镜正镜照准目标点，按［置零］键。

③ 望远镜倒镜照准同一目标点，按［置零］键确认并退出，仪器返回测角模式。

④ 重复检验与校正，直至指标差满足要求为止。

Phenix DT2/5 系列电子经纬仪指标差校正方法如下。

① 同时按［0SET］、［◀｜▶/％］、［⏻］键，待出现全字符显示后释放［⏻］键，听到蜂鸣器鸣响 3 声后释放［0SET］、［◀｜▶/％］键。

② 望远镜正镜照准目标点，按［◀｜▶/％］键确认并退出，仪器返回测角模式。

③ 望远镜倒镜照准同一目标点，按［◀｜▶/％］键。

④ 重复检验与校正，直至指标差满足要求为止。

实训上交资料：

每人上交实训报告一份。

任务 3.2　距离测量和直线定向学习过程

3.2.1　理解距离的概念

1. 地面上两点沿＿＿＿＿＿＿投影到水平面上的长度就称为水平距离，简称距离。

2. 常用的距离测量方法有＿＿＿＿＿、＿＿＿＿＿、＿＿＿＿＿。

3.2.2　钢尺量距

1. 如图 3-16 所示,平坦地面上有 A、B 两点,现有整尺长 30 m 的钢卷尺,进行往返观测,求其往测距离、返测距离及相对精度。结果填写于表 3-11 中,并简述边定线边丈量的程序。

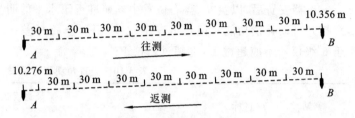

图 3-16　平地量距示意图

表 3-11　距离计算表

往测平距/m	返测平距/m	往返测平均值/m	往返绝对误差/m	往返相对精度
$D_往$	$D_返$	$D_{AB} = \dfrac{D_往 + D_返}{2}$	$\Delta = D_往 - D_返$	$k = \dfrac{1}{D_{AB}/\Delta}$

2. 如图 3-17 所示,A、B 点为斜坡上两点,采用平量法量取 AB 平距,分段平量的长度注记于图上,计算 AB 两点间的平距 D_{AB}。

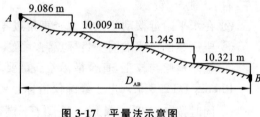

图 3-17　平量法示意图

3. 如图 3-18 所示,A、B 点为均匀斜坡上两点,采用斜量法量取 AB 平距,斜距注记于图上,计算 AB 两点的平距 D_{AB}。

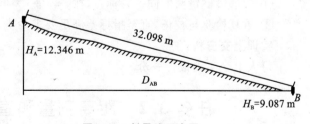

图 3-18　斜量法示意图

3.2.3　光电测距

1. 如何划分短、中、远程测距仪?

2. 测距仪按测距精度进行分级,测距仪可分为_____、_____、_____、_____四个等级。

3. 测距仪的测距中误差用 $m_D = \pm(a + b \cdot D)$ 来表示,式中 a 称为_____,以_____为单位,b 称为_____,以_____为单位,D 称为_____,以_____为单位。

3.2.4　全站仪的认识与使用实训

实训目的: 掌握全站仪的基本设置,熟悉测角、测距基本功能。

实训器材: 每组领取全站仪 1 套、基座棱镜 2 套、记录板 1 块。

实训步骤:

采用苏一光 RTS110 全站仪进行角度及距离测量:

如图 3-19 所示,地面上有 A、O、B 三点,现需测量 $\angle AOB$ 及 OA、OB 的平距,其测量步骤如下。

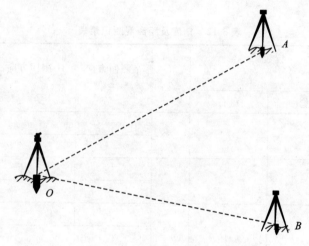

图 3-19　角度及距离测量示意图

(1) 将全站仪安置在测站 O 点上,对中整平,安置棱镜于 A、B 两点上,对中整平后,将棱镜正对全站仪。

(2) 按⏻打开电源,上下转动一下望远镜,完成仪器的初始化,此时仪器一般处于测角状态,检查电池电量是否充足。

(3) 在高精度的距离测量时,需要进行温度和气压设置,由仪器自动对测距结果实施大气改正。另外,由于棱镜的标志中心和反射中心不一致会产生距离差值,需进行棱镜常数设置,测量时仪器进行自动改正。棱镜常数对同一型号的棱镜来说是固定的,一般目前采用的三棱镜组的棱镜常数为 0 mm,单棱镜的棱镜常数为 −30 mm。

操作步骤:

① 按[◢]键进入平距、高差测量模式。

② 按[F3](S/A)键进入音响模式选择界面。

③ 按照菜单提示进行温度、气压及棱镜常数设置。

(4) 采用方向观测法进行观测。

第一测回:

① 盘左照准 A 点,置数于 0°附近,读数记录于表 3-12 中。

② 按[◢]键,切换成平距测量模式,采用精测模式,按[F1](测距)键 4 次,测量 OA 距离,将 4 个距离值记录于表 3-12 中,4 个距离值之差不超过 5 mm,取平均值作为平距中数。

③ 顺时针转动照准部,照准 B 点,读数记录于表 3-12 中。

④ 按[F1](测距)键 4 次,测量 OB 距离,将 4 个距离值记录于表 3-12 中,4 个距离值之差不超过 5 mm,取平均值作为平距中数。

⑤ 盘右照准 B 点,读数记录于表 3-12 中,计算 B 方向 2C 值。

⑥ 逆时针转动照准部,照准 A 点,读数记录于表 3-12 中,计算 A 方向 2C 值。

⑦ 比较同一测回 2C 互差,要求 2C 互差不超过 13″。

⑧ 计算半测回方向值和一测回方向值。

第二测回:

观测程序和计算程序与第一测回的相同,不再详述。

要求同一方向的值各测回较差不超过 9″。

实训记录表格:

表 3-12　角度及距离观测记录表

测站	觇点	读数 /(° ′ ″)		2C /(″)	半测回方向 /(° ′ ″)	一测回方向 /(° ′ ″)	各测回平均方向 /(° ′ ″)	备注
		盘左	盘右					

边长	平距观测值/m	平距中数/m	边长	平距观测值/m	平距中数/m

注意事项:观测时注意仪器的参数设置,切勿用激光照射眼睛及长时间照射皮肤。

实训上交资料:

每人上交实训报告一份。

3.2.5　理解直线定向

1. 确定地面直线与_____之间的水平夹角称为直线定向。

2. 如图 3-20 所示,写出角 1~6 的名称及常用表示符号。

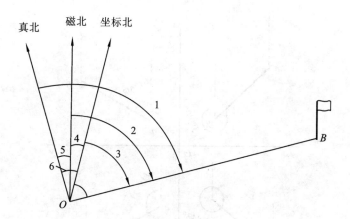

图 3-20 标准方向与方位角

① _____ ,② _____ _____ ,③ _____ ,
④ _____ ,⑤ _____ ,⑥ _____ 。

3. 如图 3-21 所示,认识图中标注的角度。

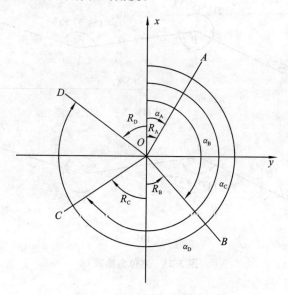

图 3-21 方位角与象限角的关系

直线 OA 的方位角为 _____ ,象限角为 _____ ;它们的关系式为 _____ 。
直线 OB 的方位角为 _____ ,象限角为 _____ ;它们的关系式为 _____ 。
直线 OC 的方位角为 _____ ,象限角为 _____ ;它们的关系式为 _____ 。
直线 OD 的方位角为 _____ ,象限角为 _____ ;它们的关系式为 _____ 。

4. 如图 3-22 所示,在图中标出四条直线的反方位角,并填空。

$\alpha_{ab} =$ _____ ,$\alpha_{cd} =$ _____ ,$\alpha_{ef} =$ _____ ,$\alpha_{gh} =$ _____ ,
$\alpha_{ba} =$ _____ ,$\alpha_{dc} =$ _____ ,$\alpha_{fe} =$ _____ ,$\alpha_{hg} =$ _____ 。
正、反方位角的关系式为 _____ 。

5. 如图 3-23(a)所示,采用左角公式推算各边方位角;如图 3-23(b)所示,采用右角公式推算各边方位角。

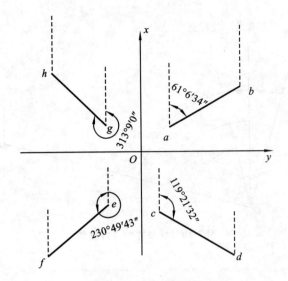

图 3-22　正、反方位角

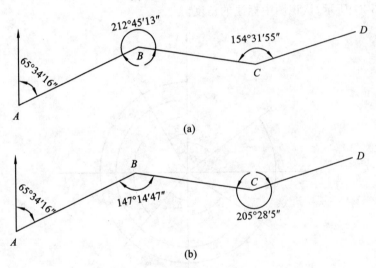

(a)

(b)

图 3-23　方位角推算

6. 如图 3-24 所示，A、B 两点的坐标已知，$A(3038.727\ \text{m}, 453.165\ \text{m})$、$B(3089.879\ \text{m}, 565.761\ \text{m})$，推算 AB、BC、CD、DE 边的方位角。

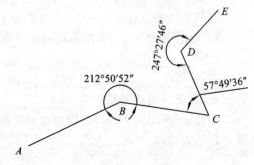

图 3-24　方位角的推算

7. 如图 3-25 所示，A 点坐标、AB 及 BC 边长、AB 及 BC 方位角皆已知，数据标注于图中，计算 B、C 两点的坐标。

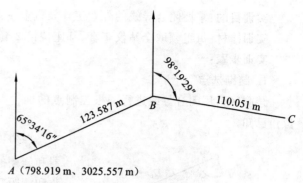

图 3-25 坐标计算

任务 3.3 导线测量学习过程

3.3.1 理解导线的概念

导线测量是图根控制的常用方法，图根导线的布设形式有 ＿＿＿＿＿、＿＿＿＿＿、＿＿＿＿＿三种形式。如图 3-26 所示，在图中标出导线名称。并回答导线测量的外业工作包括哪些内容。

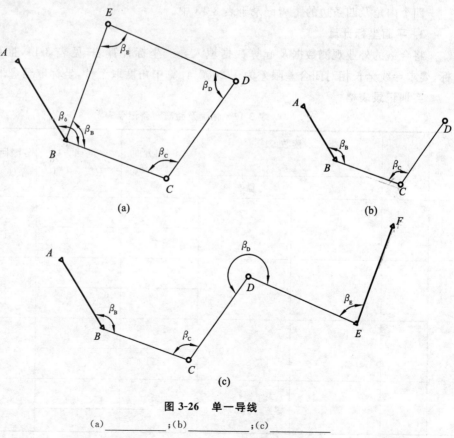

图 3-26 单一导线

(a)＿＿＿＿＿＿＿＿；(b)＿＿＿＿＿＿＿＿；(c)＿＿＿＿＿＿＿＿

3.3.2 闭合导线实训

实训目的:掌握闭合导线的外业工作及内业平差计算。

实训器材:每组领取全站仪 1 套、基座棱镜 2 套、记录板 1 块。

实训步骤:

1. 踏勘选点

某测区采用闭合导线进行图根控制点的加密,如图 3-27 所示,A 点坐标已知,AC 边方位角已知。

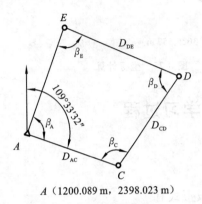

A(1200.089 m, 2398.023 m)

图 3-27 闭合导线布置图

导线点应选在土质坚实、视野开阔、便于安置仪器和施测的地方;相邻导线点应互相通视,以便于测角和测距。导线点应均匀分布在测区内,相邻两导线边长应大致相等。导线点的密度合理,应满足测图或施工测量的需要。

2. 角度及距离测量

导线的转折角采用方向观测法观测一测回,测量闭合导线的内角。上、下半测回差不超过 24″,角度闭合差限差为 $60″\sqrt{n}$。

距离测量采用电磁波测距往返观测,要求测距精度≤1/2000。

四个内角及四条边的距离记录于表 3-13 中。

3. 平面坐标计算

将合格的外业观测数据及起算数据填入导线坐标计算表,见表 3-14,推算导线点的坐标,要求导线全长相对闭合差限差为 1/2000,计算中角度取至秒,坐标取至毫米。

实训记录表格:

表 3-13 角度及距离观测记录表

测站	觇点	读数 /(° ′ ″)		半测回方向 /(° ′ ″)	一测回方向 /(° ′ ″)	各测回平均方向 /(° ′ ″)	备注
		盘左	盘右				

续表

测站	觇点	读数 /(°　′　″)		半测回方向 /(°　′　″)	一测回方向 /(°　′　″)	各测回平均方向 /(°　′　″)	备注
		盘左	盘右				

边长	平距观测值/m	平距中数/m	边长	平距观测值/m	平距中数/m

测站	觇点	读数 /(°　′　″)		半测回方向 /(°　′　″)	一测回方向 /(°　′　″)	各测回平均方向 /(°　′　″)	备注
		盘左	盘右				

边长	平距观测值/m	平距中数/m	边长	平距观测值/m	平距中数/m

续表

测站	觇点	读数/(° ′ ″)		半测回方向/(° ′ ″)	一测回方向/(° ′ ″)	各测回平均方向/(° ′ ″)	备注
		盘左	盘右				

边长	平距观测值/m	平距中数/m	边长	平距观测值/m	平距中数/m

测站	觇点	读数/(° ′ ″)		半测回方向/(° ′ ″)	一测回方向/(° ′ ″)	各测回平均方向/(° ′ ″)	备注
		盘左	盘右				

边长	平距观测值/m	平距中数/m	边长	平距观测值/m	平距中数/m

表 3-14　导线计算表

点号	观测角/(° ′ ″)	改正后角值/(° ′ ″)	坐标方位角/(° ′ ″)	距离/m	坐标增量/m		坐标值/m	
					Δx	Δy	x	y

辅助计算	$f_\beta = \sum \beta_测 - (n-2) \times 180° =$ 　　　　　　　$f_\beta = \pm 60'' \sqrt{n} =$ $f_x = \sum \Delta x_测 =$ 　　　　　　　　　　　$f_y = \sum \Delta y_测 =$ $f_D = \sqrt{f_x^2 + f_y^2} =$ $K = \dfrac{f_D}{\sum D} = \dfrac{1}{\dfrac{\sum D}{f_D}} =$

复习及思考：

如图 3-28 所示，某闭合导线 $ADCB$，现测定该导线四个内角。

1. 请以 A 测站为例简述角 β_A 的观测程序。

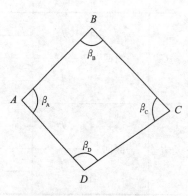

图 3-28　闭合导线示意图

2.角度测量:图 3-29 为 A、D、C、B 四个测站的外业观测数据,将其填入表 3-15 中,并计算。

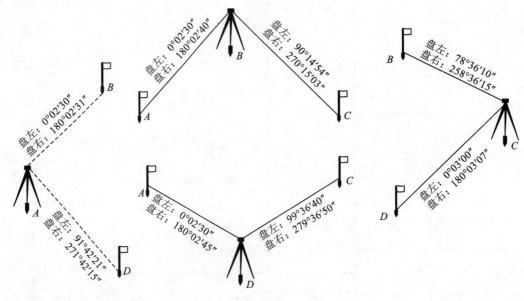

图 3-29 外业观测数据示意图

表 3-15 测回法观测记录表

测站	测回	竖盘位置	目标	水平度盘读数 /(° ′ ″)	半测回角值 /(° ′ ″)	一测回角值 /(° ′ ″)
A	一测回	左				
		右				
D	一测回	左				
		右				
C	一测回	左				
		右				
B	一测回	左				
		右				

由于该导线为四边形,四边形内角和的理论值为 360°,由于测量存在误差,可用下式计

算角度闭合差 f_β。

$$f_\beta = (\beta_A + \beta_D + \beta_C + \beta_B) - 360° =$$

如为图根导线,则其角度闭合差的限差为

$$f_{\beta容} = \pm 60'' \sqrt{n} =$$

是否符合限差要求?填"是"或"否"。

依次类推,如闭合导线为任意多边形,写出角度闭合差的计算式。

3. 距离测量:测定该导线四条边的边长,每条边都进行往返观测,外业观测数据如图 3-30 所示,根据外业观测数据填写表 3-16。

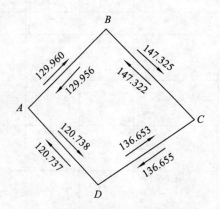

图 3-30 距离测量外业数据示意图

表 3-16 距离测量记录及往返相对精度评定计算表

边名	往测平距/m	返测平距/m	相对精度	往返测平均值/m

4. 起始方位角推算:如图 3-31 所示,由于该导线中 A 点为高等级控制点。并与另一高等级控制点 M 点联测,A、M 点的坐标已知。

(1) 采用坐标反算计算 α_{AM}。

(2) 根据图中连接角 $\angle MAD$ 计算 α_{AD}。

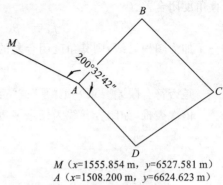

M（x=1555.854 m，y=6527.581 m）
A（x=1508.200 m，y=6624.623 m）

图 3-31 起始方位角的推算

5. 导线计算：根据第 2、第 3、第 4 题得出的角度、距离、起算方位角填写表 3-17。

表 3-17 导线计算表

点号	观测角 /(° ′ ″)	改正后角值 /(° ′ ″)	坐标方位角 /(° ′ ″)	距离 /m	坐标增量/m		坐标值/m	
					Δx	Δy	x	y

辅助计算

$f_\beta = \sum \beta_测 - (n-2) \times 180° =$ 　　　　 $f_{\beta容} = \pm 60'' \sqrt{n} =$

$f_x = \sum \Delta x_测 =$ 　　　　 $f_y = \sum \Delta y_测 =$

$f_D = \sqrt{f_x^2 + f_y^2} =$

$K = \dfrac{f_D}{\sum D} = \dfrac{1}{\dfrac{\sum D}{f_D}} =$

任务 3.4　测量误差的基本知识学习过程

复习及思考：

1. 产生测量误差的原因有哪些？

2. 测量误差分哪几类？它们各有什么特点？如何对其进行消减？

3. 什么叫真误差、中误差、极限误差、相对误差？

4. 有甲、乙两组测量队对同一三角形内角进行 8 次观测，观测数据见表 3-18，计算其内角和的真误差并计算甲、乙两组的中误差。

表 3-18　观测值及其真误差、中误差计算表

甲组观测				乙组观测			
次数	观测值 /(° ′ ″)	真误差 △ /(″)	△△ /(″)	次数	观测值 /(° ′ ″)	真误差 △ /(″)	△△ /(″)
1	180 00 10			1	180 00 11		
2	179 59 49			2	179 59 54		
3	180 00 12			3	180 00 06		
4	179 59 47			4	179 59 54		
5	179 59 50			5	179 59 53		
6	179 59 52			6	179 59 50		
7	180 00 09			7	180 00 09		
8	180 00 07			8	180 00 10		
Σ							

甲组观测值中误差：

$$m = \pm\sqrt{\frac{[\Delta\Delta]}{n}} =$$

乙组观测值中误差：

$$m = \pm\sqrt{\frac{[\Delta\Delta]}{n}} =$$

5. 用测距仪对某段距离测定 4 次,观测值列于表 3-19,试求其算术平均值、观测值的中误差、算术平均值中误差及相对误差。

表 3-19 等精度观测值中误差计算表

序号	观测值/m	改正数/mm	vv
1	435.350		
2	435.354		
3	435.367		
4	435.359		
平均值: $l = \dfrac{[l_i]}{n} =$		$[v] =$	$[vv] =$

观测值中误差: $m = \pm\sqrt{\dfrac{[vv]}{n-1}} =$

算术平均值中误差: $M = \pm\dfrac{m}{\sqrt{n}} =$

相对误差: $k = \dfrac{|M|}{l} = \dfrac{1}{l/|M|} =$

项目四　地形图测绘与应用

任务 4.1　地形图的基本知识学习过程

4.1.1　理解地物与地貌的表示方法

1. 地物的表示方法有 _____、_____、_____、_____。

2. 如图 4-1 所示，试根据其中信息填空。

(1) _____ 称为等高距。

(2) _____ 称为等高线平距。

(3) 等高距与等高线平距的关系式为 _____。

(4) 该幅图的等高距是 _____ m。

(5) 等高线平距有大有小，平距越大，坡度 _____；平距越小，坡度 _____。也就是等高线越密集的地方，坡度 _____；等高线越稀疏的地方，坡度 _____。本幅图哪个地方坡度较陡，在图中标注出来。

(6) 等高线有 _____、_____、_____、_____四种。

(7) 图中的等高线分别属于什么种类的等高线？

(8) 在图中任意绘出一条山谷线和一条山脊线。并标注出鞍部的位置。

(9) 同一条等高线上各点的 _____ 都相等。

(10) 等高线是一条 _____ 的曲线，若不在本图幅内闭合，必延伸或迂回到其他图幅内闭合。

(11) 除陡崖和悬崖外，不同高程的等高线不能 _____。

(12) 等高线通过分水线时，与分水线 _____，凸向 _____ 处；等高线通过合水线时，与合水线 _____，凸向 _____ 处。

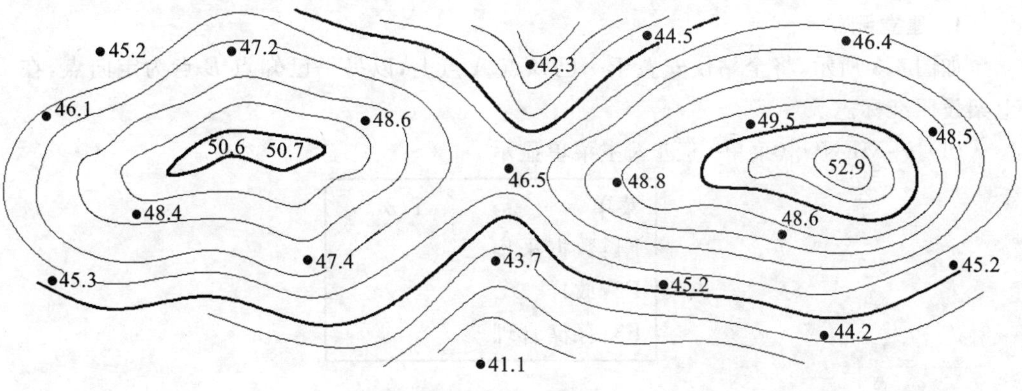

图 4-1　等高线

4.1.2 理解地形图的分幅与编号

如图 4-2 所示,该图幅大小为 50 cm×50 cm,比例尺为 1∶5000,以西南角坐标公里数作为图号,图号标注在图的上方,在图中空格中标注坐标线的纵、横坐标。

一幅 1∶5000 的图可分为_____幅 1∶2000 的图幅;可分为_____幅 1∶1000 的图幅;可分为_____幅 1∶500 的图。

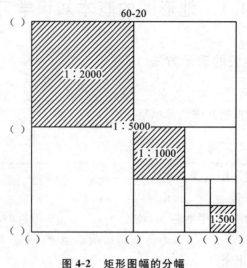

图 4-2 矩形图幅的分幅

任务 4.2 地形图的测绘学习过程

地形图测绘实训

实训目的:基本掌握采用全站仪数据采集功能进行地形测绘的过程。

实训器材:每组领取全站仪 1 套、棱镜杆 1 根、单棱镜 1 个。

实训步骤:

苏一光 RTS110 全站仪数据采集方法:

1. 建立测站

如图 4-3 所示,将全站仪安置于一已知点 A 点上,以另一已知点 B 点为定向点,在 B 点上架设照准标志。

(1)按[MENU](菜单)键进入主菜单显示。

```
菜单              1/3
F1:数据采集
F2:放样
F3:存储管理
```

（2）按［F1］（数据采集）键进入数据采集流程。

```
选择测量文件
FN:


输入   列表   —   确认
```

（3）选择数据采集文件。

如全站仪中已有数据采集文件,按［F2］（列表）键,显示数据文件目录,按［▲］（上移）或［▼］（下移）键选择数据文件,左边有"＊"的文件表示被使用,按［F4］（确认）键确认选择文件。然后界面退回数据采集界面 1/2。

如全站仪没有数据采集文件,按［F1］（输入）键。然后输入文件名,按［F4］（确认）键确认。然后界面退回数据采集界面 1/2。

```
＞＊FDATA_01/M0001
    FDATA_02M/0008
    FDATA_03/M0104
第一   最后   查找   确认
```

```
数据采集            1/2
F1:测站设置
F2:后视点设置
F3:碎部点
```

（4）选择坐标文件。

若需调用坐标数据文件中的坐标作为测站点或后视点坐标,应选择该坐标文件,选择步骤如下:

① 在数据采集文件选定后,按［▼］（下移）键进入数据采集流程界面 2/2。

```
数据采集            2/2
F1:选择文件
F2:输入编码
F3:设置
```

② 按［F1］（选择文件）键,按［F2］（坐标文件）键进入坐标文件选择列表。

```
选择坐标文件
FN


输入   列表   —   确认
```

③ 按［F2］（列表）键显示坐标文件目录。

④ 按［▲］（上移）或［▼］（下移）键选择坐标文件,按［F4］（确认）键确认选择文件。

```
＞＊F0IF_01/0001
    F0IF_02/0008
    F0IF_03/0104
第一   最后   查找   确认
```

（5）设置测站点。

利用内存中的坐标设置：

① 使仪器显示数据采集菜单界面 1/2。

```
数据采集              1/2
F1:测站设置
F2:后视点设置
F3:碎部点
```

② 按［F1］（测站设置）键显示点号选择界面。

```
点号＞
标识符：
仪高：  1.450 m
输入  查找  记录  测站
```

③ 按［F4］（测站）键进入测站点输入界面。

```
测站
点号：


输入  调用  坐标  确认
```

④ 按［F2］（调用）键，显示坐标点号目录。

```
[F0IF001  ]
＞F002
  F003
阅读  查找  —  确认
```

⑤ 按［▲］（上移）或［▼］（下移）键选择坐标点数据，可按［F1］（阅读）键对选择的坐标点数据进行查看，按［F2］（查找）键可以输入点号查看坐标点数据，按［F4］（确认）键确认。

⑥ 输入仪器高、属性，按［F3］（记录）键。

直接输入测站点坐标：

① 使仪器显示数据采集菜单界面 1/2。

```
数据采集              1/2
F1:测站设置
F2:后视点设置
F3:碎部点
```

② 按[F1]（测站设置）键显示点号选择界面。

```
点号＞
标识符：
仪高：　1.450 m
输入　查找　记录　测站
```

③ 按[F4]（测站）键进入测站点输入界面。

```
测站
点号：

输入　调用　坐标　确认
```

④ 按[F3]（坐标）键,并按[F1]（输入）键,输入测站点的坐标值。

```
N：　　1002.235 m
E：　　2004.257 m
Z＝998.098 __ m
一　　一　清空　确认
```

⑤ [F4]（确认）键,进入点号输入界面,输入测站点存储点号,按[F4]（确认）键确认。

```
输入坐标数据
点号：

输入　调用　一　确认
```

⑥ 输入仪器高、属性,按[F3]（记录）键。

```
点号:A
标识符：
仪高＞1.300 m
输入　查找　记录　测站
```

(6) 设置后视点。

利用内存中的坐标设置：

① 确认仪器显示数据采集菜单界面1/2。

```
数据采集　　　　　1/2
F1:测站设置
F2:后视点设置
F3:碎部点
```

② 按[F2](后视点设置)键显示点号选择界面。

```
后视点＞
编码：
镜高： 1.300 m
输入  置零  测量  后视
```

③ 按[F4](后视)键进入后视点设置显示。

```
后视
点号：

输入  列表  NEAZ  确认
```

④ 按[F1](输入)键输入点号，或按[F2](列表)键显示坐标点号目录，进行选择。

```
后视
点号＝F003

字母  SPC  清空  确认
```

⑤ 按[F4](确认)键。

```
N：    1032.098 m
E：    2013.876 m
Z＝998.109 ＿ m
＞OK?      ［是］  ［否］
```

⑥ 按[F3](是)键，照准后视点。

```
方位角设置
HR:17°51′14″

＞照准?      ［是］  ［否］
```

⑦ 按[F3](是)键确认并返回数据采集菜单1/2。

直接输入后视点坐标或后视方位角：

① 确认仪器显示后视点菜单界面。按[F1](输入)键，输入存储点号、属性、棱镜高。

```
后视点＞
编码：
镜高： 1.300 m
输入  置零  测量  后视
```

② 按[F4](后视)键进入后视点设置显示。

③ 按[F3](NEAZ)键。

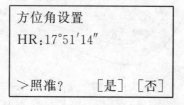

按[F3](NEAZ)键,可在输入后视点坐标、后视方位角及内存点号之间进行切换。

④ 按[F1](输入)键,输入后视点的坐标。

⑤ 按[F4](确认)键。

```
方位角设置
HR:17°51'14"


>照准?      [是] [否]
```

⑥ 照准后视点,按[F3](是)键确认并返回数据采集菜单。

2. 定向检核

测量某一已知点的坐标,误差应小于图上 0.2 mm,满足要求后,即可开始数据采集,如超限,应重新定向。

3. 碎部点数据的测量与存储

① 确认仪器显示数据采集菜单界面1/2。

```
数据采集          1/2
F1:测站设置
F2:后视点设置
F3:碎部点
```

② 按[F3](碎部点)键进入待测点测量显示界面。

```
点号＞
编码：
镜高： 1.300 m
输入  查找  测量  自动
```

③ 选择地物特征点和地貌特征点立反射棱镜,如图 4-3 所示,进行碎部点数据采集,同时采集绘图信息和绘制草图,草图绘制如图 4-4 所示。

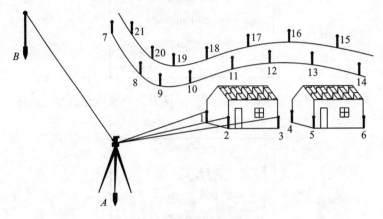

图 4-3 地形测绘示意图

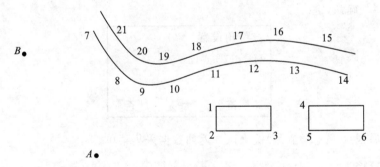

图 4-4 草图

④ 按[F1](输入)键,依次输入点号、属性、棱镜高。

```
点号：1
编码：
镜高： 1.300 m
输入  查找  测量  自动
```

⑤ 按[F3](测量)键,可选择采集的格式:按[F1](角度)键采集的为角度格式;按[F2](平距)键采集的为角度和距离格式;按[F3](坐标)键采集的为坐标格式。

⑥ 按[F3](是)键返回到下一点的测量界面,点号自动加 1,可按[F4](自动)键测量,仪器采集的数据格式默认为上次选定的格式。

4. 结束前定向检查

照准某一已知点进行测量,其坐标误差应小于图上 0.2 mm,如有误,应改正或重新进行测量。

5. 数据导入计算机

将全站仪通过通信电缆与计算机连接。根据不同仪器的数据传输方法将坐标数据文件导入计算机,并将数据转换成 CASS 坐标数据文件,采用 CASS 成图软件绘制地形图。

6. 草图法绘制平面图

可选择采用"点号定位""坐标定位""编码引导"方法进行绘制。

7. 地形数据的存储与输出

实训注意事项:

建站完成后需要照准另外的已知点检核定向精度;碎部点施测时,全站仪输入的点号与草图上的点号一定要一致。

实训上交资料:

整饰完成的电子地形图一份。

任务 4.3 地形图的识读与应用学习过程

1. 如图 4-5 所示,该幅图比例尺为 1:2000。

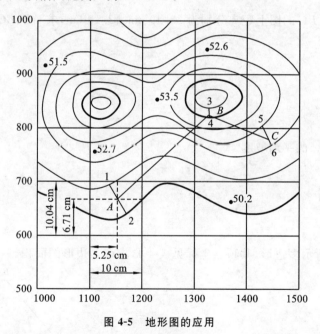

图 4-5 地形图的应用

(1) 根据图上给出的数据,求算 A 点的坐标。

（2）A1 图上长度为 3.14 cm，A2 图上长度为 3.24 cm，求 A 点的高程。

（3）B3 图上长度为 1.34 cm，B4 图上长度为 0.47 cm，求 B 点的高程。

（4）C5 图上长度为 2.71 cm，C6 图上长度为 1.34 cm，求 C 点的高程。

（5）已知 AB、BC 的图上距离分别为 23.49 cm、12.19 cm，求 AB、BC 的实地距离。

（6）求 AB、BC 的平均坡度。

2. 如图 4-6 所示多边形，其顶点坐标见表 4-1，求该多边形的面积。

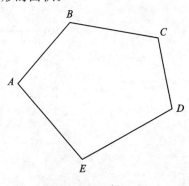

图 4-6　多边形

表 4-1　多边形顶点坐标

点　号	x/m	y/m
A	4246.875	5487.092
B	4314.190	5545.680
C	4296.629	5645.280
D	4218.971	5661.019
E	4163.965	5559.545

项目五　工程测量

任务5.1　工程测量基础学习过程

5.1.1　理解平面直角坐标系的坐标换算

如图 5-1 所示,xOy 为测图坐标系,$x'O'y'$ 为施工坐标系。设 A 点在测图坐标系中的坐标为(1209.806 m,2031.098 m),施工坐标系原点 O' 在测图坐标系中的坐标为(1623.245 m,557.897 m),$\alpha = 24°33'03''$,求 A 点在施工坐标系 $x'O'y'$ 中的坐标。

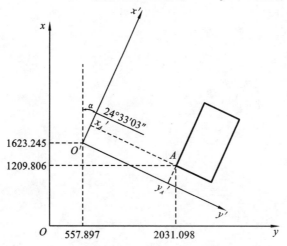

图 5-1　施工坐标系和测图坐标系的关系

5.1.2　极坐标测设点位实训

实训目的:掌握根据直角坐标计算极坐标放样数据的方法,掌握使用经纬仪和钢尺进行水平角及距离测设的方法。

实训器材:每组领取经纬仪 1 套、测钎 1 根、钢尺 1 把、计算器(自备)、记录板 1 块。

实训步骤:

如图 5-2 所示,A、D 为控制点,B、C 为待测设点(坐标已知),其坐标见表 5-1。

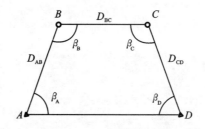

图 5-2　平面点位测设示意图

表 5-1　控制点及待测设点坐标

点　号	x/m	y/m
A	4990.560	2028.029
B	5006.506	2033.886
C	5006.431	2050.233
D	4989.999	2055.810

1. 计算极坐标放样数据 β_A、D_{AB}、β_D、D_{CD} 及检核数据 β_B、β_C、D_{BC}，将计算结果填写于表 5-2 中。

2. 测设 B 点。

在已知点 A 点上安置经纬仪，对中整平，在 D 点上架设照准标志，经纬仪置数 $0°00'00''$，顺时针转动照准部使水平度盘读数为 $360°-\beta_A$，在视线方向上定出 B'。然后盘右重复上述步骤，测设得另一点 B''，取 B' 和 B'' 的中点 B_1，如图 5-3(a)图所示，然后从 A 点起沿 AB 方向根据 D_{AB} 用钢尺定出 B_2 点，用钢尺往返丈量 D_{AB_2}，如图 5-3(b)所示，往返丈量结果填写于表 5-3 中，然后根据其平均值调整从而得到 B 点位置，如图 5-3(c)所示。

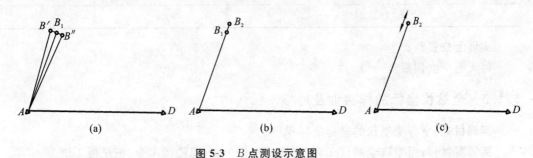

图 5-3　B 点测设示意图

3. 在 D 点安置仪器，同法测设 C 点。

4. 检核。

在 B、C 两点安置仪器，采用测回法观测 β_B、β_C 一测回，观测记录填写于表 5-4 中，其与已知值限差要求不超过 $40''$，并用钢尺丈量 BC 的距离，观测记录填写于表 5-5 中，与已知值比较，其较差相对精度不超过 1/5000。

实训计算及记录表格：

表 5-2　放样数据及检核数据

放样数据			
$\beta_A=$		$D_{AB}=$	
$\beta_D=$		$D_{CD}=$	
检核数据			
$\beta_B=$	$\beta_C=$		$D_{BC}=$

表 5-3 往返丈量结果记录表

边名	往测平距/m	返测平距/m	相对精度	往返测平均值/m
AB_2				
DC_2				

表 5-4 水平角观测记录表

测站	竖盘位置	目标	水平度盘读数 /(° ′ ″)	半测回角值 /(° ′ ″)	一测回角值 /(° ′ ″)
	左				
	右				
	左				
	右				

表 5-5 一测回观测记录表

边名	往测平距/m	返测平距/m	相对精度	往返测平均值/m
BC				

实训上交资料:

每人上交实训报告一份。

5.1.3 全站仪坐标放样实训及检核

实训目的:掌握全站仪的坐标放样程序。

实训器材:每组领取全站仪 1 套、支架对中杆 1 套、单棱镜 1 个、记录板 1 块。

实训步骤:

如图 5-4 所示,点 A、B 为已知控制点,点 1、2、3、4、5、6 为放样点,其坐标见表 5-6。

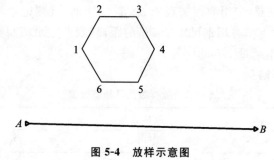

图 5-4 放样示意图

表 5-6 已知点及放样点坐标数据

点 号	x/m	y/m	H/m
已知点 A	4969.256	686.403	1000.987
已知点 B	4968.757	711.685	1000.245
放样点 1	4977.144	692.615	999.087
放样点 2	4980.608	694.615	999.087
放样点 3	4980.608	698.615	999.094
放样点 4	4977.144	700.615	999.176
放样点 5	4973.680	698.615	998.890
放样点 6	4973.680	694.615	998.880

苏一光 RTS110 全站仪放样方法(不使用内存文件进行放样):

1. 建立测站

如图 5-4 所示,将全站仪安置于一已知点 A 点上,以另一已知点 B 点为定向点,在 B 点上架设照准标志。

(1) 按[MENU](菜单)键进入主菜单界面 1/3。

```
菜单            1/3
F1:数据采集
F2:放样
F3:存储管理
```

(2) 按[F2](放样)键进入放样流程。

```
选择坐标文件
F:

输入  调用  跳过  确认
```

(3) 按[F3](跳过)键进入放样菜单界面 1/2。

```
放样            1/2
F1:测站设置
F2:后视点设置
F3:放样
```

如全站仪中已经输入坐标数据文件,则按[F2](调用)键,显示坐标数据文件目录,按[▲](上移)或[▼](下移)键选择数据文件,左边有"＊"的文件表示被选定,按[F4](确认)键确认选择文件后进入放样菜单。

```
> * F0IF_01/0001
    F0IF_02/0008
    F0IF_03/0104
第一   最后   查找   确认
```

如全站仪中已经输入坐标数据文件,也可按[F1](输入)键直接输入需要的文件名。

(4)输入测站点坐标。

确认仪器处于放样菜单界面1/2。

```
放样              1/2
F1:测站设置
F2:后视点设置
F3:放样
```

按[F1](测站设置)键,显示坐标数据输入界面。

```
N:    0.000 m
E:    0.000 m
Z:    0.000 m
一   一   点号   确认
```

输入测站点 A 的坐标(见表 5-6)及仪器高,按[F4](确认)键返回放样菜单界面1/2。

```
N:    4969.256 m
E:     686.403 m
Z:    1000.987 m
一   一   点号   确认
```

```
仪器高输入

仪高=1.450 m
一   一   清空   确认
```

```
放样              1/2
F1:测站设置
F2:后视点设置
F3:放样
```

(5)输入后视点坐标。

确认仪器处于放样菜单界面1/2。

```
放样              1/2
F1:测站设置
F2:后视点设置
F3:放样
```

按[F2](后视点设置)键进入后视点坐标输入界面。

```
N:    0.000 m
E:    0.000 m
Z:    0.000 m
一   一   点号   确认
```

输入后视点 B 的坐标(见表5-6)或后视方位角 α_{AB} ,按[F4](确认)键。

```
N:    4968.757 m        方位角设置
E:    711.685 m         HR:91°07′51″
Z:    0.000 m
― ― 点号 确认         >照准?        是 否
```

然后照准后视点,按[F3](是)键返回放样菜单界面1/2。

```
放样              1/2
F1:测站设置
F2:后视点设置
F3:放样
```

2. 放样

(1) 确认仪器处于放样菜单界面1/2。

```
放样              1/2
F1:测站设置
F2:后视点设置
F3:放样
```

(2) 按[F3](放样)键进入放样点坐标输入界面,见表5-6。

```
N:    0.000 m
E:    0.000 m
Z:    0.000 m
―       角度 确认
```

(3) 输入放样点1点坐标值,按[F4](确认)键。

```
N:    4977.144 m
E:    692.615 m
Z:    999.087 m
― ― 清空 确认
```

(4) 输入棱镜高。

```
棱镜高输入
镜高=1.300 m

― ― 清空 确认
```

(5) 按[F4](确认)键,此时屏幕显示:

HR:放样点的方位角计算值。

HD:仪器到放样点的水平距离计算值。

```
计算值
HR:38°13'17"
HD:10.040 m
角度   距离   —   —
```

(6) 按[F1](角度)键,此时屏幕显示:

dHR:对准放样点仪器应转动的水平角。

转动照准部,当 dHR 在 0°00'00″附近时,旋紧水平制动螺旋,旋转水平微动螺旋使 dHR =0°00'00″,则放样方向正确。然后指挥棱镜立于该放样方向上。

```
点号:
HR:38°13'17"
dHR:0°00'00"
距离   —   坐标   —
```

(7) 按[F1](距离)键。

此时屏幕显示:

dHD:对准放样点还差的水平距离=实测平距-计算平距。

dZ:对准放样点还差的高差=实测高差-计算高差。

```
dHR:0°00'00"
dHD:-2.354 m
  dZ:-0.987 m
模式   角度   坐标   下点
```

(8) dHR、dHD、dZ 的显示数据均小于允许误差时,则放样点测设完成。

```
dHR:0°00'00"
dHD:0.000 m
  dZ:0.000 m
模式   角度   坐标   下点
```

(9) 按[F3](坐标)键,显示坐标值。

```
N:   4977.144 m
E:    692.615 m
Z:    999.087 m
模式   角度   —   下点
```

（10）按[F4]（下点）键，进入下一个放样点的测设。

大地 DTM-622R 全站仪放样方法：

（1）在主菜单中按[F1]（程序）键。

```
┌─────────────────────────────────┐
│  【程序】        5/10           │
├─────────────────────────────────┤
│  F1 设置方向                    │
│  F2 坐标放样                    │
│  F3 悬高测量                    │
│  F4 对边测量                    │
│  F5 导线测量                    │
├─────────────────────────────────┤
│                        页 ↓     │
└─────────────────────────────────┘
```

（2）按[F2]（坐标放样）键，显示放样菜单屏幕。

```
┌─────────────────────────────────┐
│         【放样】                │
├─────────────────────────────────┤
│  F1 设置方向角                  │
│  F2 设置放样点                  │
│  F3 坐标数据                    │
│  F4 选项                        │
│                                 │
└─────────────────────────────────┘
```

（3）按[F1]（设置方向角）键设置方向角。

按[F1]（输入）键，可以手动输入测站点坐标，按[F2]（点名）键通过点号查找测站点坐标，按[F5]（仪高）键设置仪器高，设置完毕按[ENT]键回到测站点界面。

```
┌─────────────────────────────────┐
│      【设置测站点】             │
├─────────────────────────────────┤
│  测站点                         │
│  N:    4969.256 m               │
│  E:    686.403 m                │
│  Z:    1000.987 m               │
├─────────────────────────────────┤
│  输入  点名      仪高    后视   │
└─────────────────────────────────┘
```

（4）按[F6]（后视）键设置后视点。

```
┌─────────────────────────────────┐
│      【设置后视点】             │
├─────────────────────────────────┤
│  后视点                         │
│  N:    4968.757 m               │
│  E:    711.685 m                │
│  Z:    0.000 m                  │
├─────────────────────────────────┤
│  输入  点名              方位   │
└─────────────────────────────────┘
```

按[F1]（输入）键，可以手动输入后视点坐标，按[F2]（点名）键通过点号查找后视点坐标，设置完毕按[ENT]键回到后视点界面。

（5）在后视点界面，照准后视点，按[F6]（方位）键设置方位角，检查方位角是否正确，正确按[F6]（确定）键，否则按[F1]（退出）键。

```
┌─────────────────────────────┐
│        【设置方向角】          │
│                             │
│                             │
│  HO：   91°07′51″            │
│  HR：   156°13′45″           │
│  Z：    0.000 m             │
│  ＞设置否？                   │
│                             │
│  退出              确定       │
└─────────────────────────────┘
```

（6）按[ENT]键返回放样菜单。

```
┌─────────────────────────────┐
│          【放样】             │
│                             │
│  F1 设置方向角                │
│  F2 设置放样点                │
│  F3 坐标数据                  │
│  F4 选项                     │
│                             │
│                             │
└─────────────────────────────┘
```

（7）按[F2]（设置放样点）键设置放样点。

```
┌─────────────────────────────┐
│         【设置放样点】         │
│  N：   4977.144 m           │
│  E：   692.615 m            │
│  Z：   999.087 m            │
│                             │
│                             │
│  输入   点名          镜高    │
└─────────────────────────────┘
```

按[F1]（输入）键，可以手动输入放样点坐标，按[F2]（点名）键通过点号在文件中查找放样点坐标，按[F6]（镜高）键输入棱镜高，设置完毕按[ENT]键回到设置放样点界面。

（8）在设置放样点界面，按[ENT]键进入点放样界面。

```
┌─────────────────────────────┐
│          【放样】             │
│  P  30      PPM  00  (m) ER  │
│                             │
│                             │
│  HR：    91°07′51″           │
│  dHR：   234°08′19″          │
│                             │
│  测距 模式 角度 平距 坐标 继续 │
└─────────────────────────────┘
```

转动照准部,当 dHR 在 0°00′00″附近时,旋紧水平制动螺旋,旋转水平微动螺旋使 dHR =0°00′00″,则放样方向正确。然后指挥棱镜立于该放样方向上。

```
P  30        PPM  00  (m)  ER

HR:         38°13′17″
dHR:        0°00′00″

测距 模式 角度 平距 坐标 继续
```

按[F4](平距)键,显示实际平距与放样平距之差和实际高程和理论高程之差。

```
            【放样】
P  30        PPM  00  (m)  ER
HD:         10.040 m
dHD:        2.134 m
dZ:—0.934 m

测距 模式 角度 平距 坐标 继续
```

按[F5](坐标)键,测量放样点坐标,按[F6](继续)键继续下一点的放样。

(9) 检核。

用钢卷尺往返丈量六边形边长,并计算六边形的理论边长,计算丈量边长与理论边长的较差及相对误差。结果填写于表 5-7 中。

表 5-7 六边形放样检核计算表

边名	往测平距	返测平距	往返测平均值	理论平距	绝对误差	相对误差

实训上交资料:

每人上交实训报告一份。

5.1.4 点的高程测设和坡度线测设实训

实训目的:掌握点的高程测设及坡度线测设。

实训器材:每组领取水准仪 1 套、水准尺 2 根、木桩、记录板 1 块。

实训步骤:

1. 高程测设

如图 5-5 所示,已知水准点 BM.*A* 的高程为 987.056 m,需要测设 *B* 点,其设计高程为 993.208 m,将水准仪安置在 *AB* 两点中间,照准 *A* 点水准尺。

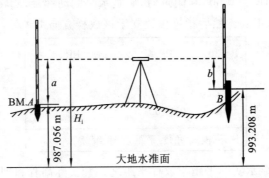

图 5-5 高程测设示意图

读取中丝读数

$$a = \underline{\qquad\qquad} \text{ m}$$

计算视线高

$$H_i = H_A + a = \underline{\qquad\qquad} \text{ m}$$

则 B 点水准尺的中丝读数应为

$$b = H_i - H_B = \underline{\qquad\qquad} \text{ m}$$

将水准尺贴靠在 B 点的木桩一侧,上下移动水准尺,直到水准尺上读数为 $b=$ _____ m 时,这时紧靠尺底在木桩上划红线或钉一个小钉,其高程即为 B 点的设计高程。

2. 坡度线测设

如图 5-6 所示,场地有一已知水准点 BM_1,其高程为 987.056 m,A、B 分别为某设计坡度线的起点和终点,A 点设计高程为 987.000 m,设计坡度线的设计坡度为 $-3‰$,在 AB 方向上,每隔距离 10 m 打下一木桩,要求在木桩上标定出坡度为 $-3‰$ 的坡度线。

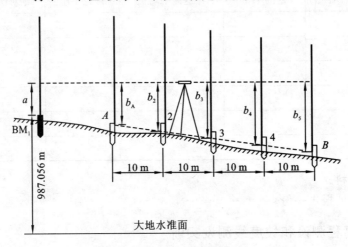

图 5-6 水平视线测设坡度线

测设步骤如下:

(1)沿 AB 方向,在地面上定出间距为 10 m 的 2、3、4 点。

(2)计算各桩点的设计高程:

第 2 点的设计高程

$$H_2 = H_A + i_{AB} \cdot d = \underline{\qquad\qquad} \text{ m}$$

第 3 点的设计高程

$$H_3 = H_2 + i_{AB} \cdot d = \underline{\hspace{3cm}} \text{ m}$$

第 4 点的设计高程

$$H_4 = H_3 + i_{AB} \cdot d = \underline{\hspace{3cm}} \text{ m}$$

B 点的设计高程

$$H_B = H_4 + i_{AB} \cdot d = \underline{\hspace{3cm}} \text{ m}$$

或

$$H_B = H_A + i_{AB} \cdot D_{AB} = \underline{\hspace{3cm}} \text{ m}$$

此两式计算结果应相等,以此作为检核依据。

(3) 安置水准仪于场地适当位置,得后视读数 $a = \underline{\hspace{3cm}}$ m。
计算仪器视线高

$$H_i = H_{BM_1} + a = \underline{\hspace{3cm}} \text{ m}$$

(4) 根据 A、2、3、4、B 点的设计高程计算测设时的前视读数。

$$b_A = H_i - H_A = \underline{\hspace{3cm}} \text{ m}$$
$$b_2 = H_i - H_2 = \underline{\hspace{3cm}} \text{ m}$$
$$b_3 = H_i - H_3 = \underline{\hspace{3cm}} \text{ m}$$
$$b_4 = H_i - H_4 = \underline{\hspace{3cm}} \text{ m}$$
$$b_B = H_i - H_B = \underline{\hspace{3cm}} \text{ m}$$

(5) 将水准尺分别贴靠在 A、2、3、4、B 点木桩的侧面,上、下移动尺子,直至尺读数为计算出的各自应有的前视读数为止,紧靠尺底在木桩上画一横线,该线即在 AB 的坡度线上。

实训上交资料:

每人上交实训报告一份。

复习及思考:

1. 如图 5-7 所示为深基坑高程放样,A 点为建筑物 ±0.000 高程面,基础深度 10 m,为便于平整基坑底部,需设置水平桩,要求水平桩离基坑底部设计高程的高差为 0.5 m,测设时,第一测站将水准仪安置于基坑上方边缘,其读数标注于图中。

(1) 通过第 1 测站计算 TP_1 的高程。

$$H_{TP_1} =$$

(2) 通过第 2 测站放样水平桩,计算水平桩放样时 B 点水准尺的中丝读数应为多少?

(3) 简述其放样过程。

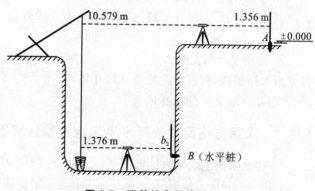

图 5-7　深基坑高程放样

2. 如图 5-8 所示,某场地平整成水平场地,设计高程 $H_设=50.000$ m,现场有已知水准点 BM_1,其高程 $H_{BM_1}=50.700$ m,需在场地上每隔 10 m 标注设计高程线,水准仪照准 BM_1 点的读数为 1.465 m,试采用视线高法计算测设数据并简述测设方法。

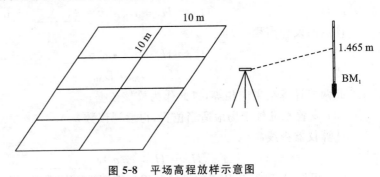

图 5-8　平场高程放样示意图

任务 5.2　建筑工程测量学习过程

5.2.1　理解建筑工程测量

1. 建筑工程测量的主要任务是 ＿＿＿＿＿＿＿＿＿＿＿＿＿＿,从而将设计图上的建筑物按其 ＿＿＿＿＿＿＿ 和高程标定到实地上,以指导施工。

2. 工业与民用建筑场地的平面控制网视场地面积大小及建筑物的布置情况通常布设成 ＿＿＿＿＿＿＿＿＿＿ 或 ＿＿＿＿＿＿＿＿＿＿ 的形式。

3. 建筑工程测量测设前应做 ＿＿＿＿＿＿＿＿＿、＿＿＿＿＿＿＿＿＿、＿＿＿＿＿＿＿＿＿ 准备工作。

4. 建筑物的定位,就是将建筑物外墙轴线角点(简称角桩),测设到实地上,作为基础放样和细部放样的依据。由于设计条件和现场条件的区别,建筑物的定位方法常见的有 ＿＿＿ ＿＿＿＿＿＿＿＿＿＿、＿＿＿＿＿＿＿＿＿＿＿、＿＿＿＿＿＿＿＿＿＿ 三种。

5. 建筑物的放线,是指根据现场上已定位的建筑物 ＿＿＿＿＿＿＿＿,详细测设细部轴线的交点桩位置,然后根据基础宽度和放坡要求用白灰撒出 ＿＿＿＿＿＿＿＿＿＿。由于交点桩开挖时会被破坏,细部轴线需要延长到 ＿＿＿＿＿＿＿＿＿＿＿＿ 做好标志。

6. 基槽或基坑开挖时,角桩和中心桩均会被挖掉,为了在施工中,准确地恢复各轴线位置,应把各轴线延长到开挖范围以外的地方并做好标志,这个工作称为 ＿＿＿＿＿＿＿＿,具体有 ＿＿ ＿＿＿＿＿＿＿＿ 和 ＿＿＿＿＿＿＿＿＿＿ 两种形式。

7. 房屋基础墙是指 ＿＿＿＿＿＿＿＿＿ 的墙体,它的标高是用 ＿＿＿＿＿＿＿＿＿＿ 来控制的,皮数杆是用木杆做成,在杆上按照设计尺寸将 ＿＿＿＿＿＿＿＿＿＿、＿＿＿＿＿＿＿＿＿＿ 绘制出来,作为基础墙施工的标高依据。

5.2.2　采用方格网法进行水平场地平整计算案例

1. 在地形图上绘制方格网

如图 5-9(a)所示地形图,该地块需平整为水平场地,采用填挖方量平衡原则进行平整场地设计,如图 5-9(b)所示,在地形图上绘制坐标方格网,方格边长为 10 m。并用内插法求出每一方格顶点的地面高程,已注记在相应方格顶点的右上方。并将方格顶点填写于表 5-8 中。

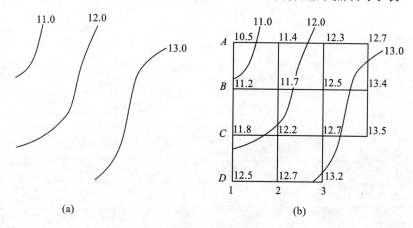

图 5-9 地形图

2. 计算设计高程

采用下式计算设计高程,结果填写于表 5-8 中。

$$H_0 = (\sum H_{角} + 2 \sum H_{边} + 3 \sum H_{拐} + 4 \sum H_{中})/4n$$

3. 绘制填挖边界线

根据计算的设计高程,在图 5-9(b)中绘制出填挖边界线。

4. 计算挖填高度

采用下式计算各方格顶点的挖填高度,计算结果写于相应方格顶点的左上方,并填写于表 5-8 中,正号为挖深,负号为填高。

$$填挖高度＝地面高程－设计高程$$

5. 计算挖填土方量

采用下式计算各方格顶点的挖填面积,计算结果填写于表 5-8 中。并检核填挖方量是否相等。

$$角点:挖(填)高 \times \frac{1}{4} 方格面积$$

$$边点:挖(填)高 \times \frac{1}{2} 方格面积$$

$$拐点:挖(填)高 \times \frac{3}{4} 方格面积$$

$$中点:挖(填)高 \times 1 \, 方格面积$$

表 5-8 土方量计算表

点号	点号属性	高程使用次数	地面高程/m	设计高程/m	挖深/m	填高/m	所占面积/m³	挖方量/m³	填方量/m³
A_1	角点								
A_2	边点								
A_3	边点								
A_4	角点								
B_1	边点								

点号	点号属性	高程使用次数	地面高程/m	设计高程/m	挖深/m	填高/m	所占面积/m³	挖方量/m³	填方量/m³
B_2	中点								
B_3	中点								
B_4	边点								
C_1	边点								
C_2	中点								
C_3	拐点								
C_4	角点								
D_1	角点								
D_2	边点								
D_3	角点								
求和									

5.2.3　建筑物轴线测设和高程测设实训

实训目的:掌握建筑物轴线放样的基本方法、掌握高程测设的基本方法。

实训器材:每组领取水准仪1套、水准尺1根、全站仪1套,钢尺1把、记录板1块。

实训步骤:

1. 建筑物的定位

如图5-10所示建筑平面图,首先测设该建筑物的角点 A_1、D_1、A_9、D_9,打桩标定,也称角桩。角桩坐标从总平面图得出,详见表5-9。

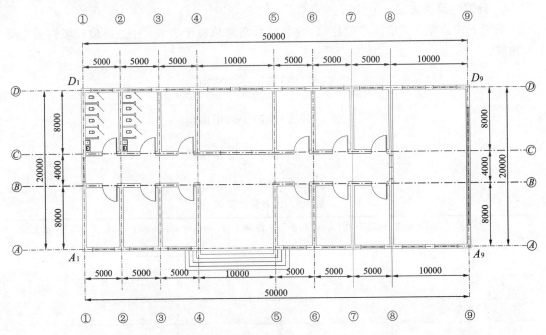

图 5-10　建筑平面图(单位:mm)

如图 5-11 所示,由于附近有已知控制点 M、N 点,角点的设计坐标已知,已知点和角点的坐标见表 5-9,试采用全站仪坐标放样测设角桩。

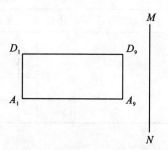

图 5-11　控制点及角点略图

表 5-9　已知点和角点的坐标

序　号	点　号	x/m	y/m	H/m
1	M	4331.431	2839.496	1002.356
2	N	4297.348	2839.496	1003.023
3	A_1	4302.594	2776.227	
4	D_1	4322.594	2776.227	
5	D_9	4322.594	2826.227	
6	A_9	4302.594	2826.227	

测设后检查:

采用全站仪测量四个内角及四条主轴线距离,观测结果填写于表 5-10 中。

四个内角与设计值 90°比较,与设计值 90°较差要求不大于 40″。四条主轴线平距与设计值比较,要求误差不大于 1/5000。检核结果填写于表 5-11 中。

表 5-10　角度、距离观测记录表

测站	觇点	读数/(°　′　″) 盘左	盘右	$2C$/(″)	半测回方向/(°　′　″)	一测回方向/(°　′　″)	各测回平均方向/(°　′　″)	备注
A_1								

测站	觇点	读数/(° ′ ″)		2C /(″)	半测回方向 /(° ′ ″)	一测回方向 /(° ′ ″)	各测回平均 方向/(° ′ ″)	备注
		盘左	盘右					
边名	平距观测值/m		平距中数/m		边名	平距观测值/m	平距中数/m	

测站	觇点	读数/(° ′ ″)		2C /(″)	半测回方向 /(° ′ ″)	一测回方向 /(° ′ ″)	各测回平均 方向/(° ′ ″)	备注
		盘左	盘右					
D_1								
边名	平距观测值/m		平距中数/m		边名	平距观测值/m	平距中数/m	

测站	觇点	读数/(° ′ ″)		2C /(″)	半测回方向 /(° ′ ″)	一测回方向 /(° ′ ″)	各测回平均 方向/(° ′ ″)	备注
		盘左	盘右					
A_9								
边名	平距观测值/m		平距中数/m		边名	平距观测值/m	平距中数/m	

测站	觇点	读数/(° ′ ″)		2C /(″)	半测回方向 /(° ′ ″)	一测回方向 /(° ′ ″)	各测回平均 方向/(° ′ ″)	备注
		盘左	盘右					

测站	觇点	读数/(° ′ ″)		2C /(″)	半测回方向 /(° ′ ″)	一测回方向 /(° ′ ″)	各测回平均 方向/(° ′ ″)	备注
		盘左	盘右					
D_9								

边名	平距观测值/m	平距中数/m	边名	平距观测值/m	平距中数/m

表 5-11　角度、距离检核计算表

角名	角度			边名	距离		
	实测角度 /(° ′ ″)	理论角度 /(° ′ ″)	较差 /(″)		实测距离 /m	理论距离 /m	较差 /m
A1							
D1							
A9							
D9							

2. 建筑物的放线

(1) 细部轴线的交点桩测设。

如图 5-10 所示建筑平面图,根据现场已定位的建筑物角桩,详细测设细部轴线的交点桩位置,然后根据基础宽度和放坡要求用白灰撒出基础开挖边线。由于交点桩开挖时会被破坏,细部轴线需要延长到安全的地方做好标志。

如图 5-12 所示,在 A_1 点安置经纬仪,照准 A_9 点,钢尺零端对准 A_1 点,沿视线方向拉钢尺,在 5 m 处打下木桩,然后用经纬仪视线指挥在桩顶确定视线上的两点,用直尺正确连接该两点,然后拉好钢尺,在读数等于 5 m 处画一条横线,两线交点就是 A 轴与②轴的交点 A_2。然后测设 A_3 点,方法同上,但要注意钢尺读数应为①轴和③轴间距 10 m,依次测设 A_4、A_5、…、A_9 点,注意测设各点时,一直将钢尺的零端对准 A_1 点进行测量距离,这样可以减小钢尺对点误差,避免轴线总长度增长或减短。测设完成后,用钢尺检查各相邻轴线桩的间距是否等于设计值,误差应小于 1/3000。

A 轴上的交点测设完后,同法测设 D 轴上的交点,①轴和⑨轴上的轴线点,也可同样方法进行测设,另外如果建筑物横断面尺寸较小,可用拉细线绳的方法代替经纬仪定线,然后沿细线绳采用钢尺量距。

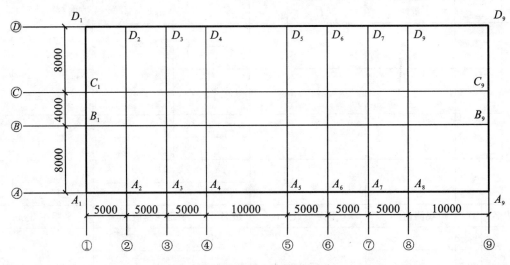

图 5-12 细部轴线交点桩测设(单位:mm)

(2) 引测轴线。

基槽或基坑开挖时,角桩和中心桩均会被挖掉,为了在施工中,准确地恢复各轴线位置,采用轴线控制桩引测轴线。轴线控制桩设置在基槽外 2~4 m 处,打下木桩,桩顶钉上小钉,准确标出轴线位置,如附近有建筑物,可将轴线投测到建筑物上,用红漆做标志。

3. 确定开挖边线

如图 5-13 所示为基础详图,设基槽深度为 1.4 m,边坡坡度为 1∶0.2,施工裕度两侧皆为 10 cm。计算基槽的开挖宽度 d,如图 5-14 所示。

然后以轴线起往两边各量出 $d/2$,拉线并撒上白灰,即得开挖边线。

4. 高程测设

在角桩上测设±0.000 m 的标志,±0.000 m 的标志的设计高程为 1002.678 m。

测设后检查四个角桩上的±0.000 m 的标志的高差,其限差要求为±3 mm,超限应重新施测。

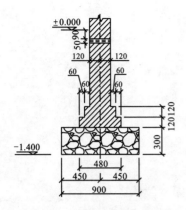

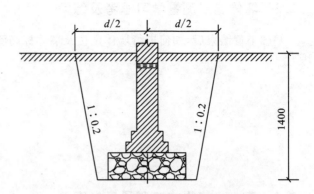

图 5-13 基础详图（单位：mm）　　　　图 5-14 基槽开挖宽度计算示意图（单位：mm）

5.2.4 基础工程施工测量学习思考及练习

1. 基槽抄平

采用 ±0.000 高程点测设基槽水平桩，槽底设计标高为 −1.8 m，水平桩的上表面离槽底设计高程为 0.5 m，采用水准仪高程放样方法应如何进行水平桩的测设？作图并简述其测设过程。

2. 在垫层上投测基础中心线

采用经纬仪或用拉线挂锤球的方法，简述如何将轴线投测到垫层面上。

3. 基础标高控制

简述基础标高控制的方法。

5.2.5 墙体施工测量学习思考及练习

基础工程结束后,如何进行墙体定位及墙体标高测设?

5.2.6 工业建筑物施工测量思考案例

1. 厂房矩形控制网的测设

如图 5-15 所示,$3A$、$4A$、$2B$、$3B$、$4B$ 为施工场地建筑方格网,建筑方格网方格边长为100 m。

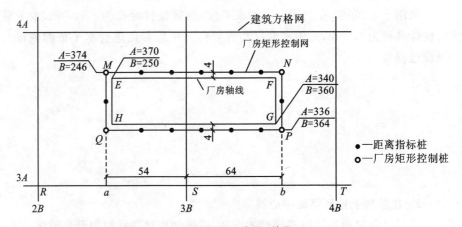

图 5-15 矩形控制网示意图(单位:m)

(1)现需测设厂房矩形控制网 $MQPN$,根据图中所标注的测设数据简述其测设程序。

(2)矩形控制网 $MQPN$ 测设后如何检查其是否满足精度要求?

（3）矩形控制网 $MQPN$ 测设完成后，为什么需要测设距离指标桩？距离指标桩测设的间距一般如何确定？

2. 厂房柱列轴线与柱基测设

如图 5-16 所示，识读厂房平面示意图。

（1）该厂房横向宽度为 ＿＿＿＿＿＿＿＿＿ m，纵向宽度为 ＿＿＿＿＿＿＿＿＿ m。轴线④、⑧、©是 ＿＿＿＿＿＿＿＿＿轴线，它们之间的距离表示厂房的 ＿＿＿＿＿＿，①、②、③、…、⑫是 ＿＿＿＿轴线，它们之间的距离表示厂房的 ＿＿＿＿＿＿，纵、横轴线也称为 ＿＿＿＿＿轴线，在进行柱基测设时，应注意定位轴线不一定是柱的中心线，一个厂房的柱基类型很多，尺寸不一，放样时应特别注意。

（2）如图 5-17 所示，简述厂房柱列轴线控制桩的测设过程。

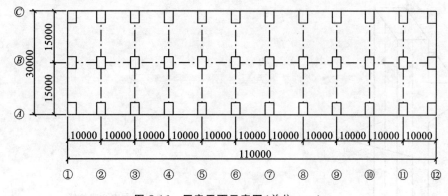

图 5-16 厂房平面示意图（单位：mm）

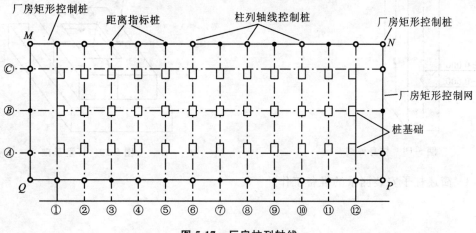

图 5-17 厂房柱列轴线

（3）柱基放线及柱基施工测量。

如图 5-18 所示，以Ⓑ轴、②轴交点柱基的基础详图为例，简述柱基的放线方法及基坑抄平方法。

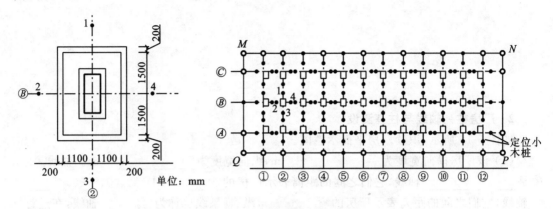

图 5-18　基础详图及测设示意图

3. 厂房预制构件安装测量。

如图 5-19、图 5-20 所示。

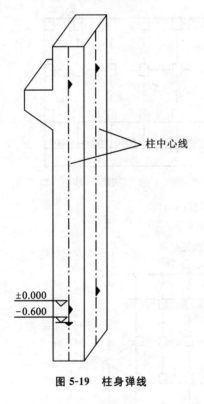

图 5-19　柱身弹线

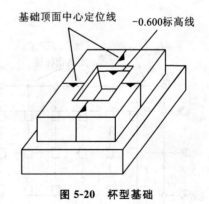

图 5-20　杯型基础

（1）简述柱子安装测量的准备工作。

（2）简述柱子安装测量程序。

（3）简述柱子安装测量的基本要求。

如图 5-21、图 5-22、图 5-23 所示。

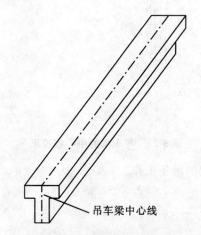

图 5-21 在吊车梁上弹出梁的中心线

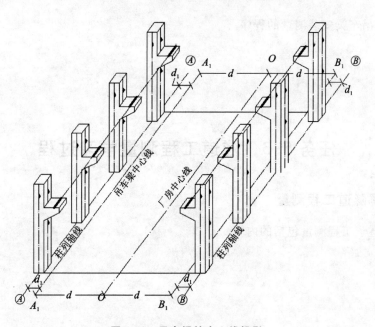

图 5-22 吊车梁的中心线投影

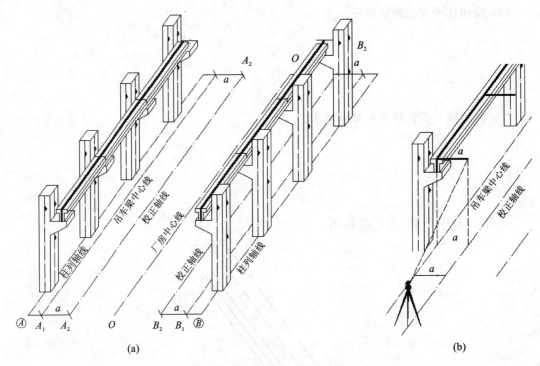

图 5-23　吊车梁的中心线校正

（4）简述吊车梁安装测量的准备工作。

（5）简述吊车梁安装测量的程序。

任务 5.3　隧道工程测量学习过程

5.3.1　理解隧道工程测量

1. 简述隧道工程测量包括的内容。

2. 简述隧道洞外控制测量的内容及方法。

3. 简述隧道洞内控制测量的内容及方法。

4. 如何采用竖井传递坐标及高程？

5. 如何进行隧洞开挖的中线放样？

6. 如何进行腰线的测设？

7. 如何进行断面放样？

8. 如何进行贯通误差的测定及调整？

5.3.2 采用竖井传递坐标案例

如图 5-24 所示,已知 BC 的坐标方位角 $\alpha_{BC} = 123°32'33''$,$C$ 点坐标为(3356.356 m,4673.356 m),观测数据见表 5-12。思考测量方法,并计算 F 点坐标及 FG 的坐标方位角。

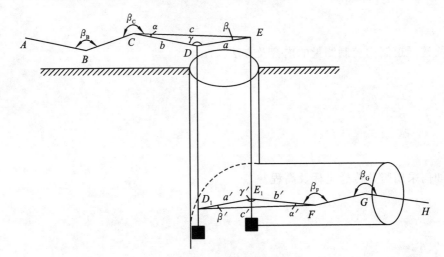

图 5-24 竖井传递坐标

表 5-12 观测数据记录表

井　上			井　下		
角度/(° ′ ″)	β_C	190　00　35	角度/(° ′ ″)	β_F	160　32　45
	α	0　23　45		α'	1　23　12
边长/m	a	5.3452	边长/m	a'	5.3468
	b	6.0123		b'	7.2354
	c	11.3560		c	12.0000

任务 5.4 道路工程测量学习过程

5.4.1 理解道路工程测量

1. 道路工程测量包括了_____、_____、_____、_____、_____等几个阶段。

2. 道路的定测主要包括_____、_____、_____、_____。

3. 中线测量就是沿定测的_____,设置_____和加桩,并根据测定的交角、设计的圆曲线半径 R 和缓和曲线长度计算曲线元素,从而放样曲线的_____。然后测量中桩高程,绘制_____图,施测中桩横断面并绘制_____图。

5.4.2 圆曲线的测设案例

1. 理解圆曲线的主点和元素

如图 5-25 所示,图中标注了线路的来向及去向,请在图中标注出圆曲线的主点:直圆点

（ZY）、曲中点（QZ）、圆直点（YZ），圆曲线半径 R 及转向角 α。并标注出曲线的元素：切线长 T、曲线长 L、外矢距 E、切曲差 q。

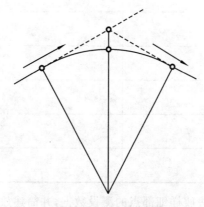

图 5-25　圆曲线示意图

2. 圆曲线测设实例

某线路的交点桩号 K2+290.654 m，转向角 $\alpha=49°23'24''$，$R=120$ m。

（1）计算该曲线的元素值及主点的桩号，将计算得到的切线长 T、曲线长 L、外矢距 E 标注于图 5-26 中，填写表 5-13。并简述主点的放样程序。

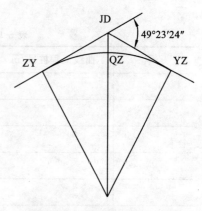

图 5-26　圆曲线示意图

表 5-13　圆曲线常数、要素、主点里程计算列表

曲线说明、常数及要素项目	已知值或计算值
JD 里程/m	
转向角 α/(° ′ ″)	
圆曲线半径 R/m	
切线长度 T/m	
曲线长度 L/m	

续表

曲线说明、常数及要素项目	已知值或计算值
外矢距 E/m	
切曲差 D/m	
ZY 点里程/m	
QZ 点里程/m	
YZ 点里程/m	

（2）计算采用长弦偏角法放样细部点的测设数据，并简述放样程序。

设桩距 $l = 20$ m，采用整桩号计算偏角测设数据，计算结果填写于表 5-14 中。

$$\varphi_1 = \frac{180°}{\pi} \cdot \frac{l_1}{R} =$$

$$\varphi = \frac{180°}{\pi} \cdot \frac{l}{R} =$$

$$\varphi_{n+1} = \frac{180°}{\pi} \cdot \frac{l_{n+1}}{R} =$$

表 5-14　偏角法圆曲线细部点测设数据

点名	曲线里程桩号/m	相邻桩点间弧长/m	偏角/(° ′ ″)	弦长/m

（3）计算采用切线支距法放样细部点的测设数据,填写于表 5-15 中,并简述放样程序。

表 5-15 切线支距法测设数据

点名	曲线里程 桩号/m	相邻桩点间 弧长/m	圆心角 /(° ′ ″)	x/m	y/m

（4）计算采用任意坐标系放样细部点的测设数据,填写于表 5-16 中,并简述放样程序。

设 ZY 点在任意坐标系中的坐标为(1200.000 m,3400.000 m),ZY-JD 的方位角为 38°34′45″。

表 5-16 任意坐标系坐标放样数据计算表

点号	桩号	局部坐标系 x'/m	局部坐标系 y'/m	测量坐标系 x/m	测量坐标系 y/m

5.4.3 纵断面测量、纵断面图绘制及设计断面套绘

1. 如图 5-27 所示,现施测某路线中线上所有中桩点的高程,见表 5-17,根据中桩点的里程和高程绘制纵断面图。

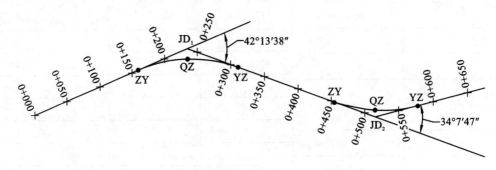

图 5-27 线路中线平面示意图

表 5-17 中桩点高程

桩　　号	高程/m	桩　　号	高程/m	桩　　号	高程/m
0+000	56.46	0+305.35 (0+312.41)(YZ)	58.27	0+455.10(ZY)	57.98
0+050	56.00	0+350	59.18	0+514.66(QZ)	57.72
0+100	57.57	0+368.70	61.00	0+574.23 (0+577.88)(YZ)	57.13
0+150	57.22	0+400	58.71	0+600	55.68
0+157.95(ZY)	57.28	0+450	58.00	0+650	55.24
0+231.65(QZ)	58.52				

2. 纵断面设计:该段路线从 0+000 桩到 0+368.70 桩的坡度为 1%,从 0+368.70 桩到 0+650桩的坡度为 −1.5%,试计算各中桩的设计高程,填写表 5-18。

表 5-18 中桩点设计高程

桩　　号	设计高程 /m	桩　　号	设计高程 /m	桩　　号	设计高程 /m
0+000		0+305.35 (0+312.41)(YZ)		0+455.10(ZY)	
0+050		0+350		0+514.66(QZ)	
0+100		0+368.70		0+574.23 (0+577.88)(YZ)	
0+150		0+400		0+600	
0+157.95(ZY)		0+450		0+650	
0+231.65(QZ)					

3. 纵坡变坡点里程为 K0＋368.70,其高程为 59.61 m,两侧纵坡坡度分别为＋1％,
－1.5％,竖曲线设计半径为 4500 m,要求曲线上每隔 20 m 设置一桩,计算竖曲线上各桩点
高程。

自行编制 EXCEL 表格进行计算,计算结果填写于表 5-19、表 5-20 中。

表 5-19 竖曲线常数及要素计算列表

曲线说明、常数及要素项目	计 算 值
变坡点里程/m	
变坡点高程/m	
i_1	
i_2	
α_1/(弧度)	
α_2/(弧度)	
变坡角 δ/(弧度)	
竖曲线半径 R/m	
切线长度 T/m	
曲线长度 L/m	
外矢距 E/m	
起点里程/m	
终点里程/m	
起点设计高程 H_Q/m	
起点假设坐标系高程 H'_Q/m	
Δh/m	
d_0/m	

表 5-20 竖曲线细部点高程计算

点位说明	里程/m	至竖曲线起点的平距/m	假设坐标系高程/m	设计高程/m
曲线起点				
1				
2				
3				
4(变坡点)				
5				
6				
7				
8				
9				
曲线终点				

4. 在纵断面图中插绘设计断面线,并计算中桩挖填高度。

5. 简述横断面方向的确定方法。

6. 简述横断面施测的方法。

7. 如图 5-28 所示,图中为中桩 0+000、0+050、0+100、0+150 的横断面测量数据,线上标注为横断面上所测点位之间的距离,线下标注为横断面上所测点号及该点的高程,根据外业观测数据绘制横断面图,并套绘标准断面图,标准断面图参考图 5-29。

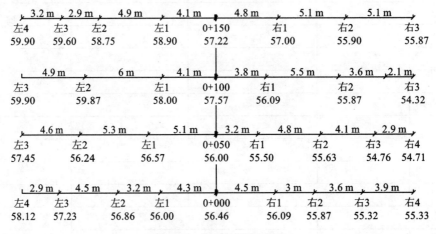

图 5-28 横断面数据略图

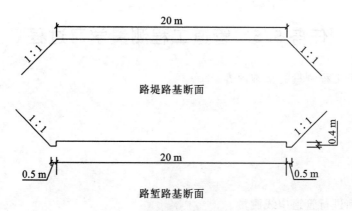

图 5-29　路堤、路堑路基断面参考图

5.4.4　道路施工测量

1. 简述什么是恢复中线测量，如何进行恢复中线测量。

2. 简述为什么需要进行施工控制桩的测设，施工控制桩的测设方法有哪些，各适用于什么情况。

3. 根据 5.4.3 中绘制的横断面图简述边桩的测设方法。

4. 根据 5.4.2 中计算的圆曲线数据简述圆曲线测设的方法。

5. 根据 5.4.3 中绘制的横断面图简述路基边坡的放样方法。

任务 5.5　管道工程测量学习过程

1. 简述管道工程测量的基本内容。

2. 简述如何进行管道中线测量。

3. 简述顶管施工中如何进行中线测设及高程测设。

任务 5.6　建筑物变形观测学习过程

1. 简述建筑物变形观测的基本内容。

2. 简述如何进行建筑物垂直位移观测。

3. 简述如何进行建筑物水平位移观测。

4. 简述如何进行建筑物倾斜观测。

5. 简述如何进行建筑物裂缝观测。

附录　常用记录表格

普通水准测量记录手簿

测站	测点	水准尺读数/m		高差/m	
		后视(a)	前视(b)	＋	－
计算校核					

普通水准测量记录手簿

测站	测点	水准尺读数/m		高差/m	
		后视(a)	前视(b)	+	−
计算校核					

高程误差配赋表

测段编号	点名	测站数	实测高差/m	改正数/m	改正后高差/m	高程/m
辅助计算						

测回法观测记录表

测站	测回	竖盘位置	目标	水平度盘读数/(° ′ ″)	半测回角值/(° ′ ″)	一测回角值/(° ′ ″)	各测回平均角值/(° ′ ″)

方向观测法观测记录表

测回	目标	水平度盘读数 /(° ′ ″)		2C /(″)	平均读数 /(° ′ ″)	归零后方向值 /(° ′ ″)	各测回平均方向值 /(° ′ ″)
		盘左	盘右				
1	2	3	4	5	6	7	8

竖直角观测记录表

测站	目标	盘位	竖盘读数 /(° ′ ″)	半测回竖直角 /(° ′ ″)	指标差 /(″)	一测回竖直角 /(° ′ ″)

四等水准测量记录

测站编号	后尺	上丝	前尺	上丝	方向及尺号	标尺读数		$K+$ 黑$-$红	高差中数	备注
		下丝		下丝		黑	红			
	后距		前距							
	视距差		累计差							
检核	$\sum_{后距} =$				$\sum_{后黑} =$　　$\sum_{后红} =$ $\sum_{前黑} =$　　$\sum_{前红} =$ $\sum_{黑面高差} =$　　$\sum_{红面高差} =$ $\frac{1}{2}\left(\sum_{黑面高差} + \sum_{红面高差}\right) =$				$\sum_{h} =$	
	$\sum_{前距} =$									
	$\sum_{后距} - \sum_{前距} =$									
	总距离 $L =$									

导线计算表

点号	观测角 /(° ′ ″)	改正后角值 /(° ′ ″)	坐标方位角 /(° ′ ″)	距离 /m	坐标增量/m		坐标值/m	
					Δx	Δy	X	Y
辅助计算								

纵断面水准测量手簿

测站	桩号	后视读数/m	视线高程/m	前视读数/m		高程/m	备注
				间视	转点		
校核计算							

土方计算表

桩号	地面高程/m	渠底设计高程/m	中心桩		断面面积/m²		两桩间距/m	土方/m³		备注
			挖深/m	填高/m	挖	填		挖方	填方	